函数式与并发编程

[美] 米歇尔·卡彭特(Michel Charpentier)　著

郭　涛　　　　　　　　　译

清華大學出版社
北　京

北京市版权局著作权合同登记号 图字：01-2024-3010

图书在版编目（CIP）数据

函数式与并发编程 / (美) 米歇尔·卡彭特
(Michel Charpentier) 著；郭涛译. -- 北京：清华大
学出版社, 2024. 10. -- ISBN 978-7-302-67217-3
Ⅰ. TP312
中国国家版本馆CIP数据核字第2024E4U263号

责任编辑：王　军　刘远菁
装帧设计：孔祥峰
责任校对：马遥遥
责任印制：曹婉颖

出版发行：清华大学出版社
　　　　　网　　址：https://www.tup.com.cn, https://www.wqxuetang.com
　　　　　地　　址：北京清华大学学研大厦A座　　　　邮　　编：100084
　　　　　社 总 机：010-83470000　　　　　　　　　邮　　购：010-62786544
　　　　　投稿与读者服务：010-62776969, c-service@tup.tsinghua.edu.cn
　　　　　质 量 反 馈：010-62772015, zhiliang@tup.tsinghua.edu.cn
印 装 者：涿州汇美亿浓印刷有限公司
经　　销：全国新华书店
开　　本：170mm×240mm　　　印　　张：23.5　　字　　数：586千字
版　　次：2024年10月第1版　　　印　　次：2024年10月第1次印刷
定　　价：118.00元

产品编号：098658-01

译 者 序

函数式编程是一种编程范式，起源于范畴论的数学分支，强调将计算看作函数求值的过程。与命令式编程相比，函数式编程更注重函数的定义、组合和应用，并设计了很多特性，如函数式数据结构和不可变性、递归函数等。目前主流的编程语言，如 C++、Python、Java、Scala 和 C#等，都具有函数式编程特性。但在现实中，大部分程序员都主要使用某一种编程语言，他们往往先学习基本语法(也就是传统的命令式编程)，只是偶尔了解或者听说一点函数式编程概念和特性。函数式编程的用户较少而且停留在学术研究层面，这一编程范式的普及度远远不够。另一个导致函数式编程普及度不高的原因是，函数式编程是一种编程思想，涉及特性多，且许多程序都只采用了部分函数式编程风格，因此相关的教材较少。

并发编程是另外一种高级编程思想。并发编程可以提升系统性能，提高代码效率，增强程序的可扩展性，改善用户体验等，但并发编程复杂度大，学习成本较高，涉及的编程语言思想和特性多，极难掌握。

函数式编程和并发编程成为高级程序员的终极追求。能够灵活使用函数式编程和并发编程设计思想，解决实际生产中遇到的各种问题，也是编程艺术的体现。值得一提的是，后起之秀编程语言 Rust，是一门能构建可靠且高效软件的语言，以高性能、并发和安全性等特性而著称，得到了很多程序员的青睐，在 Stack Overflow 年度开发者调查中，连续八年荣登"最受欢迎编程语言"榜首。Rust 对函数式编程和并发编程范式提供了很好的支持。

本书主要围绕两个主题：函数式编程和并发编程。本书主要使用 Scala 编写代码示例，逐一讲解各编程特性的用法和注意事项，是一本不可多得的工具书，强烈推荐给程序员们。笔者周围的程序员提到这两个主题时都存在一定的畏难情绪，这是正常的，也是可以理解的。程序员不仅需要丰富的编程经验，还要具备深厚的编程设计思维，而这并非一朝一夕就能形成的，需要经年累月的实战和经验积累。我并不推荐读者将本书从头读到尾，这样不利于理解和消化书中的知识点。建议具备一定的函数式编程和并发编程基础的读者建立场景和问题，通过解决问题的方式来学习本书，并在遇到问题时查阅本书。本书也可作为理解这两个主题的途径。

我在翻译本书时，得到了李静老师、成都文理学院外国语学院何静老师、华南理工大学计算机科学与工程学院郭甲赟的帮助，非常感谢他们对本书进行的细致审校。此外，我还要感谢清华大学出版社的编辑、校对和排版工作人员，感谢他们为了保证本书质量所做的一切。

由于本书涉及内容广泛、深刻，加上译者翻译水平有限，书中难免存有不足之处，恳请各位读者不吝指正。

译者简介

郭涛, 图灵理工部落发起人, 主要从事人工智能、现代软件工程、智能空间信息处理与时空大数据挖掘分析等前沿领域的研究。翻译了多部计算机书籍, 包括《重构的时机和方法》《漫画算法与数据结构(大规模数据集)》和《函数式编程图解》。

致　谢

　　我想感谢前同事以及现在的同事，正是因为他们的鼓励，我才有勇气撰写本书。同时，我要一并感谢他们在本书筹备过程中提供的反馈。一些同事甚至总能先知先觉地意识到，我有话要说(而且有能力说)。

　　在此，我要特别感谢我的学生们，他们对本书中的材料进行了各种迭代，充当了我试验的小白鼠。尽管我不愿意承认，但是实际情况确实是，我让他们疯狂地即兴创作的次数要远比我愿意承认的多，他们常常因为某天讲座中突然用到的某个特性将成为下周讨论的一部分而忙碌。按照一致的顺序排列数百个代码示例远比看起来更难。学生们对每次上课前的临时变动已经习惯了，他们的原话是："讲义和课件上的墨水还没有干透。"

　　书中关于代码示例的一些想法是我在长达 30 年的时间里收集的，在此期间，我通过用各种编程语言编写以及重写许多实现来完善它们。尽管我特别想感谢这些示例的原作者，但我已经记不太清所有使用过的代码的来源了，我不知道其中哪些是原创的，而且我认为如果仅提及一部分人的名字，也有失公允。尽管如此，我并未声称自己创作了本书中用到的所有例子。代码(包括漏洞)是我编写的，但程序创意应该归功于它们的创作者，无论他们是谁。

　　很难想象，若仅凭我一己之力，本书会是什么样子。无论它现在完美与否，本书的编辑 Gregory Doench 和他的团队都已经对此全力以赴了。他们对第一次执笔写作的我表现出了极大的耐心，尽管有时候我显然不知道自己在做什么。

　　那些匿名和未匿名的所有评论者令我百感交集。毫无疑问，他们帮助我改进了本书，然而每当此时，这一切于满心期待"刑满释放"的我而言，无疑是一次又一次的"刑期延长"。我感谢他们的帮助——尤其是 Cay Horstmann、Jeff Langr 和 Philippe Quéinnec 的反馈，以及与 Brian Goetz 的长电子邮件讨论，但我决不自诩始终能"纳谏如流"。有人曾经告诫我说，写一本这样的书堪称重任，但这并不意味着我必须写四遍吧。

　　我最真挚的感谢要献给我的家人。面对我在一年多的时间里三番五次地许诺"下个月之前完稿"，他们都表现出了天使般的耐心。他们一定已经厌倦了"这本书"对我们家庭生活的一再阻碍。事实上，我很惊讶我的太太竟然从来没有打电话给编辑下最后的通知："就这样。这本书到此为止。今天，立刻，马上。"

推荐序

我撰写的 *Scala for the Impatient* 一书简要介绍了 Scala 语言和 API 的许多特性。如果要了解某个特性实现的方式，可以在其中找到一段简明扼要的解释和一小段代码示例(一段真正有意义的代码，而非随意列举的水果或者动物的示例)。这本书基于读者熟悉 Java 或类似的面向对象编程语言的假设而撰写，旨在充分发挥读者的经验和直觉。事实上，这本书之所以诞生，主要是因为当时市面上的相关书籍不重视面向对象编程，而把函数式编程奉为高级范式。

一晃之间，这已经是十多年前的事了。如今，函数式技术已成为主流，而且人们普遍认为面向对象和函数式范式是相辅相成的。Michel Charpentier 在本书中以通俗易懂的语言介绍了函数式和并发编程。与我那本以语言特性为主的 Scala 书籍不同，本书完全围绕概念和技术展开编写。本书对这些概念的讲解比专注于编程语言的书还要深刻。你将学到诸如拉链和蹦床等非凡而精巧的技术。

本书的大多数示例都使用 Scala 3，这是一个很好的选择。简洁而精巧的 Scala 语法更加突显了概念，使其不至于淹没在一大堆符号之中。这一点通过对比 Scala 和 Java 对相同概念的表达就能强烈感受到。读者不需要对 Scala 有任何的了解就可以开始学习本书，代码示例中仅应用了 Scala 的一小部分。再次强调，本书的重点是概念，而非编程语言的细节。即便在整个职业生涯都不会用到 Scala，凭借掌握的这些概念，你也可以成为一个运用其他语言的更为出色的程序员。

我非常鼓励亲身实践示例程序：执行程序，观察程序的行为，并对其加以修改以进行实验。同时，建议使用支持 Scala 工作表的编译环境，例如 Visual Studio Code、IntelliJ 或在线 Scastie 服务。有了工作表，运行会变得很快，探究性编程也会很愉快。

全书 28 章中有 7 章是完整的案例研究，它们对前述内容进行了深入的探究和阐释。这些案例之所以被选中，主要是因为它们有趣而又不会让人感到压力。我坚信任何详细研究过它们的人都会受益匪浅。

全书共分为两部分。第 I 部分介绍函数式编程，涵盖不可变数据、代数数据类型、递归、高阶函数和延迟求值等概念。即使你一开始对重新实现列表和树没有兴趣，也应该给它一个机会，观察它与传统可变数据结构的差异，这段旅程一定是有意义的。幸运的是本书没有复杂的范畴论，在我看来——显然作者也有同感，范畴论往往涉及大量的专业术语，其作用却微乎其微。

第Ⅱ部分的重点是并发编程。在这一部分,围绕概念(而非语言或 API 特性)的组织方式令人耳目一新。并发编程是一门复杂的学科,有许多不同的用例,并且没有什么特别易于理解的讲授技巧。Michel 将教材分解成一系列有趣且发人深省的章节,这大概与你之前看过的书截然不同。与第Ⅰ部分一样,第Ⅱ部分的最终目的不是讲授某种语言的技术和技巧,而是教你在更高的层次上思考程序设计。

我很喜欢翻阅并研读这本新颖的书,谨盼你也喜欢。

Cay Horstmann

在开始阅读本书之前，最好先思考一下编程语言和编程语言特性之间的区别。我相信，若能依仗一套通用的编程语言特性，开发人员肯定能从中获益，而且，无论是现在还是将来，对这些特性的深入了解都将有助于他们在各种编程语言中高效发挥。

编程语言的世界丰富多样，并且一直在发展。作为一名开发人员，你需要适应变化并反复将编程技能从一种语言迁移至另一种语言。通过掌握一组核心特性，可以更加轻松地学习全新的编程语言。这些核心特性往往是当今编程语言所共享的，并且在许多未来的语言中也可能会用到。

本书运用了大量代码示例来说明编程语言的特性——这些示例主要运用 Scala 语言编写(原因将在稍后详述)。然而，这些概念在不同程度上与其他编程语言相关联，如 Java、C++、Kotlin、Python、C#、Swift、Rust、Go、JavaScript 之类的流行语言，以及任何未来可能出现的支持强类型以及函数式和/或并发编程的语言。

若要领悟语言和特性之间的区别，不妨考虑以下编程任务：

对给定列表中的每个数字执行随机移位(移位值在-10 到 10 之间选取)。返回移位数字列表，并忽略所有非正值。

Java 程序员可能会按如下方式实现所需的功能：

Java

```java
List<Integer> randShift(List<Integer> nums, Random rand) {
  var shiftedNums = new java.util.ArrayList<Integer>(nums.size());
  for (int num : nums) {
    int shifted = num + rand.nextInt(-10, 11);
    if (shifted > 0) shiftedNums.add(shifted);
  }
  return shiftedNums;
}
```

Python 程序员可能会按如下方式编写：

Python

```python
def rand_shift(nums, rand):
    shifted_nums = []
    for num in nums:
        shifted = num + rand.randrange(-10, 11)
```

```
    if shifted > 0:
        shifted_nums.append(shifted)
  return shifted_nums
```

尽管它们是用两种不同的语言编写的，但这两段代码都遵循类似的原理：创建一个新的空列表以保存移位的数字，将每个原始数字随机移位，并仅在它们为正值时将新值添加到结果列表中。就思路和目的而言，这两个程序是相同的。

其他程序员可能会选择直接解决这个问题。下面是一个可能的 Java 变体：

Java

```
List<Integer> randShift(List<Integer> nums, Random rand) {
  return nums.stream()
    .map(num -> num + rand.nextInt(-10, 11))
    .filter(shifted -> shifted > 0)
    .toList();
}
```

这个实现的细节现在并不重要——它依赖于函数式编程概念，这将在本书第 I 部分中讨论。重要的是代码与先前的 Java 实现明显不同。

可以使用 Python 编写类似的函数变体：

Python

```
def rand_shift(nums, rand):
  return list(filter(lambda shifted: shifted > 0,
                map(lambda num: num + rand.randrange(-10, 11), nums)))
```

与第一个 Python 程序相比，这个实现显然更接近第二个 Java 变体。

这 4 个程序演示了解决最初那个问题的两种不同的方式。它们在 Java 或 Python 中将命令式实现与函数式实现进行对比。从根本上区分这些程序的不是语言(Java 与 Python)，而是它们使用的编程特性(命令式与函数式)。命令式变体(赋值语句、循环)和函数式变体(高阶函数、lambda 表达式)中使用的编程语言特性独立于 Java 和 Python 而存在；事实上，它们在许多编程语言中都可用。

我并不是说编程语言无关紧要。我们都知道，对于一个给定的任务，某些语言要比其他语言更适用。但我想强调的是跨语言扩展的核心特性和概念，尽管它们出现在不同的语法下。例如，经验丰富的 Python 程序员更可能以如下方式编写示例函数程序：

Python

```
def rand_shift(nums, rand):
  return [shifted for shifted in (num + rand.randrange(-10, 11) for num in nums)
        if shifted > 0]
```

这段代码看起来与前面的 Python 代码不同——细节并不重要。注意，函数 map 和 filter 在任何地方都不可见。不过，从概念上讲，这是同一个程序，只不过使用了一种称为列表推导的特殊 Python 语法，而非 map 和 filter。

这里需要理解的重要概念是 map 和 filter(乃至更普遍的高阶函数, map 和 filter 都是高阶函数的例子)而非列表推导。这种理解有两个方面的好处。首先, 更多的语言支持高阶函数, 而不是推导语法。例如, 如果使用 Java 编程, 则必须显式地(至少目前如此)编写 map 和 filter。其次, 如果所示语言使用了一种不太常见的语法, 就像 Python 中的列表推导那样, 那么一旦你意识到这只是你理解的某个概念的变体, 就能更容易辨别出正在运行的是什么。

前面的代码示例说明了以简单命令式编程特性编写的程序与利用多种语言中可用的函数式编程特性编写的程序之间的区别。我可以对并发编程提出类似的论点。语言(和库)已经更新换代, 不必像 20 年前那样编写今天的并发程序了。但是为了帮助你更深刻地认识这一点, 不妨回到 2004 年, 也就是 Java 1.4 的时代, 并思考以下问题:

给定两个任务, 每个任务产生一个字符串, 并行调用两个任务并返回产生的第一个字符串。

假设类型 StringComputation 具有字符串生成方法 compute。在 Java 1.4 中, 此问题可以通过以下方式解决(不要试图理解代码; 代码很长, 细节不重要):

```Java
String firstOf(final StringComputation comp1, final StringComputation comp2)
  throws InterruptedException {
 class Result {
  private String value = null;

  public synchronized void setValue(String str) {
     if (value == null) {
        value = str;
        notifyAll();
     }
  }

  public synchronized String getValue() throws InterruptedException {
     while (value == null)
        wait();
        return value;
     }
  }

  final Result result = new Result();
  Runnable task1 = new Runnable() {
     public void run() {
        result.setValue(comp1.compute());
     }
  };
  Runnable task2 = new Runnable() {
     public void run() {
        result.setValue(comp2.compute());
     }
  };
```

```
new Thread(task1).start();
new Thread(task2).start();
return result.getValue();
}
```

此实现使用了你可能不熟悉的特性(详见本书第Ⅱ部分)[1]。以下是需要注意的要点。

- 代码长约 30 行。
- 它依赖于同步方法，这是 Java 虚拟机(JVM)中可用的一种锁形式。
- 它使用 wait 和 notifyAll 方法，这些方法在 JVM 上实现了基本的同步机制。
- 它启动自己的两个线程来并行运行这两个任务。

下面快进到今天的 Java，并重新实现该程序：

Java

```
String firstOf(StringComputation comp1, StringComputation comp2, Executor threads)
      throws InterruptedException, ExecutionException {
  var result = new CompletableFuture<String>();
  result.completeAsync(comp1::compute, threads);
  result.completeAsync(comp2::compute, threads);
  return result.get();
}
```

同样，忽略细节，并看以下这几点。

- 代码更短。
- 省略了类 Result。它实现了一个自己的 Future 形式，但现在有很多语言可以使用 Future，包括 Java。
- 没有同步方法。代码在任何地方都不依赖锁。
- 没有 wait 和 notifyAll 方法。相反，CompletableFuture 正确而高效地实现了自己的同步。
- 没有显式创建线程。相反，线程以 Executor 的形式作为参数传递，并且可以与应用程序的其他部分共享。

我想强调的是，这两种变体之间还有一个不同之处。在新代码中，两个 Runnable 类已消失，且已被一种奇怪的语法所取代，这种语法在 Java 1.4:comp1::compute 中并不存在。你可能会觉得这种语法令人费解，因为 compute 方法似乎缺少括号。实际上，此代码不调用 compute，而是将方法本身用作 completeAsync 的参数。它可以改为 lambda 表达式：comp1::compute 与 ()->comp1.compute()相同。将函数作为参数传递给函数，是函数式编程的一个基本理念(这将在本书第Ⅰ部分进行详细的探讨)，编写并发代码时也经常使用。

这个示例的重点是：即使仍然可以用今天的 Java 编写第一个版本的程序，也不应该这么做。因为很难保持多线程代码的正确性，而若要让它正确并高效，则是难上加难。相反，应该借助语言中可用的内容并有效地利用它。你是否充分利用了当前使用的编程语言？

一种趋势是，编程语言正变得越来越抽象，而其特性却越来越丰富，这一转变使得许多编

---

1 本书仍然包含这些旧特性的一个原因是，我相信它们有助于理解实践中应该使用的更丰富、更复杂的结构。另一个原因是，并发编程环境仍在发展，并且最近的发展(如 Java 虚拟机中的虚拟线程)有可能与这些旧概念再次相关。

程任务的要求降低了。与 Java 1 相比，Java 19 包含更多需要理解的概念，但使用 Java 19 编写正确而高效的程序比使用 Java 1 更容易。特性丰富的编程语言可能更难学习，但一旦掌握，你就会认识到它们的强大。

当然，一种方案的难度很大程度上取决于各人的编程背景，而且重要的是清晰地区分"简单"和"熟悉"的概念。前面介绍的 Java 和 Python 程序的函数式变体并不比命令式变体更复杂，但对于某些程序员来说肯定不那么熟悉。事实上，程序员在 Java 或 Python 中从命令式变体转换到函数式变体(反之亦然)比在相同的命令式或函数式风格中从 Java 转换到 Python(反之亦然)要更难。后一种转换主要是语法问题，而第一种转换需要范式转变。

当前特性丰富的编程语言的大多数优点都聚焦于函数式编程、并发和类型——它们正是本书的三个主题。一个普遍的趋势是为开发人员提供抽象，使他们可以不必编写非必要的实现细节，而不必编写的代码就是无漏洞代码。

例如，jump 和 goto 很早就被高级编程语言所抛弃，取而代之的是结构化循环。但是，许多循环本身就可以使用一组标准的高阶函数来替换。类似地，直接使用线程和锁来编写并发程序可能非常具有挑战性。相反，依赖线程池、特性和其他机制，可以生成更简单的模式。在许多情况下，除非必须编写自己的哈希映射或排序方法，否则没有必要使用循环和锁：这是不必要的工作，容易出错，而且不太可能达到现有实现的性能。至于类型，其安全性(能够捕捉错误)和灵活性(不必在设计选择中受过度的约束)之间一直存在对立，这种对立通常可以由安全、灵活但复杂的类型系统来解决。

本书并不是一本全面的综合指南，并未涵盖函数式和并发编程或者类型的方方面面。但是，若想在日常编程中利用现代语言构造，则需要熟悉这些特性背后的抽象概念。例如，应用函数模式比了解 lambda 表达式的语法更重要。本书只介绍有效使用语言特性所需的基本概念。本书所涵盖的内容非常有限，仅仅揭示了函数式和并发编程以及类型相关知识的冰山一角(Scala 也是如此)。更深入的主题还有待你通过其他途径探索。

选择 Scala 的理由

如前所述，本书中的大部分代码示例都是用 Scala 编写的。这可能不是你最熟悉的语言，也可能不是你开发下一个应用程序时计划使用的语言。因此，你可能会很自然地问我为什么选择它而非更主流的语言。

Scala 是一种旨在结合面向对象编程和函数式编程的语言，同时对并发性有很好的支持[1]。它是一种混合式语言，也称为多范式语言。事实上，之前使用 Java 和 Python 编写的随机移位程序的 3 个版本都可以用 Scala 编写：

```scala
————————— Scala —————————
def randShift(nums: List[Int], rand: Random): List[Int] = {
  val shiftedNums = List.newBuilder[Int]
  for (num <- nums) {
    val shifted = num + rand.between(-10, 11)
```

---

1 Scala 存在不同的变体。本书使用了 Scala 最常见的风格，以便在 JVM 上运行并利用 JVM 对并发性的支持。

```
      if (shifted > 0) {
          shiftedNums += shifted
      }
    }
    shiftedNums.result()
}

def randShift(nums: List[Int], rand: Random): List[Int] =
    nums.view
        .map(num => num + rand.between(-10, 11))
        .filter(shifted => shifted > 0)
        .toList

def randShift(nums: List[Int], rand: Random): List[Int] =
    for {
        num <- nums
        shifted = num + rand.between(-10, 11)
        if shifted > 0
    } yield shifted
```

第一个函数是命令式的，基于迭代和可变列表。第二个变体是函数式的，它显式地使用了 map 和 filter。最后一个变体依赖于 Scala 中的 for 推导式，这是一种类似于 Python 的列表推导式(但比它更强大)的机制。

还可以使用 Scala 编写并发问题的简洁解决方案。它用到了 Future 和线程池，就像前面的 Java 程序：

Scala

```
def firstOf(comp1: StringComputation, comp2: StringComputation)
        (using ExecutionContext): String = {
    val future1 = Future(comp1.compute())
    val future2 = Future(comp2.compute())
    Await.result(Future.firstCompletedOf(Set(future1, future2)), timeout)
}
```

考虑到本书的主旨，将 Scala 用作代码示例的好处有以下几点。首先，这种语言特性丰富，可以在不切换语言的情况下阐释许多概念。Scala 不但拥有函数式和并发编程的许多标准特性，还具有强大的类型系统。其次，Scala 是最近才推出的，它设计得很精致(通常也很巧妙)。与早期的语言相比，Scala 被用于讨论基础概念时没有那么多历史包袱。最后，Scala 语法非常传统，大多数程序员都可以直接上手。

然而，重要的是谨记本书的重点是编程语言特性，而非 Scala。虽然我个人喜欢将其用作一种教学语言，但我并非在推销 Scala。这也不是一本 Scala 的教科书。这一切皆因我恰好需要一种在我涉猎的所有领域都有简洁表现的编程语言，而我相信 Scala 满足以上所有要求。

目标读者

本书的目标读者是有足够经验的程序员，他们不会因为简单的语法问题而分心。我假设读者具有一定的 Java 经验，或者有足够的整体编程经验来阅读和理解简单的 Java 代码。本书读者应熟悉类、方法、对象、类型、变量、循环和条件等概念。读者还应基本理解程序执行(执行堆栈、垃圾回收、异常)，以及数据结构和算法。有关书中深入介绍的其他关键术语的基本定义与涉及的章节，可以参阅术语表(通过扫描封底二维码获取)。

不必事先了解函数式编程或并发编程，也不必事先了解 Scala。许多读者可能对函数式或并发概念(如递归或锁)有一定的了解，但这并不是必需的。例如，不要求能理解前面讨论的函数式 Python 和 Java 程序，或者两个 Java 并发程序，或者最后两个 Scala 函数。事实上，如果你认为这些程序有点奇怪和难以理解，那么本书是为你量身打造的！相比之下，数字移位程序的命令式变体应该很容易理解，我希望你能够理解所有与之对应的代码，无论它是用 Java、Python，还是用 Scala 编写的。如果 Scala 的语法与其他语言的语法相似，你应该能理解简单的 Scala 语法，并能掌握新引入的元素。

Scala 的语法受到了 Java 语法的启发，而 Java 的语法又受到了 C 语法的启发——大多数程序员都能快速适应此承接及过渡。Scala 与 Java 的不同之处将在介绍代码示例时一一说明。现在，我只强调三点不同。

- 分号推理。在 Scala 中，终止分号是由编译器推断出来的并且很少显式使用。它们可能会偶尔出现，例如，用于将两个语句放在同一行。
- 不需要 "return"。尽管 Scala 中存在 return 关键字，但它很少被使用。相反，函数会隐式返回其主体中计算的最后一个表达式的值。
- 符号缩进。用于定义代码块的大括号通常可以从缩进中推断出来，并且它们是可选的。
第一个 Scala randShift 变体可以写成如下形式：

```scala
def randShift(nums: List[Int], rand: Random): List[Int] =
  val shiftedNums = List.newBuilder[Int]
  for num <- nums do
    val shifted = num + rand.between(-10, 11)
    if shifted > 0 then shiftedNums += shifted
  end for
  shiftedNums.result()
end randShift
```

当使用缩进来创建块时，可以添加标记来强调块结尾，但它们是任意的。randShift 函数的更短版本采用以下形式：

```scala
def randShift(nums: List[Int], rand: Random): List[Int] =
  val shiftedNums = List.newBuilder[Int]
  for num <- nums do
    val shifted = num + rand.between(-10, 11)
```

```
   if shifted > 0 then shiftedNums += shifted
shiftedNums.result()
```

在本书中，代码示例一般情况下依赖于缩进而不是大括号，并且为了紧凑起见省略了大多数结束标记。希望读者能够阅读这种形式的命令式 Scala 代码，就像前面的函数一样。

如何阅读本书

本书的主要价值在于它的代码示例(扫描封底二维码即可下载完整代码示例)。在很大程度上，文本仅是用来描述代码的。代码示例往往很短，并侧重于要阐释的概念。特别是，很少有示例被设计用于执行日常编程中需要解决的特定任务。这并非一本食谱。

而且，本书将从头开始引入概念，从基本原理开始，并向应用程序级别进行扩展和抽象。而最具应用性的代码往往集中在各个部分的最后章节。这种安排最有助于深入理解那些可以在之后被转换成 Scala 之外的其他语言的特性。如果你感觉前面讲述的主题过于简单，节奏太慢，请一定要耐住性子。

建议按从头至尾的顺序阅读本书。大多数章节及代码示例都是以开头几章介绍的想法和程序为基础展开的。例如，同一问题的多种解决方案通常散布在不同的章节，以阐释不同的编程语言特性集。同样，关于并发编程的第 II 部分也使用了第 I 部分关于函数式编程的概念。

虽然不建议随机浏览本书内容，但你仍旧可以快速浏览关于熟知的特性的部分。对于那些将本书用作教材的本科生和研究生而言，只要能理解代码，便可直接进入下一部分。若觉得代码费解，就应该放慢速度，留意文本中的解释。

可以通过以下方式安全地跳过某些内容。

- 关于类型的第 15 章可以被完全跳过。在本书的其他章节，几个代码示例简化了假设，以避免类型边界和类型变换之类的复杂概念。基本了解 Java 类型，包括泛型(但不一定要使用通配符)和多态性，就足够了。

- 任何补充知识(如“关于作用域”)都可以被安全地忽略。你可能会发现这些补充知识都是作为参考内容而设计的，鉴于这本书的主题(我不想让你失望)，而且它们可能很长，在正文中也很少被提及，这些参考性的知识都可以被忽略。

- 任何“案例研究”章节都可以被跳过。不过，不建议你这样做，因为案例研究的代码采用了最有趣的方式来组合特性。而且所有的案例研究涉及的概念或语法全都来自前述章节而非后述章节。正文通常不会提及案例研究中的代码，只有一个小例外：10.8 节提到的一个二叉搜索树的高级实现位于第 8 章。

关 于 作 者

Michel Charpentier 是美国新罕布什尔大学(UNH)计算机科学系的副教授。多年来，他一直致力于分布式系统、正式验证以及移动传感器网络等领域的研究。自 1999 年以来，他一直在 UNH 工作，目前正在讲授编程语言、并发性、形式验证和模型检查等课程。

目 录

第 1 部分

函数式编程

第 1 章

函数式编程的概念

函数式编程并没有一个被人们普遍接受的定义，但所有人都认同它涉及用函数编程。本章概述了函数式编程风格的一些特征。本书认为，这些特征在不同程度上都是选择函数式编程的结果。

1.1 什么是函数式编程

用函数编程的想法并不新鲜。函数式编程背后的概念至少从编程语言 Lisp(20 世纪 50 年代末)开始就已经存在了，甚至从 λ 演算(20 世纪 30 年代)开始就在理论层面上存在了。近年来，函数式编程的概念已经从真正的函数式编程语言(如 Haskell 和 ML)渗透到了主流的通用语言(如 Java、Python 和 Kotlin)。根据应用程序领域和个人偏好，你可采用各种方式使用这些添加的函数式编程功能。讨论函数式编程利弊的开发人员通常会关注对他们最有利或最不利的特性。就像编程和编程语言的其他方面一样，对于函数式编程是什么、不是什么(即定义)，人们可能会各执一词，争论不休。

你可能听说过函数式编程是以高阶函数和 lambda 表达式为中心的；可能阅读过函数式编程的介绍，其中可能对递归进行了长篇大论的讲解；你也可能认为函数式编程主要探讨不变性或惰性求值。

本章简要地阐述了我的个人观点，恰好可以概括为"上述全部"。函数式编程的核心是用函数进行编程的思想，我希望能让你相信，许多与函数式编程风格相关的编程特性(就像刚才提到的那样)或多或少都直接源于函数的使用。定义中明显的冲突往往在于选择强调哪些部分以及以什么顺序阐述。

本书并不需要读者具备函数式编程的先验知识。接下来的章节将简要介绍此处提到的术语(高阶和递归函数、lambda 表达式、不变性、惰性求值)，以及其他一些术语，如尾递归、模式匹配和代数数据类型。本章并不要求读者理解所有这些概念。更确切地说，此处提及术语只是为了指出它们都有一定的相关性。具体内容将在后续章节揭晓。

1.2 函数

函数是一个公认的数学概念: 函数将一个集合中的每个值与另一个集合的唯一值相关联(两个集合可能相同, 也可能不相同)。第一个集合通常被称为函数的定义域, 第二个集合则被称为其范围或值域。函数也被称为"将定义域中的值映射到值域的值", 因此函数有时被称为"映射"。函数式编程的根源在于希望用接近数学函数的结构来编写程序。

函数的数学概念不一定与函数关键字在编程语言中的作用一致, 也不一定与你决定用喜欢的语言实现"函数"时的想法一致。相反, 你需要回想一下你在高中代数课上看到的函数。从这个意义上说, $f(x)=\sqrt{x}$ 与 $g(x)=x^2-1$ 是函数(在实数范围内), 而 Java 的排序方法 Arrays.sort 不是函数。

这是什么原因呢? Java 方法通过重新排列数组中的值来对数组进行排序。这会改变数列, 但不会将其映射到另一个值。在数学中, 函数不会修改任何东西。而且, 有什么要修改的呢? 数字 4 是一个值; $\sqrt{4}$ 是另一个值, 也是一个数字; 4^2-1 也是如此。函数将值映射到值, 但不修改值。在较大的表达式中使用 $\sqrt{4}$ 或 4^2-1 时不会"修改"数字 4, 无论这意味着什么。类似地, 排序函数(与 Java 的 Arrays.sort 相反)会将一个数组值映射到另一个排好序的数组值, 但并不会修改其输入数组的数据。

函数式编程的一个核心原则是使用不修改任何内容的函数来组织代码。例如, 以下这两个 Java "函数":

Java

```java
String firstString1(List<String> strings) {
    return strings.get(0);
}

String firstString2(List<String> strings) {
    return strings.remove(0);
}
```

两者都返回字符串列表中的第一个字符串(假设列表不是空的)。作为函数, 它们是等效的: 对于任何非空的字符串列表 x, 字符串 firstString1(x) 和 firstString2(x) 是相同的[1]。然而, firstString2 函数也会从原列表中删除第一个字符串, 从而修改列表, 而 firstString1 则不会。

正如这个 Java 示例所示, 通常, 修改(或不修改)某些对象的函数无法通过其签名区分开来: firstString1 和 firstString2 都接受 List<String>参数, 并返回 String 类型的值。然而, 程序员应该依靠良好的命名和记录(可能包括注释)来强调类似函数的构造也会改变系统状态。例如, 前面示例中的两个函数可以分别命名为 getFirstString 和 getAndRemoveFirstString。

函数式编程的起点是依赖"生成新值但不以任何方式修改现有数据的函数", 并将其作为基本的代码组织块。必要时, 在其他地方以明确的方式(而非通过看起来像函数的构造)执行状态修改。

---

1 这假设"列表 x 实现了方法 remove", 从技术上讲, 该方法在 Java 中是可选的。

关于λ演算

在讨论函数时，一般代数课中的符号有些模棱两可。可以用 $f(x)=x^2-1$ 来表示函数 f。然后，$f(2)$ 用于表示将数字 2 代入函数 f 而获得的值。同理，$f(y)$ 表示将变量 y 代入 f。然而，就其本身而言，$f(x)=(x-1)(x+1)$ 很不明确。这是 f 的(新)定义吗？或者它是一个关于现有函数 f 的数学定理，规定 $f(x)$ 总是等于 $(x-1)(x+1)$？

λ演算(其中λ是希腊字母 lambda)是 20 世纪 30 年代发展起来的函数理论，是函数式编程的数学基础之一。在λ演算中，f 的定义和相应的定理有明确的规定。f 的定义可以写成 $f=\lambda x.(x^2-1)$；数字 2 对应的 f 是 $f2$；一般定理是 $fx=(x-1)(x+1)$(假设使用算术运算的标准符号)。

本书专注于实用编程，因此不会深入讨论λ演算。不过，应该说，函数式编程的许多核心思想都植根于此。例如，在λ演算中，函数和数据是同一代数的项。这自然导致了函数作为值的概念，这将在第 9 章进行探讨。柯里化(见 9.2 节)和λ演算中的所有函数都与单参数函数有关。例如，加法将被定义为 $\lambda x.\lambda y.(x+y)$，这是一个单参数($x$)的函数，它返回单参数($y$)的另一个函数 $\lambda y.(x+y)$。函数式编程的其他方面经常用λ演算来讨论。例如，混合编程语言有时会根据 η 转换来讨论方法和函数之间的关系(见 9.6 节)，其会声明 $\lambda x. fx$ 和 f 是等价的。(在编程语言术语中，可以将其视为应用方法 f 的函数与 f 方法本身之间的等价。)

函数式编程对λ演算的欠缺在函数字面量的术语中表现得最明显(见 9.3 节)：它们通常被表示为"lambda 表达式"，而 lambda 实际上是 Ruby 和 Python 等语言中用于定义此类函数的关键字。

1.3 从函数到函数式编程概念

本书第 I 部分介绍的许多编程概念和特性都源于根据函数组织代码的思路。首先，不修改任何内容的函数的理念可以推广到无法修改的常量的更广泛的概念。函数式编程通常涉及运用函数基于其他常量计算常量，例如将 $\sqrt{\ }$ 应用于(常数)4 以产生(常数)2 时。前面给出的函数 firstString2 可以修改其输入列表，因为 Java 列表(通常)是可变的。相比之下，Scala 列表是不可修改的：

Scala

```scala
def firstString(strings: List[String]): String = ...
```

函数是如何实现的并不重要：但是可以确信它不会修改给定的字符串列表，因为这些列表根本无法修改。(第 3 章和第 4 章将讨论不可变性。)

这种方法性能如何？随着系统状态的变化，不可变列表是否会占用内存强制创建新列表？不一定。新的不可变列表通常可以与现有列表共享数据，并且创建时只需要最少的复制和内存分配。其他数据结构也具有此属性。它们通常根据代数数据类型来定义，函数式编程语言通常实现模式匹配的概念，以更好地支持使用这样的类型的编程(代数数据类型和模式匹配是第 5 章的主题。)

关于不变性的另一个重要观察结论是，若从一个不可变值生成另一个不可变值的代码多次重复，将不会带来任何好处。这一点很关键，因为这意味着在纯函数式编程中，循环是无用的。

事实上，如果循环的主体没有以任何方式改变系统的状态，那么执行十次和执行一次(甚至零次)将没有区别。如果你习惯了命令式编程，你可能会觉得无循环编程的想法非常奇妙。对于第一次学习函数式编程的人来说，试图将函数计算作为循环的主体的做法实际上是一个常见的错误。相反，函数式编程大量使用递归，不仅可以代替循环，还可作为处理本质上是递归的代数数据类型的通用方式，例如树。(递归将在第 6 章至第 8 章中详细讨论，并会贯穿全书。)

函数在函数式编程中的中心地位产生了另一种观点，即函数作为值的观点。在函数式编程语言中，函数是正则值，可以存储在集合中，也可以用作其他函数的参数和返回值。这产生了高阶函数和函数字面量的概念，它们通常用 lambda 表达式表示。(高阶函数、函数字面量和 lambda 表达式是第 9 章和第 10 章的主题。)

由于在函数式编程中，函数可以用作值，因此有时可以用一个计算显式参数的函数替换显式参数，从而将参数的求值延迟到需要时进行。然后，可以对这个变量进行惰性求值。同样，函数也可以存储在数据结构中，以实现惰性求值的类型(如流和视图)。(第 12 章和第 14 章将介绍惰性求值。)

最后，对于将控制流嵌入高阶函数的程序，不建议仅通过抛出和捕获异常来处理故障。相反，在函数式编程中，故障和错误可以作为专为此目的量身定制的合适类型的正则值进行更妥当的处理。(第 13 章将讨论函数错误处理。)

1.4 小结

通过强调本章着重探讨的一个或多个函数式编程特性，回答"什么是函数式编程"这一问题的教材和文章并不罕见。你可能听说函数式编程都是关于递归的，或者都是关于不变性的，又或者都是关于高阶函数和惰性求值的。事实上，所有这些观点都很重要，并且都遵循以函数作为计算的主要概念的中心原则。本书的第Ⅰ部分(第 2 章至第 14 章)会通过小段代码示例和较长的案例研究，对这里提到的概念进行深入的探讨。

第 2 章
编程语言中的函数

通常，数学函数的简单性会在编程语言中得到扩充，这些语言特性有助于将其用于抽象编程。本章将讨论其中最常见的一些特性。结合了函数式编程和面向对象编程的混合语言通常会区分运算符、方法和函数，并定义桥接这三者的机制。此外，类型参数化、可选参数和可变长度参数通常用于定义表示函数族的模板。

2.1　定义函数

大多数编程语言都有一种根据函数来构造代码的机制。可以通过为函数指定函数名以及参数和返回值来定义函数。例如，一个简单的绝对值函数可以用多种语言来定义：

Java
```java
int abs(int x) {
   if (x > 0) return x; else return -x;
}
```

JavaScript
```javascript
function abs(x) {
   if (x > 0) return x; else return -x;
}
```

Python
```python
def abs(x):
   return x if x > 0 else -x
```

Kotlin
```kotlin
fun abs(x: Int): Int = if (x > 0) x else -x
```

Scala
```scala
def abs(x: Int): Int = if x > 0 then x else -x
```

以上 5 种定义有很多相似之处。例如，函数主体在 Java 和 JavaScript 中完全相同，其在 Kotlin 和 Scala 中亦然。然而，你可能还会注意到以下几个差异：

- Java 中引入的函数没有关键字。而 JavaScript 使用 function，Kotlin 使用 fun，Python 和 Scala 使用 def。
- Java、JavaScript 和 Python 都使用关键字 return 来返回值。Kotlin 和 Scala 则并非如此(至少在这个例子中并非如此)。
- 在 Java 和 JavaScript 中，函数的主体由大括号分隔。Python 使用缩进。对于像绝对值这样简单的函数体，Kotlin 和 Scala 变体不使用任何东西。(在定义更复杂的函数时，Kotlin 使用大括号，Scala 使用大括号或缩进。)
- 类型操作方式不同：Java 使用"type variable"语法，而 Kotlin 和 Scala 使用"variable: type"。值得注意的是，JavaScript 和 Python 根本没有提及类型。
- 这些语言使用不同的语法来测试输入的 x 是否为正值。有些基于括号；有些不基于。有些包含 then 关键字；其他则不然。更重要的是，Python、Kotlin 和 Scala 变体使用 "if" 作为带值的表达式，Java 和 JavaScript 变体则不然。

其中一些差异是语法上的细微区别。开发人员在切换语言时应当容易察觉到这些微小变化。开始用 Kotlin 编程时，很有可能会写几次 def，但应该不会花很长时间来适应写 fun。其他差异较为显著，需要进行专题讨论(第 15 章将讨论类型策略，第 3 章将讨论条件句作为表达式的使用)。本书的代码示例主要使用 Scala，间或会用到一些 Java 语句。你可能已经非常熟悉前一种或后一种语言(我觉得 Java 比 Scala 更常见)，但在阅读代码示例时，你应该会很快习惯这两种语言。

2.2　合成函数

命令式代码往往非常强调顺序组合：

```pseudocode
doOneThing(...);
doAnotherThing(...);
```

doOneThing 和 doAnotherThing 这两个函数将依次执行。与以某种方式作用于程序的状态相反，当函数被用作函数(即从值中生成值的机制)时，它们需要以不同的方式进行组合。为了便于说明，接下来用函数 dots 来补充绝对值函数：

```scala
def dots(length: Int): String = "." * length
```

此函数创建一个指定长度的点字符串。它可以与绝对值函数相结合，从数字-3 中生成字符串"..."：

```scala
dots(abs(-3)) // the string "..."
```

函数通过将函数的输出用作另一个函数的输入来进行组合。注意，此处没有使用也没有写顺序组合：

```Scala
abs(-3);
dots(-3);
```

以上代码不具有期望的效果。为了使顺序组合运行，函数 abs 需要在 dots 使用一个数字构建字符串之前将其更改为绝对值，如下所示：

```Scala
num = -3;
num = abs(num);
dots(num); // the string "..."
```

然而，如果不引入变量 num，就无法表达这种模式。需要将序列第一部分的结果存储在某个地方，并告知第二部分在哪里找到它们。

因为函数的作用是局部的，所以更容易进行组合。理想情况下，函数只需要知道它的输入并生成一个输出(参见第 3 章有关纯函数的讨论)。这使函数有可能组合成更大的函数，函数式编程语言需要针对这些函数定义特定的运算符：

```Scala
(dots compose abs)(-3) // the string "..."
(abs andThen dots)(-3) // the string "..."
```

函数 abs 和 dots 相结合，然后合成的函数被代入了参数-3。相反，如果不明确提及第一部分转换的结果，以便第二部分使用它，就无法将两个顺序代码片段组合成一个，这就是前面例子中变量 num 的作用。

如果你是函数式编程的新手，你可能觉得像 dots compose abs 和 abs andThen dots 这样的表达式有点费解。函数 abs 和 dots 并没有代入参数，它们看起来就像是运算符 compose 和 andThen 的参数。事实上正是如此，第 9 章和第 10 章将专门介绍函数式编程的这一非常重要的特性。

注意

如果长度为负数，函数 dots 就会发生故障。为了使代码片段简短，并侧重于所示概念，本书故意省略了所有参数的验证。因此，本书假设参数具有合理值并已在其他地方得到验证。

2.3　定义为方法的函数

身为编程语言的 Scala 被认为是混合或多范式的，因为它旨在将面向对象编程和函数式编程的概念结合起来。这使得它非常适合本书的宗旨，与此同时，也使关于函数定义的讨论变得稍微复杂了一些。

作为一种函数式语言，Scala 使用了多种机制来定义函数。但是，因为它也是一种面向对象的语言，所以它也使用了方法的概念。其他混合语言也是如此，例如 Kotlin。从技术角度看，2.2 节中 abs 和 dots 的 Scala 实现是一种方法，而不是函数。函数和方法都可以用作代码结构化方式，但它们并不总是等效的。

这里没必要对函数和方法之间的差异进行冗长的讨论——我听说甚至连 Scala 语言规范也没有以一致的方式使用这些术语。随着我们对函数式编程的探索越来越深入，还将进一步讨论某些差异(详见 2.5 节和 9.4 节)。目前，我只简单地将"函数"当作一个术语，用它表示具有输入参数和输出值的编程语言构造，其中包括 Scala 的方法。

2.4　定义为方法的运算符

编程语言不仅有函数(和方法)，而且倾向于在构建表达式时使用运算符。例如，前面 5 个绝对值函数实现在表达式 x>0 中使用二元运算符 ">"，在表达式-x 中使用一元运算符 "-"。

Scala 使用带符号名称的方法来实现几乎所有的运算符。例如，">" 和 "-" 都是作为方法实现的。表达式 x>0 在参数为 0 的对象 x 上调用方法 ">"。可以将它写成 x.>(0)，但实际上没有理由这么做。相反，一些语言允许在调用方法时使用中缀表示法，这对于使用符号名称来定义的方法是非常合理的。这还包括你自定义的方法：

Scala

```scala
class Node:
    def --> (that: Node): Edge = Edge(this, that)
    ...
```

代码清单 2.1　一个用符号名称定义的方法的示例

给出该定义后，表达式 a-->b 可用于在节点 a 和 b 之间创建边。实际上，这里定义了运算符 "-->"。此外，有时还可以明确指出，具有常规名称的方法可以用作运算符：

Scala

```scala
class Node:
    infix def to(that: Node): Edge = Edge(this, that)
    ...
```

代码清单 2.2　一个针对中辍表达法定义的方法的示例

给出此定义后即可使用表达式 a to b 在 a 和 b 之间建立边。

2.5　扩展方法

更为复杂的是，仅仅区分函数、方法和运算符似乎是不够的，编程语言往往还要定义连接这 3 个概念的特性。例如，被定义为方法的函数有时会因为作为方法(而非函数)调用而受益。(你没看错。)一个函数，例如 f(x, y, z)，可能更适合用作其第一个参数的方法：x.f(y, z)。

扩展方法是一种强大的机制，可以将方法添加到现有类型中。它们存在于 Scala、Kotlin、C#和 Swift 等编程语言中。它们允许将一个现有的函数作为一个额外的方法构建到某个类型上。

举个例子，假设一个由两个参数组成的函数已经被定义为一种方法来缩短字符串：

Scala

```scala
def shorten(str: String, maxLen: Int): String =
    if str.length > maxLen then str.substring(0, maxLen - 3) + "..." else str
```

此函数可以按如下方式调用：

Scala

```scala
shorten("Functional programming", 20) // "Functional progra..."
```

如果需要，可以通过定义扩展，使此函数看起来像 String 类型的方法：

Scala

```scala
extension (str: String)
    def short(maxLen: Int): String = shorten(str, maxLen)
```

代码清单 2.3　通过扩展将一个方法添加到类型的示例

有了这个范围上的扩展，便可以在字符串上调用一个新的方法 short：

Scala

```scala
"Functional programming".short(20) // "Functional progra..."
```

像 Scala 和 Kotlin 这样的混合语言在函数和方法之间架起了不一样的桥梁。第 9 章将会讲解一个反向操作的转换：支持在需要使用函数时使用方法。

2.6 　局部函数

第 1 章的开头讲过，函数式编程的起点是根据函数构建代码。因此，函数程序通常是由许多针对特定任务的小函数构建的。大多数支持函数式编程风格的语言都允许在函数中定义函数。这并不是说这样做有什么好处，但你确实也可以这样写绝对值函数：

Scala

```scala
def abs(x: Int): Int =
    def max(a: Int, b: Int): Int = if a > b then a else b
    max(x, -x)
```

代码清单 2.4　在另一个函数中定义一个局部函数的示例

此变体将 x 的绝对值实现为 x 和−x 中的最大值。它使用了一个局部函数 max，该函数定义在函数 abs 内部。在 Scala 中，一个代码块是一个表达式，并且有一个值。块的值是在块中计算的最后一个表达式的值——在本例中为 max(x, −x)，这就是此处不需要 return 关键字的原因。块由大括号分隔，但如果使用适当的缩进，通常可以省略大括号，如代码清单 2.4 所示。

局部函数的一个重要特性是，它们可以访问其封闭函数的参数和局部变量。一个更古怪的绝对值函数定义，可以参照如下代码编写：

Scala

```scala
def abs(x: Int): Int =
    def maxX(a: Int): Int = if a > x then a else x
    maxX(-x)
```

注意局部函数 maxX 是如何使用变量 x 的，变量 x 不是它的参数。

2.7　重复参数

许多编程语言都支持重复或可变长度参数(variable-length argument)的概念，这个概念有时也被称为 "varargs"。可变长度参数函数最著名的例子就是 printf。在一个格式字符串之后，该函数接受其他参数(数量可多可少)：

Scala

```scala
printf("%d bottles of beer\n", 99);    // prints the string "99 bottles of beer"
printf("%s: $%.2f\n", "total", 12.3456); // prints the string "total: $12.35"
```

开发人员可以使用重复参数来定义自己的函数：

Scala

```scala
def average(first: Double, others: Double*) = (first + others.sum) / (1 + others.size)
```

代码清单 2.5　一个具有可变长度参数的函数示例

此处函数签名中的*表示参数 others 可以出现 0 次或更多次。以下所有示例都是对函数 average 的有效调用：

Scala

```scala
average(1.0, 2.3, 4.1)
average(10.0, 20.0)
average(10.0)
```

可以将此特性视为一种用于定义一系列函数的机制：单参数函数 average、双参数函数 average 和三参数函数 average 等。可选参数和类型参数也是如此，下面将对此展开介绍。

2.8　可选参数

可选参数是许多语言中可用的另一个特性。它们允许程序员为参数指定默认值，使此参数在应用函数时可选：

```scala
Scala

def formatMessage(msg: String,
                  user: String = "",
                  withNewline: Boolean = true): String =
    val sb = StringBuilder()
    if user.nonEmpty then sb.append(user).append(": ")
    sb.append(msg)
    if withNewline then sb.append("\n")
    sb.result()
```

代码清单 2.6　部分参数具有默认值的函数示例

这个函数中的字符串 user 默认为空字符串，withNewline 标志默认为 true。以下所有示例都是此函数的有效调用：

```scala
Scala

formatMessage("hello")               // "hello\n"
formatMessage("hello", "Joe")        // "Joe: hello\n"
formatMessage("hello", "Joe", false) // "Joe: hello"
```

2.9　命名参数

你可能需要调用 formatMessage 函数来格式化没有用户和换行符的消息：

```scala
Scala

formatMessage("hello", false) // rejected by the compiler
```

这不起作用，因为函数需要一个字符串(而非布尔值 false)作为第二个参数，false 应该是第三个参数。为了避开这个难题，需要明确指定参数的名称：

```scala
Scala

formatMessage("hello", withNewline = false) // "hello"
```

使用显式名称，参数即可任意地重新排序。以下所有调用都有效：

```scala
Scala

formatMessage(msg = "hello", user = "Joe")
formatMessage(user = "Joe", msg = "hello")
formatMessage(user = "Joe", withNewline = false, msg = "hello")
```

即使参数名称不是必需的，有时也可以依靠它们来提高代码的可读性：

```scala
formatMessage("Tweedledee", "Tweedledum") // which is user and which is message?
formatMessage(msg = "Tweedledee", user = "Tweedledum") // clearer

Writer("/var/log/app.log", true) // what is true?
Writer("/var/log/app.log", autoflush = true) // clearer
```

2.10   类型参数

在许多类型化编程语言中，函数可以通过类型进行参数化。这意味着函数不仅使用类型化参数，而且这些参数的类型(以及返回值的类型)本身就是函数的参数。这被称为参数多态性，有时也被称为泛型(Java)或模板(C++)。假设有一个函数 first，它返回一对元素中的第一个：

```scala
// DON'T DO THIS!
def first(pair: (Any, Any)): Any = pair(0)
```

参数 pair 具有类型(Any, Any)，它表示任意一对类型——Any 是 Scala 中表示所有类型的类型。该函数可以接受一对整数，如 first((1, 2))，也可接受一对字符串，如 first(("A", "B"))。first 的这个定义的问题在于它的返回类型是 Any。当把 first 应用于一对整数时，函数会返回一个 Any 类型的值。此值恰好是一个整数，但类型信息已丢失：

```scala
first((1, 2))                       // has type Any
first((1, 2)) + 10                  // rejected by the compiler
first(("egg", "chicken"))           // has type Any
first(("egg", "chicken")).toUpperCase // rejected by the compiler
```

你可能会想通过类型转换来绕过这个难题：

```scala
// DON'T DO THIS!
first((1, 2)).asInstanceOf[Int] + 10                      // 11
first(("egg", "chicken")).asInstanceOf[String].toUpperCase // "EGG"
```

这是错误的解决方案。更好的方案是在 first 函数的定义中使用类型参数：

```scala
def first[A](pair: (A, A)): A = pair(0)

first((1, 2))                       // has type Int
first((1, 2)) + 10                  // 11
first(("egg", "chicken"))           // has type String
```

```
first(("egg", "chicken")).toUpperCase // "EGG"
```

代码清单 2.7　一个由类型参数化的函数示例；对比代码清单 2.8

该函数现在有一个类型参数 A，并从一对类型(A, A)中生成一个类型为 A 的值。在 first 函数的定义中添加[A]，使 A 成为函数的(类型)变量。这个变量名无关紧要。可对 first 进行如下定义：

Scala
```
def first[Type](pair: (Type, Type)): Type = pair(0)
```

但实际上习惯使用单字母变量，如 A、B 或 T。

代码清单 2.7 中类型 A 的每次实例化都会产生一个不同的函数：first[Int]是处理一对整数的函数，first[String]是处理一对字符串的函数，等等。当编译表达式 first((1, 2))时，编译器推断类型 A 为 Int，因此函数返回的值为 Int 类型[1]，这就是表达式 first((1, 2))+10 类型正确的原因。在类型推断无法决定类型参数的情况下，可以手动设置它，如 first[Int]((1, 2))或 first[String](("egg", "chicken"))。

为什么建议使用类型参数而不是类型转换？使用类型参数的主要好处是可在编译时发现诸如 first((1, 2)).toUpperCase 的错误。如果使用类型转换，则 first((1, 2)).asInstanceOf[String].toUpperCase 肯定会在运行时失败(抛出 ClassCastException)。在编写一个使用此代码路径的测试之前，可能无法发现错误。

注意，表达式 first((1, "chicken"))+10 仍然无法编译。原因是编译器需要推断出一个与整数 1 和字符串"chicken"兼容的类型 A。编译器将 A 设置为 Any[2]，因为 Any 是唯一可以包含这两个值的类型。为更好地处理异构对，可以修改 first 函数以使用两个类型参数：

Scala
```
def first[A, B](pair: (A, B)): A = pair(0)
```

代码清单 2.8　通过多种类型进行参数化的示例；对比代码清单 2.7

在编译器推断出类型 A=Int 和 B=String 之后，现在可以编译表达式 first((1, "chicken"))+10。类似地，first(("egg", 2)).toUpperCase 是一个有效的表达式，类型 A=String，B=Int。

类型参数化是一个强大的特性，应该尽可能多地使用它。如果在运行时频繁地测试和转换类型，就意味着可能存在类型参数化利用不足的情况。此时不妨退一步，看看是否可以通过向函数、方法或类添加类型参数来避免类型转换。

1　类型推断是编译器计算(推断)程序员没有明确提供的类型信息的一种机制。详见 15.5 节。

2　从技术上讲，Scala 编译器推断的类型是 Matchable，这是 Any 的一个严格子类型，但就其实际用途来说，可将其视为 Any。

2.11 小结

- 所有主流编程语言都实现了至少一种可用于表示函数的代码结构抽象。在支持面向对象编程的语言中，许多函数都是作为方法实现的。

- 函数的作用是通过输入值产生输出值。因此，函数代码通常根据复合函数来构造，某些函数的输出会被用作下一个函数的输入。

- 除了函数和方法外，编程语言还可能依赖运算符，这些运算符通常以前缀或中缀表示法被应用。一些语言使用符号名称将其部分或全部运算符实现为函数或方法。

- 函数的定义通常依赖于其他中间函数。在某些语言中，可以在函数中定义局部函数。局部函数可以直接访问其封闭函数的自变量和局部变量，这简化了其函数签名并提高了代码的可读性。(这类似于在面向对象语言中使用局部类。)

- 为了提高灵活性，函数可以使用命名参数、重复参数(也称为可变长度参数或 varargs)或默认值。一些语言(如 Scala、Kotlin 和 Python)实现了这 3 种机制，而其他语言(如 Java)支持重复参数，但不支持命名参数或默认值。

- 在类型化语言中，函数通常可以按类型参数化，这使得开发人员可以编写代码模板来实现具有不同签名的多个函数。有效地使用类型参数化有助于减少对运行时类型检查和类型转换的需要，以及它们带来的运行时异常的风险。

第3章
不可变性

函数式编程的灵感来自数学函数，这些函数不取决于任何概念的改变、状态变化或变量分配。函数式编程风格倾向于不可变数据。基于改变的命令式代码将被把不可变值组合成表达式的程序所取代。特别是在典型的命令式程序中，一系列不可变的值被用来替代可变数据结构。

3.1 纯函数和非纯函数

数学函数早些时候被描述为输入集的值到输出集的值的映射。例如，绝对值函数将(任何符号的)整数映射为非负自然数。编程语言函数是可以表示数学函数的结构，但它们的用途并不限于此。可以将数学绝对值函数实现为个人喜欢的语言的函数，就像我们之前在Java、JavaScript、Python、Kotlin和Scala[1]中所做的那样，但也可以编写执行I/O、与用户和设备交互、阻塞线程或以某种方式修改应用程序状态的"函数"。

此时，我需要引入术语"纯函数"和"非纯函数"。引用表示数学函数的编程函数的标准方式是声明该函数是纯函数。纯函数具有两个特点。首先，其输出完全由其输入决定。特别是当多次调用相同的输入时，纯函数总是产生相同的输出[2]。其次，纯函数不会修改系统的状态(或其环境的状态)。这些修改被称为副作用：除了产生一个输出值(这对函数来说是正确的)外，有副作用的代码还会修改现有数据。不满足这两个特点的函数则称为非纯函数。大多数编程语言都支持编写纯函数和非纯函数。

下面的函数format可以作为无法满足纯函数的第一个特点的代码示例：

Scala

```scala
var prompt = "> "
def format(msg: String): String = prompt + msg
```

此函数的行为取决于外部变量prompt的值。因此，当用相同的输入多次调用它时，可能会产生不同的输出：

---

1 第2章中的函数没有实现数学的绝对值函数，因为它们的定义域不是具有通常的加法和减法运算的无限整数集，而是具有二补数运算的32位值的不同集合。尽管如此，它们实现的仍是一个数学函数，但不是标准的绝对值。

2 此处的输入应理解为输入值。当多次调用同一可变对象时，纯函数仍然可以产生不同的输出，因为对象(以及输入)已经发生了变化。

```scala
                                                        ── Scala ──
format("command")      // "> command"
prompt = "% "          // change the prompt
format("command")      // "% command"
```

函数 format 基于同一个输入产生两个不同的字符串，因此属于非纯函数。

为了说明纯函数的第二个特点(没有副作用)，请回忆第 1 章中的函数 firstString2，并用 Scala(但仍使用 Java 列表)重写该函数：

```scala
                                                        ── Scala ──
import java.util

def firstString2(strings: util.List[String]): String = strings.remove(0)
```

此函数从其输入列表中返回第一个字符串，但也会从列表中删除该值，因此该函数有副作用，也属于非纯函数。

即便同时解除两个纯函数约束，函数仍可能是非纯函数：

```scala
                                                        ── Scala ──
var lastID = 0

def uniqueName(prefix: String): String =
   lastID += 1
   prefix + lastID

uniqueName("user-") // "user-1"
uniqueName("user-") // "user-2"
```

这个函数会修改变量 lastID，因此有副作用，同时其本身的计算依赖于该变量，所以它不能同时满足纯函数的两个要求。与这些例子相反，函数 firstString1 是纯函数，它返回一个字符串而不将其从列表中删除(假设 Java 列表上的 get 方法是纯函数，对于标准列表实现来说确实如此)。

注意，函数可能非纯的两个原因(有副作用或者依赖于外部可变状态)是密切相关的。两者都源于可变状态的概念：一个函数之所以是非纯函数，可能是因为它自己的变化，或者因为它受到其他函数变化的影响。特别是，在一个完全由没有副作用的函数组成的程序中，所有函数都是纯函数[1]。改变是非纯的根源。

3.2 动作

函数 firstString1 和 firstString2 都返回列表的第一个字符串，但 firstString2 会将该字符串从列表中删除，因此有副作用。函数还可能有第三种变体，该变体删除第一个字符串，但不返回它：

---

1 出于这个原因，"纯"有时也用于表示"没有副作用"。

```scala
                                                                    ─ Scala ─
def removeFirstString(strings: util.List[String]): Unit = strings.remove(0)
```

此函数使用与 firstString2 相同的实现，但其返回类型不同：返回 Unit 而非 String。对于刚开始接触函数式编程的程序员来说，Unit 是一种不常见的类型。Unit 类型中只有一个值，通常称为 unit，在 Scala 中用令牌 "()" 表示。

作为函数，removeFirstString 并不是很有用：从它的返回类型看，在调用它之前便知道这个函数会返回 unit。那么，到底为什么还要调用它呢？因为它的副作用是从列表中删除第一个字符串。

如果一个函数不返回任何有用的东西，并且你仅为了利用其副作用而定义它，就会使用 Unit 类型。这样的函数有时被称为过程(procedure)。本书使用一个更简单的术语——"动作"(action)来代替"过程"，但这不是标准术语。通过选择以 Unit 作为返回类型，可以向用户清楚地表明函数有副作用。事实上，一个返回类型为 Unit 且没有副作用的函数才是真正意义上的无用函数。

有好几种混合语言依赖 Unit 类型来确保所有的方法都是函数：每个方法都返回一个值，即使这个值有时是无用的。作为一种历史更悠久的语言，Java 使用了 void 方法的概念，这种方法不返回任何东西，因此不是函数，甚至不是特殊函数。在 Java 中，removeFirstString 将是一个 void 方法，这清楚地表明，你只是为了利用它的副作用而调用它。

你可以尽可能多地通过依赖动作和纯函数来减少代码的意外性。以 java.util.Arrays 类为例。它的所有方法要么是 sort、fill 或 setAll 之类的动作(修改输入但不返回值)，要么是 binarySearch、hashCode 或 equals 之类的纯函数(返回新值且没有副作用)。

像 firstString2 这样有副作用但不是动作的函数往往更容易被混淆。特别是，非纯性在函数签名上并不明显，因为有意义的纯函数可以用相同的函数签名来定义。这可能会导致你在没有意识到其副作用的情况下调用函数，进而产生不良后果。换句话说，在使用 firstString2 时很容易误以为会得到 firstString1 的实现。

尽管如此，非纯函数还是有其用途的。当一个动作有明确的副作用(即不可能是一个纯函数)时，它可以安全地被一个返回有用内容的函数所取代。例如，Java 中的 add 方法明确地将值添加到集合中，同时返回一个布尔值：

```java
                                                                    ─ Java ─
Set<String> set = ...;
if (set.add("X")) {
  // "X" was added and was not already in the set
} else {
  // "X" was already in the set, which was left unchanged
}
```

可以依靠 add 返回的值来获知某个元素是否确实已插入集合中，或者该元素是否已经位于集合之中，不需要再添加。

对于加法函数来说，布尔值并不是唯一有意义的选择。例如，Scala 的集合方法 "+=" 返回集合本身，使链式操作成为可能：

```scala
val set: Set[String] = ...
set += "X" -= "Y"
```
Scala

字符串"X"首先被添加到集合中。方法"+="返回集合本身，然后对其应用方法"-="来移除字符串"Y"。

注意，方法"-="也返回集合，但本例忽略返回的值。这相当于"-="在这里仅被用作一个动作。当一个有副作用的函数的返回值被忽略时，我有时会简单地把这个函数称为一个动作，而不是冗长的"用作动作的非纯函数"。

总之，"first string"函数有 3 种可能的变体：

```scala
// pure function, cannot be used as an action
def getFirstString(strings: util.List[String]): String = strings.get(0)

// impure function, can be used as an action
def getAndRemoveFirstString(strings: util.List[String]): String = strings.remove(0)

// action, cannot be used as a function
def removeFirstString(strings: util.List[String]): Unit = strings.remove(0)
```
Scala

代码清单 3.1   纯函数与非纯函数及动作

纯函数没有副作用，而动作不返回任何有意义的值。非纯函数是两者的结合。它可以算是最强大、最通用的组合，但如果使用错误，也最容易出现问题——也就是说，它如同纯函数一般。

3.3   表达式与语句

命令式编程的特点是使用语句，而函数式编程则依赖于表达式。语句的作用是更新可变状态，而表达式则是值。在 3.1 节的代码示例中，prompt = "%"和 lastID += 1 是语句[1]；prompt + msg 和 prefix + lastID 则是表达式。

表达式可使用各种编程风格，包括命令式。然而，旨在支持函数式编程的语言通常会赋予表达式一些优势，这些优势是它们在命令式语言中不具备的。特别是，函数式编程语言往往包含非常适合表达式的附加机制。例如，前面所学的 Scala 中的代码块也是一个表达式，等于块中最后一个表达式的值。在 C 或 Java 中，代码块没有值，不能用作表达式。

接下来看另一个条件句的示例。如果你习惯于命令式编程，那么你一定非常熟悉 if-then-else 这个用于基于布尔条件选择语句的构造：

---

1 在 C 或 Java 中，语句 prompt = "%"也是一个表达式，其值为"%"。与非纯函数一样，兼为表达式的语句也可能导致混淆。在最近推出的语言中，如 Scala 或 Kotlin，prompt="%"仅用作语句。作为一个表达式，它的类型是 Unit，因此它是无用的。

```Java
if (num > 100) println("large"); else println("small");
```

代码清单 3.2　if-then-else 语句的示例；对比代码清单 3.3

此代码是一个语句，它可针对大数字输出 large，并针对小数字输出 small。它不是一个表达式。Java 的 if-then-else 不适合组合表达式。如果 f 和 g 是纯函数，则以下代码不实用。

```Java
if (condition) f(x); else g(y);
```

上述代码根据一个条件来计算 f 或 g，但由于这些函数没有副作用，它还不如什么都不做。为了使其有用，Java 中的 if-then-else 必须包含语句，例如通过赋值或动作：

```Java
if (condition) r = f(x); else someAction(g(y));
```

相比之下，函数式编程语言中的 if-then-else 用于根据布尔条件来选择表达式，而它本身就是一个表达式[1]：

```Scala
if num > 100 then "large" else "small"
```

代码清单 3.3　if-then-else 作为表达式的示例；对比代码清单 3.2

这一行是一个 String 类型的值，根据条件的不同，它等于"large"或"small"。可以在任何可能使用字符串的地方使用此值：

```Scala
(if num > 100 then "large" else "small").toUpperCase
"the number is " + (if num > 100 then "large" else "small")
println(if num > 100 then "large" else "small")
```

本例的最后一行中，if-then-else 表达式被用作动作 println 的输入。这与代码清单 3.2 中的 Java 程序具有相同的作用，但进行的方式不同：本例未在两个 print 语句之间进行选择，而是使用 if-then-else 在两个字符串之间进行选择并输出所选的字符串。当然，还可以随意地使用 if-then-else 将表达式与副作用结合起来。代码清单 3.2 的行为也可以在 Scala 中实现，如下所示：

```Scala
if num > 100 then println("large") else println("small")
```

这仍然是一个表达式，但它的值 unit 是无用的。表达式仅为了其副作用而进行运算。

作为一个表达式，如果没有 else 部分，if-then-else 就没有意义，而 else 部分在函数式编程语言中通常是必需的。然而，if-then(没有 else)在使用动作时确实有意义。作为一种混合语言，当强制使用 if-then-else 时，Scala 隐式地用 else()代替了缺少的 else 子句。

---

1 在第 2 章中，函数 abs、max 和 shorten 将 if-then-else 用作表达式。

命令式编程中用于组合语句的另一个基本构造是 while 循环(及其 for 循环和 do 循环衍生物)。尽管循环对语句很有用，但对表达式来说意义不大：对纯函数的重复求值毫无意义。当从命令式编程转换至函数式编程时，这种无效循环可以用递归(见第 6 章和第 7 章)或高阶函数(见第 9 章和第 10 章)来代替。

3.4   函数变量

最基本的语句是赋值语句，通常表示为"="，有时表示为":="。它是最常见的副作用来源。到目前为止，代码示例中的所有副作用都是由赋值引起的，要么直接引起(例如，修改变量prompt 和 lastID)，要么间接引起(例如，在列表方法 remove 的实现内部)。函数式编程风格旨在消除副作用，以便用纯函数编写程序。毋庸置疑，这意味着要淘汰赋值语句(或者至少大大减少其使用)。

如果仔细查看之前的 Scala 例子，你会注意到我引入了带有关键字 val 的局部变量，以及另一些带有关键字 var 的局部变量。你可能还注意到 var 变量被用于赋值语句，但 val 变量并非如此。事实上，两者之间最大的区别在于 val 被用来禁止赋值：

Scala

```
val two = 2
val three = two + 1
two = two + 1 // rejected by the compiler
```

val 真正做的是为一个表达式赋名。尽管语法相似，但最好将 val two = 2 视为将名称 two赋予值 2，而不是将 2 赋予变量 two。由于该 val 定义，two 不是 C 或 Java 意义上的普通变量。特别是，它不能被反复地赋予不同的值。如果试图编写这种赋值语句，例如 two = two + 1 或 two = 3，编译器会将其视作"val 重复赋值"错误而拒绝。

目前，该限制将致使 two 和 2 成为等价的表达式；无论名称 two 出现在(val 声明的范围内)何处，都表示 2。这个属性被称为引用透明性：表达式 two 和 2 是可互换的，其中一个总是可以替换另一个。你不必通过细致地分析代码来查看 two 是否在某个地方被修改了，因为它无法更改。如果使用 var 将 two 作为一个可重复赋值的变量来声明，情况就不会是这样了。之后，可以在程序开始时用 2 初始化，但在之后的表达式中使用时会有另一个值。

使用 val 声明的变量名通常被认为是函数变量。你可能还会看到它们被称为不可变变量(常量)、不可重复赋值变量或一次性赋值变量。函数式编程语言在很大程度上依赖于这种变量的概念。混合语言可能会用老式的、可重新赋值的变量来补充函数变量。在 Scala 中，声明 var two = 2 将值 2 赋给变量名 two，但稍后可以通过赋值语句(如 two = 3 或 two += 1)更新变量，与此同时，引用透明性将丢失。

如果你是函数式编程的新手，你可能会觉得无赋值编程的想法非常令人困惑。尽管如此，如果你想在支持这两种类型变量的语言中练习函数式编程风格，就应该努力最大限度地使用函数式变量。纯函数主义者甚至可能认为任何时候使用的赋值语句都有一种"代码气味"，但混合语言的务实用户会知道什么时候可以重新对变量赋值，以及什么时候最好避免它们。

例如，假设有一个解析命令行选项以设置详细级别的问题：0 是默认级别，-v 将其设置为 1，-vv 将其设为 2。命令式程序员可以按如下方式实现计算：

```scala
var verbosity = 0
if arg == "-v" then verbosity = 1
else if arg == "-vv" then verbosity = 2
```

这会将 verbosity 设置为所需的值，但变量是可重新赋值的，并且没有引用透明性。是否可以将 verbosity 声明为 val？习惯于函数式风格的程序员将以如下方式实现计算：

```scala
val verbosity = if arg == "-v" then 1 else if arg == "-vv" then 2 else 0
```

诀窍是在函数上将 if-then-else 用作表达式，然后一劳永逸地将 verbosity 设置为该表达式的值。

如果你的经验主要来自命令式编程，你可能会发现第一个版本更易于理解。确实需要一些时间来习惯用表达式(而不是语句)来思考。然而，一种趋势是，许多编程语言都在进行改进以支持使用表达式编程。例如，Java 14 对 switch 语句进行了更新，使其成为一个表达式。你可以使用它来实现解析示例：

```java
final int verbosity = switch (arg) {
    case "-v" -> 1;
    case "-vv" -> 2;
    default -> 0;
};
```

在 Java 中，final 用于防止变量被重新赋值。如果使用前面的命令式方法来定义 verbosity，将无法将其标记为 final。

3.5 不可变对象

使用 val 声明变量，可以保证该名称在作用域中继续引用相同的值。然而，如果这个值是一个可变对象，那么对象本身可能仍然会发生变化(如代码清单 2.6 所示)。为了获得引用透明性的全部功能，需要使用 val 来引用不可变值。

如果对象自身的状态不能改变，它就是不可变的，它也可以称为函数性对象或可持久化对象。许多常见的 Java 类型，如 String 和 BigInteger，都定义了不可变对象。你可能已经熟悉了使用不可变对象的好处，例如避免别名问题或促进线程间共享。函数式编程风格更加强调不可变对象的使用，这种模式有时被称为函数式面向对象编程。

与定义 val 变量或将 if-then-else 视为表达式一样，如果你过去采用的是命令式编程思维，那么使用和设计不可变对象时可能需要进行一些调整。你需要习惯不同的接口和编程模式。

以集合为例。Scala 标准库实现了可变集合和不可变集合。如果你有 Java 或 Python 背景，那么会觉得可变集合使用起来非常自然：

```Scala
val set = Set("A", "B") // a mutable set
set += "C"
// set is now {A,B,C}
```

动作 set += "C"通过添加"C"来修改集合。或者，可以使用存储在可变变量中的不可变集合来重写示例：

```Scala
var set = Set("A", "B") // an immutable set
set = set + "C"
// set is now {A,B,C}
```

不可变集合定义的不是修改集合的 "+=" 方法，而是从现有集合创建新集合的 "+" 方法。应用方法 "+" 的集合不会被修改——它是不可变的。

要避免以下这种带着思维框架(期望可变性)使用可持久化结构的常见错误：

```Scala
// DON'T DO THIS!
var set = Set("A", "B") // an immutable set
set + "C"
// set is still {A,B}
```

这里使用方法 "+"，就好像它的作用是通过添加元素来修改集合一样。但这种方法并不是这样做的。相反，一个新的集合被创建，而不是被使用，变量 set 是不变的，因此它仍然等于集合{A, B}。

3.6　可变状态的实现

为了能够将 C "添加" 到不可变集合 {A, B} 中，必须将集合存储于 var 而非 val 中。在不可变集合上定义为 val 的变量不能以任何方式进行修改。相反，可变集合可以用 val 存储：集合本身已经被修改，并且永远不会重新赋值。

通常可以在 var 的不可变类型和 val 的可变类型之间进行选择，以实现相同的可变状态。这两种方法各有优缺点。通常，使用不可变结构有利于共享和重用数据，但可变结构的性能略胜一筹，而且可以促进并发编程中线程安全的委派(见 19.5 节)。Scala 在许多可变类型上使用名为 "+=" 和 "−=" 的方法，使这两种变体看起来相似：

Scala

```scala
val set = Set("A", "B") // a mutable set
set += "C" // a call to method +=; that is, set.+=("C")
// set is now {A,B,C}

var set = Set("A", "B") // an immutable set
set += "C" // a reassignment of a var; that is, set = set + "C"
// set is now {A,B,C}
```

相似性使你能更便利地从一种方案切换到另一种方案。然而，这也可能会引发混乱：

Scala

```scala
var set = Set("A", "B") // a set of unknown type
set += "C" // is this a call to += or a reassignment of a var?
```

Scala 中的一种常见做法是默认使用不可变类型：无限制条件的 Set 通常指可持久化集合。为了使用可变类型，需要显式地导入它们。可参照以下代码，使用一种策略以明确使用可变类型：

Scala

```scala
val set1 = Set(1, 2, 3)

import scala.collection.mutable
val set2 = mutable.Set(1, 2, 3)

import scala.collection.mutable.Set as MutableSet
val set3 = MutableSet(1, 2, 3)
```

在这段代码中，set1 是不可变的，而 set2 和 set3 是可变的。导入 scala.collection.mutable.Set 而不重命名(就像我在本章前面所做的那样)被认为是一种糟糕的做法。

注意

为了方便和可读，本书多次使用诸如 "向集合添加元素/从集合中删除元素" "反转列表" 或 "替换第 k 个值" 之类的公式化表达，即使在涉及可持久化结构时也是如此。这些语句的意思是 "在添加/删除元素的情况下创建一个新集合" "创建一个以相反顺序包含所有值的新列表" 等。

3.7 函数式列表

函数式编程中使用最广泛的可持久化数据结构是函数式列表。列表要么是空的(没有元素)，要么由第一个值(称为头)组成，后面可能是更多的值(尾)。每个列表都可以由两个基元构建而成：一个是空列表，另一个是将头元素与现有列表组合在一起的运算符。传统上，空列表称为 "nil"，而运算符称为 "cons"。这个术语可以追溯到 Lisp 时代，列表[1, 2, 3]的构建如下：

Lisp

```lisp
(cons 1 (cons 2 (cons 3 nil)))
```

嵌套表达式从空列表 nil 开始，使用 cons 构建列表(cons 3 nil)，即列表[3]，然后再次使用 cons 在列表前面添加 2，接着添加 1。最终列表的头是 1；它的尾部是列表(cons 2 (cons 3 nil))。

ML 家族的语言使得用中缀运算符 "::" 表示 cons 的做法流行了起来。该做法还被应用于 F#和 Scala 等较新的语言中。前面的 Lisp 代码可以使用 Scala 改写为：

Scala

```
1 :: 2 :: 3 :: Nil
```

同样，列表的头部是 1，尾部是 2 :: 3 :: Nil。

为了方便，多种语言通过定义工厂函数来构建列表。可以在 Lisp 中将列表[1, 2, 3]构建为(list 1 2 3)，而在 Scala 中则将其构建为 List(1, 2, 3)。Scala 还定义了一个返回 Nil 的函数 List.empty；我有时会使用这个版本来保证类型推断的清晰和完美。然而，必须牢记函数式列表的 nil/cons 结构，原因(至少)有二。

第一原因是，从现有列表构建新列表时通常不需要原始列表的完整副本。这是因为不同的列表通常可以共享数据。例如，假设有按如下方式定义的 3 个列表(a、b 和 c)：

Scala

```
val a = List(1, 2, 3)   // the list [1,2,3]
val b = 0 :: a          // the list [0,1,2,3]
val c = a.tail          // the list [2,3]
```

这 3 个列表的内存分配如图 3.1 所示。尽管这 3 个列表总共包含 9 个值，但由于 a、b 和 c 之间的数据共享，内存中只分配了 4 个单元。因为列表是不可变的，所以这种共享不会产生不利的影响。在某种程度上，其他可持久化数据结构也是如此。前面在不可变集合上使用的方法 "+" 不会生成该集合的完整副本。如果 largeSet 包含一百万个元素，largeSet + x 就是一个包含一百万零一个元素的新集合，但这两个集合共享了为实现它们而分配的绝大多数内存。

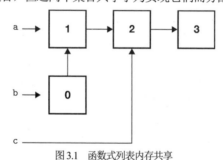

图 3.1　函数式列表内存共享

这种数据共享的另一个结果是，在函数列表中，head 和 tail 方法都是有效的、恒定时间的操作——通常是单指针解引用。只要能用 head 和 tail 写出一个算法，列表就是一个合理的实现选择。但是要注意，其他列表操作可能没有那么快。例如，last 和 length 等方法需要与列表长度成正比的计算时间，而 appended 或 concat 等方法需要复制整个列表。

函数式列表的头/尾结构很重要的第二个原因是非空列表的尾本身就是一个列表。因此，可以使用递归有效地实现列表上的许多计算。第 7 章将专门介绍使用列表的递归编程。

3.8 混合编程

在纯函数编程方案中，所有函数都是纯函数，所有值都是不可变的。这并没有错，也有很多优点，但有时程序员更喜欢混合的方案——将纯函数、带有动作的值和可变对象结合起来的方案。如果你习惯了命令式编程风格，可以开始使用一些函数式编程特性，而不必致力于全函数式设计。特别是，在构建可变对象时，一种好处多多的做法是依赖不可变的值，反之亦然。

在一个结合了纯函数、非纯函数和动作的混合程序中，当调用不受控制的函数时，要警惕可能的副作用。不可变值的美妙之处在于，它们可以安全地共享，因为意料之外的副作用不会修改它们。

例如，假设有一个在可变集合中跟踪注册用户的程序：

Scala

```scala
type Directory = mutable.Set[String]

def register(dir: Directory, user: String): Unit = dir += user
```

代码清单 3.4　一个可变集合的名录；对比代码清单 3.5

用户是通过 register 动作添加的，这会修改集合。

现在假设要调用一个不受控制的函数，如 newRegistrations，它可以用来获取新注册的用户集。假设一个初始的名录如下：

Scala

```scala
val yesterdayDir: Directory = ...
val todayDir: Directory = ...
register(todayDir, "new user 1")
register(todayDir, "new user 2")
val todayReg = newRegistrations(todayDir, yesterdayDir)
```

这里的问题是函数 newRegistrations 不一定是纯的。它可以按如下方式实现：

Scala

```scala
def newRegistrations(newDir: Directory, oldDir: Directory): Directory =
  newDir.subtractAll(oldDir)
```

此实现从集合 newDir 中删除集合 oldDir 中已经存在的每个用户，并返回 newDir。返回值是正确的，但设置的 newDir 已被修改。

因为不确定 newRegistrations 是否能这样实现，所以需要确保作为参数传递的名录不会被修改。因此，最终会对名录的副本调用 newRegistrations：

Scala

```scala
val todayReg = newRegistrations(todayDir.clone(), yesterdayDir.clone())
```

除非确信 newRegistrations 不会修改其参数[1]，否则将无法免除对 clone 的调用，有时这也称为防御副本。遗憾的是，newRegistrations 也有可能(甚至非常可能)被实现为一个纯函数。在这种情况下，防御副本完全被浪费掉了。

在依赖大量库的大型程序中，浪费的防御性副本实际上十分常见[2]。可以使用不可变名录来避免这样的浪费：

```scala
type Directory = Set[String]

def register(dir: Directory, user: String): Directory = dir + user
```

代码清单 3.5　一个不可变集合的名录；对比代码清单 3.4

注册依赖于一个纯函数，该函数生成包含新注册用户的集合，但不修改其输入。可以在程序中使用不可变名录，如下所示：

```scala
val yesterdayDir: Directory = ...
var todayDir: Directory = ...
todayDir = register(todayDir, "new user 1")
todayDir = register(todayDir, "new user 2")
val todayReg = newRegistrations(todayDir, yesterdayDir)
```

函数 newRegistrations 可以直接在名录上调用，而不必克隆——不可变集合在 Scala 中甚至没有公共 clone 方法。newRegistrations 内部没有修改它们的危险：它们是不可变的！

注意，该程序不是以函数式风格编写的：它利用赋值语句的副作用并且以顺序组合来链式修改。尽管如此，命令式代码通过避免不必要的防御性副本，从不可变名录的使用中获益。

你可能会争辩说，没有一个头脑正常的人会通过修改输入集来实现函数 newRegistrations。也许如此，但是你能相信所有库都应该使用合理的代码吗？在理想情况下，你将依靠文件记载来确认 newRegistrations 没有副作用。但是，你是否经常发现库文件不足的情况呢？

3.9　更新可变/不可变对象的集合

如前所述，不可重新赋值的变量可以指不可变对象或可变对象。同样，一个不可变的结构，如函数式列表或可持久化集合，可以包含可变或不可变对象。这会影响使用这些结构的状态的更新方式。

1　包括以后的函数实现。因此，如果函数不在控制之下，那么仅仅检查源代码是不够的。通常需要在文件记载中做出一些保证，即函数不仅现在是纯的，而且将永远是纯的。

2　也可能是这样的情况：你正在调用一个方法，该方法存储其参数并生成自己的防御性副本，因为它担心参数在调用后可能会被修改。在最坏的情况下，你可能会在调用端和被调用的代码内部克隆对象。矛盾的是，共享不可变对象通常会导致更少(而不是更多)的内存分配。

以下面的设想为例。数据表示为 Load 对象的不可变列表。每个 Load 对象都有一个重量
(weight)，该重量可以进行减 1 操作。Load 的可变变体实现了两个方法[1]：

```scala
                                                              ───── Scala ─────
trait Load:
  def weight: Int    // current weight
  def reduce(): Unit // reduce load weight by one
```

代码清单 3.6　一个可变类型的示例；对比代码清单 3.7

程序需要执行将列表中所有 Load 的重量减 1 的操作。可以按如下方式来实现该操作：

```scala
                                                              ───── Scala ─────
def reduceAll(loads: List[Load]): List[Load] =
  for load <- loads do load.reduce()
  loads
```

尽管这个列表是不可变的，但它的内容正在被修改。然而，包含相同对象的相同列表也会
被返回。

或者，可以将 Load 实现为不可变类型：

```scala
                                                              ───── Scala ─────
trait Load:
  def weight: Int  // current weight
  def reduced: Load // a reduced load, with a weight reduced by one
```

代码清单 3.7　一个不可变类型的示例；对比代码清单 3.6

weight 方法与以前相同。然而，由于 Load 现在是不可变的，reduce 动作被一个没有副作用
的 reduced 函数所取代，这个函数会产生一个重量减轻的新 Load。不能再通过修改 Load 来实
现 reduceAll 函数。相反，必须创建新的 Load 对象，然后将其存储到新的列表中。可以将 for-do
语法替换为 for-yield 语法，该语法可以做到这一点：

```scala
                                                              ───── Scala ─────
def reduceAll(loads: List[Load]): List[Load] = for load <- loads yield load.reduced
```

方法 reduced 应用于列表中的所有 Load，但由于它没有副作用，因此 Load 不会更改。相
反，reduced 创建的所有新 Load 对象都被组装到一个被返回的新列表中。通常，for-yield 将一
个函数应用于一个值集，并返回一个带有输出的新集合[2]。所应用的函数通常是纯函数。

---

1 可以在 Scala 中使用特性来定义公共接口。它们可以做更多的事情，例如 "mix-ins"，但在本书中它们仅用作接口。

2 尽管其他语言也定义了类似的构造，但是 for-yield 语法在某种程度上是 Scala 特有的。实现这种转换的更通用的方法是使用
一个称为 map 的高阶函数。有关 map 及其与 for-yield 关系的讨论，参见 10.9 节。

3.10　小结

- 函数的职责是根据一个或多个输入值计算一个输出值。在这样做的时候，函数应该避免依赖外部可变状态，也不要通过副作用修改系统(或其环境)中的任何内容。这包括修改函数的参数(如果参数是可变的)。

- 符合本章定义的函数被认为是纯函数。函数式编程风格强调尽可能多地使用纯函数。

- 用纯函数编程就是用值编程：函数产生的输出值被用作其他函数的输入参数。这导致了以表达式(而非以语句)为中心的编程风格。支持函数式风格的编程语言通常在其控制结构中反映这种选择。例如，在 Scala 中，if-then-else 是一个表达式，代码块也是如此。

- 在函数式编程中，变量的主要用途是命名表达式。由此产生的名称是数学意义上的变量，如"设 x 代替…中的 $\sqrt{2}$"。它们不是 C/Java 意义上的可以重新赋值内存位置的变量。混合语言同时使用两种变量：函数(不可重新赋值)变量和传统的命令式(可重新赋值)变量。在 Scala 中，这些变量分别由关键字 val 和 var 引入。

- 函数式编程和面向对象编程可以组合成以不可变对象为核心的函数式面向对象编程，也称为函数式对象编程。函数式对象上的方法不用于修改对象，而用于生成新对象。

- 不可变对象可以用作实现其他对象的组件，这些对象既可以是可变的，也可以是不可变的。因为基础对象是不可变的，所以对它的引用可以在类/方法之间自由共享，从而消除了对防御性副本的需要。

- 可变对象可通过引用不可变对象的可重新赋值字段来实现，或者通过引用其他可变对象的不可重新赋值字段来实现。通过可重新赋值的字段来使用不可变对象往往有利于数据共享，例如，使你能无所顾忌地公布对象内部数据的引用。

- 在函数式编程库中，数据结构通常被实现为不可变的值(也可能是对象)。从概念上讲，数据通过创建另一个结构来被添加到某个结构中，但之前的结构是不变的。因此，不可变的数据结构有时被称为可持久化数据结构。函数式编程中最常见的可持久化结构是函数式列表。一个非空列表通常包含一个称为 head 的值和一个称为 tail 的多值列表。

- 头访问和尾访问是对函数式列表有效的、固定时间的操作，不涉及复制。其他可持久化数据结构(如集合和映射)也可以实现不需要全部复制的快速添加和删除操作。

- 函数式编程语言定义了处理不可变值集合的标准操作。除此之外，混合语言还添加了处理可变对象集合的操作。在 Scala 中，这些操作可通过 for-do 和 for-yield 语法来实现。

第 4 章
案例研究：active-passive 集合

为了强化第 1 章至第 3 章中提出的理念，本书第一个案例研究扩展了几个小程序的变体。要实现的功能是一种跟踪对象集合状态的结构。集合中的每个元素都可以处于主动(active)或被动(passive)状态。状态可以被查询，并从被动变为主动，或从主动变为被动。还可通过激活或停用所有元素的全局操作来查询和修改整个集合的状态。该服务以经典的面向对象风格、纯函数式风格和使用函数对象的混合风格实现。

4.1　面向对象设计

先来看一个标准的、面向对象的实现——此处没有函数化。ActivePassive 类通过主动/被动元素被参数化。它是根据可变集合 activeSet 来实现的，activeSet 用于表示主动元素集的子集——activeSet 之外的元素是被动的。最初，所有元素都是被动的，activeSet 是一个空集。

Scala

```scala
class ActivePassive[A](elements: Set[A]):
    private val activeSet = mutable.Set.empty[A]

    def isActive(elem: A): Boolean = activeSet.contains(elem)

    def isPassive(elem: A): Boolean = !isActive(elem)

    def allActive: Set[A] = activeSet.toSet

    def allPassive: Set[A] = elements diff activeSet

    def isAllActive: Boolean = activeSet.size == elements.size

    def isAllPassive: Boolean = activeSet.isEmpty

    def activate(elem: A): Unit = activeSet += elem

    def deactivate(elem: A): Unit = activeSet -= elem
```

```
    def activateAll(): Unit = activeSet ++= elements

    def deactivateAll(): Unit = activeSet.clear()
```

代码清单 4.1   面向对象的 active-passive 集合，使用了基础可变集合

这个类使用两个字段：elements——一个不可变的集合(在构造器中初始化)，以及 activeSet——一个可变的集合(初始为空)。方法 isActive 和 isPassive 是根据 activeSet 中的查找 (lookup)来实现的：如果一个元素被找到，则说明它是主动的，如果找不到它，则意味着它是被动的[1]。用户可以通过调用方法 allActive 来获得当前所有主动元素的集合。这个方法使用 toSet 复制可变的 activeSet，返回一个不可变的集合[2]。为了生成一组全被动元素，需要计算出 elements 和 activeSet 之间的差集，这是用 Scala 中的方法 diff 完成的。当所有元素都是主动元素时，即当 elements＝activeSet 时，方法 isAllActive 必须准确返回 true。由于 activeSet 始终是元素的子集，因此这等价于更快的测试 activeSet.size＝elements.size。isAllPassive 的实现更简单：只需要测试 allActive 是否为空。若要将一个元素变为主动元素，可以将其添加到(可变的)集合 activeSet 中；若要将某个元素变为被动元素，则需要从集合中删除它；若要将所有元素变为主动元素，则可将整个 elements 集添加到 activeSet 中；若要将所有元素变为被动元素，则须清除 activeSet。

ActivePassive 类的实例是可变的：元素会在转变成主动或被动元素时发生变化。代码清单 4.1 中的实现依赖于一个可变集合，但也可以使用不可变集合来实现一个可变的 ActivePassive 类。代码清单 4.2 中的示例便是如此。

Scala

```
private var activeSet = Set.empty[A]

def allActive: Set[A] = activeSet

def activate(elem: A): Unit = activeSet += elem

def deactivate(elem: A): Unit = activeSet -= elem

def activateAll(): Unit = activeSet = elements

def deactivateAll(): Unit = activeSet = Set.empty
...
```

代码清单 4.2   面向对象的 active-passive 集合，使用了基础的不可变集合

方法 allActive 比之前的更简单：只返回字段 activeSet 上的引用，而不必复制集合。这是因为 activeSet 是一个不可变的集合，所以可以返回对它的引用，这并无害处。activate 和 deactivate 方法的代码看起来毫无变化，但实际上其编译过程不同。现在不是在可变集合上调用方法+=

---

1 一如既往，此处省略了参数检查。假设总是对 elements 集合的成员调用 isActive、isPassive、activate 等。

2 在 Java 中，可以通过在可变集合(Collections.unmodifiedSet(activeSet))上返回一个不可变的封装器来避免复制，但 Scala 的标准库中没有这样的机制。

和-=，而是创建一个新的不可变集合，并将它重新赋给字段 activeSet。两种语法中的相似性讨论详见 3.6 节。方法 activateAll 和 deactivateAll 是在没有任何集合操作的情况下实现的。它们简单而有效地用值 elements 或一个空集合重置字段 activeSet。其他方法(isActive、isPassive、allPassive、isAllActive 和 isAllPassive)没有改变。

总之，有两种方式可以定义 activeSet 来实现可变的 active-passive 集合：

Scala

```
private val activeSet = mutable.Set.empty[A] // in Listing 4.1
private var activeSet = Set.empty[A]         // in Listing 4.2
```

在一种情况下，可以通过修改可变集合来将元素转为主动/被动元素。在另一种情况下，可以通过构建一个新的不可变集合并给一个可变字段重新赋值来实现这一点。

4.2　函数值

现在以函数程序员的身份仅使用纯函数和不可变值重写 active-passive 示例。还需要一些类型来表示 ActivePassive 值。一种典型的函数方式是使用对组(pair)[1]：

Scala

```
opaque type ActivePassive[A] = (Set[A], Set[A])
```

一个对组中的第一个集合代表整个集合；第二个集合是主动元素的子集。这两个集合都是不可变的。所有剩余的代码都被写成函数：

Scala

```
private def elements[A](ap: ActivePassive[A]): Set[A] = ap(0)
private def activeSet[A](ap: ActivePassive[A]): Set[A] = ap(1)

def createActivePassive[A](elements: Set[A]): ActivePassive[A] = (elements, Set.empty)

def isActive[A](ap: ActivePassive[A], elem: A): Boolean = activeSet(ap).contains(elem)

def isPassive[A](ap: ActivePassive[A], elem: A): Boolean = !isActive(ap, elem)

def allActive[A](ap: ActivePassive[A]): Set[A] = activeSet(ap)

def allPassive[A](ap: ActivePassive[A]): Set[A] = elements(ap) diff activeSet(ap)

def isAllActive[A](ap: ActivePassive[A]): Boolean =
    elements(ap).size == activeSet(ap).size
```

---

1 由于关键字 opaque，这种定义使类型 ActivePassive[A]和(Set[A]，Set[A])不同。这可以防止你错误地将(Set[A]，Set[A])值用作期望 ActivePassive[A]的函数的参数，反之亦然。特别是，你可以避免用一对不代表 active-passive 集合的函数调用 active–passive 的函数的风险，也就是说，一个集合不是另一个集合的子集。

```
def isAllPassive[A](ap: ActivePassive[A]): Boolean = activeSet(ap).isEmpty

def activate[A](ap: ActivePassive[A], elem: A): ActivePassive[A] =
    (elements(ap), activeSet(ap) + elem)

def deactivate[A](ap: ActivePassive[A], elem: A): ActivePassive[A] =
    (elements(ap), activeSet(ap) - elem)

def activateAll[A](ap: ActivePassive[A]): ActivePassive[A] =
    (elements(ap), elements(ap))

def deactivateAll[A](ap: ActivePassive[A]): ActivePassive[A] =
    (elements(ap), Set.empty)
```

代码清单 4.3 函数 active-passive 集合

查询函数与面向对象实现中使用的相应方法类似。不同之处在于查询函数使用显式参数 ap 而非隐式地使用 this:

Scala

```
// in Listings 4.1 and 4.2
def isAllActive: Boolean = activeSet.size == elements.size

// in Listing 4.3
def isAllActive[A](ap: ActivePassive[A]): Boolean =
    activeSet(ap).size == elements(ap).size
```

因为 active-passive 集合现在是不可变的，所以将元素变为主动或被动元素的操作都会引起巨变。此时，它们需要创建一个新的值——一个新的 active-passive 对组，通过让一些元素变成主动或被动元素来创建不同的对组。注意，其函数签名与之前的不同：现在将 ActivePassive[A] 而非 Unit 用作返回类型。例如，若要把函数 activate 中的单个元素 elem 转为主动元素，可以创建一个新的主动集合 activeSet(ap)+elem，并使用它来创建一个新的 active-passive 对组。在访问对组元素时添加了两个私有函数，以免根据 ap(0) 和 ap(1) 编写所有代码，这很容易出错。最后，将面向对象变体中的类构造器替换为 createActivePassive 函数。

实现中使用的所有函数都是纯函数，函数组合使用 active-passive 值。以下代码：

Scala

```
ap.activateAll()
ap.deactivate(A)
ap.deactivate(B)
```

将被替换为面向对象的设计中的如下函数变体：

Scala

```
deactivate(deactivate(activateAll(ap), A), B)
```

4.3　函数对象

在混合编程语言中，你可以将不可变值(如函数式实现)与方法而非函数(如面向对象实现)结合起来使用。如代码清单 4.4 所示，在这种函数式面向对象的方案中，active-passive 值是不可变的对象。

Scala

```scala
class ActivePassive[A] private (elements: Set[A], activeSet: Set[A]):
    def this(elements: Set[A]) = this(elements, Set.empty[A])

    def isActive(elem: A): Boolean = activeSet.contains(elem)

    def isPassive(elem: A): Boolean = !isActive(elem)

    def allActive: Set[A] = activeSet

    def allPassive: Set[A] = elements diff activeSet

    def isAllActive: Boolean = activeSet.size == elements.size

    def isAllPassive: Boolean = activeSet.isEmpty

    def activate(elem: A): ActivePassive[A] = ActivePassive(elements, activeSet + elem)

    def deactivate(elem: A): ActivePassive[A] = ActivePassive(elements, activeSet - elem)

    def activateAll(): ActivePassive[A] = ActivePassive(elements, elements)

    def deactivateAll(): ActivePassive[A] = ActivePassive(elements, Set.empty)
```

代码清单 4.4　函数式面向对象的 active-passive 集合

ActivePassive 类又强势回归了，但定义有所不同。elements 和 activeSet 这两个字段现在都是不可变的集合，且永远不会被重新赋值[1]。因此，active-passive 对象永远不会被修改。相反，activation 和 deactivation 方法会返回一个新的 active-passive 集合，就像函数变体一样。例如，若要将一个元素转为主动元素，可以创建一个新的 activeSet，如代码清单 4.3 所示。但这不是为了用它来构建一个新对组，而是将该集合封装到一个新 ActivePassive 实例中。在内部，每个新的 active-passive 集合都是通过一个私有的双集合构造器构建的。然而，用户只能使用一个集合的公共构造器(源代码中的 def this)。这使得它们无法创建一个无意义对象(其中，activeSet 不是 elements 的子集)。

---

1 在 Scala 中，构造器中引入的字段默认是 val，除非显式使用 var。

与函数变体一样，这些 active-passive 集合依赖于函数组合，但你需要使用方法调用的语法编写代码。目前，以下代码：

```
Scala
deactivate(deactivate(activateAll(ap), A), B)
```

应该被改写成：

```
Scala
ap.activateAll().deactivate(A).deactivate(B)
```

最后要注意的是，可变和不可变的变体通常使用不同的函数和方法名。为了更明显地突出异同，本书在所有变体中使用了相同的名称。在实践中，函数变体应尽量遵循名称与含义相符的命名原则。例如，Scala 中的可变集合使用方法+=，而不可变集合使用+。类似地，数组的方法为 update，而列表的方法为 updated。在这里，代码清单 4.4 中的 ActivePassive 的不可变变体最好使用 activated、deactivated、allActivated 和 allDeactivated，而非 activate、deactivate、activateAll 和 deactivateAll。

4.4 小结

本案例研究的重点是可变数据和不可变数据之间的差异。这里的 active-passive 集合实际上有两类变体：一类见代码清单 4.1 和代码清单 4.2，另一类见代码清单 4.3 和代码清单 4.4。前两个实现了一个可变的变体，后两个是一个不可变的变体。

代码清单 4.1 依赖于可变集合，而代码清单 4.2 使用不可变集合，这是一个实现上的选择。从用户的角度看，这两个 ActivePassive 类是等效的。同样，代码清单 4.3 用对组和函数表示，而例 4.4 则使用类和方法。它稍微改变了编写代码的方式(如 activate(ap, A) 与 ap.activate(A))，但在本质上，这两种实现是相同的。它们都将 active-passive 集合表示为不可变集合对组，其中一个使用内置的对组类型，另一个使用自己定义的，两个字段都把 ActivePassive 类用于封装。这两种实现有着相同的基本属性，即 active-passive 集合是不可变的，并且主动/被动操作总是创建一个新集合。

当使用真正的函数式编程语言时，你可能会直接根据函数编写这种不可变的变体。然而，对于面向对象/函数式混合语言，函数式对象是一个很有吸引力的选择，可以说，它能实现比纯函数式更简洁的代码。

你可能想知道每个实现的性能差距——在讨论不变性时总是会提到性能问题。不可变的 active-passive 集合会产生以下两种性能上的损失。

- 将元素转变为主动或被动元素时需要为两个集合分配一个新的封装器——一个对组或一个 ActivePassive 类的实例。被遗弃的对组、集合和封装器也为垃圾回收器带来了额外的任务。

- 可变集合使用的+=和-=方法可能比不可变集合使用的+和-方法效率更高，尽管不一定高多少。

总之，在更简单、更安全的数据共享这一优点面前，以上所有缺点都在顷刻间显得微不足道。如果程序迫切需要这一优点，就应该继续走这条不可变之路。和往常一样，在有证据证明这些性能上的微小差异会导致程序中的障碍之前，不必理会它们。

第5章
模式匹配与代数数据类型

大多数函数式编程语言(以及许多渴望支持函数式编程的混合语言)都定义了一种模式匹配(pattern matching)形式。模式匹配有很多用途——从简单的类似于开关的构造到运行时类型检查和强制转换,它在应用于代数数据类型时最有效,因为代数数据类型将替代选择和组合结合起来了。

5.1 函数开关

最初,可以将模式匹配视为函数开关(functional switch)的一种形式。例如,使用 if-then-else 的示例:

```scala
                                                                    ──── Scala ────
val verbosity = if arg == "-v" then 1 else if arg == "-vv" then 2 else 0
```

可以重写为使用模式匹配的示例:

```scala
                                                                    ──── Scala ────
val verbosity = arg match
    case "-v" => 1
    case "-vv" => 2
    case _ => 0
```

代码清单 5.1　用作 switch 表达式的模式匹配示例

整个 match-case 是一个表达式,用于设置 verbosity。按顺序考虑以上各种情况,整个模式匹配表达式的值是与匹配的第一个模式相关联的值。下画线 "_" 表示默认情况,与任何内容都匹配。这是没有问题的。同一个表达式可以与多个模式相关联,例如"-v"|"--verbose"=>1。不过,这只是冰山一角。模式匹配远不只是一个简单的 switch 表达式,它有更多的用途。首先,可以将条件语句(有时称为 guard 语句)添加到模式中:

```scala
                                                                    ──── Scala ────
arg match
    case "--" => ... // end of options
    case longOpt if longOpt.startsWith("--") => ... // long option
    case shortOpt if shortOpt.startsWith("-") => ... // short option
```

```
case plain => ... // plain argument
```

代码清单 5.2　与 guard 语句进行模式匹配的示例

　　一个简单的变量名(如 plain)可以匹配任何内容。可以通过添加条件来阻止模式匹配某些值:
longOpt 本身可匹配任何字符串,但是一旦添加了条件,便只能匹配以两个短横线开头的字符
串。这里的顺序很重要。第三种情况与第二种情况匹配的所有情况都匹配,因此必须出现在后
面。第二种和第三种情况的返回结果都将匹配字符串"--",因此该字符串必须排在第一位。

　　模式匹配还可以用于执行运行时类型测试和强制转换。然而,这一特性不应被滥用,尤其
是可以使用子类型多态性时(见 15.6 节)。然而,它也有其用途——例如,在捕获异常时:

Scala

```
try ...
catch
    case _: IOException => // an I/O exception
    case e: IllegalStateException => // can refer to the exception, e.g., e.getMessage
    case _: Exception => // some other exception
```

代码清单 5.3　用于类型测试/强制转换的模式匹配示例

　　再次提醒一下,顺序很重要:如果模式 case _: Exception 出现在顶部,它将捕获 I/O 和非法
状态异常。

　　要想发挥带有 guard 语句的函数开关的高效能,需要充分利用模式匹配的功能,将其应用
于复合类型和具有替代选项的类型。这些类型有时被称为代数数据类型(参看 5.5 节末尾的"关
于求和与乘积类型")。接下来的几节将探讨这种性质的几种常见类型。

5.2　元组

　　将两种类型合为一体的最简单方式是将它们组合为一个对组。譬如, (String, Int)就是 Scala
对组的类型,其中第一个值是字符串,第二个值是整数,如("foo", 42)或("bar", 0)。这可以推广
到 N 元组(tuple)。

　　模式匹配不仅可以在元组之间"调换"(例如,用于选择第二个值为零的对组),还可以从
元组中提取值:

Scala

```
val pair: (String, Int) = ("foo", 42)
pair match
    case (str, 0) => ... // no match because the number in pair is not zero
    case (str, n) => ... // str is the string "foo", n is the integer 42
```

代码清单 5.4　提取元组元素的模式匹配示例

如果只想提取值，则可以在匹配构造外使用元组模式：

Scala

```scala
val (str, n) = pair // str is the string "foo", n is the integer 42
```

这相当于：

Scala

```scala
val str = pair(0)
val n = pair(1)
```

函数式编程语言非常依赖作为组合值的机制的元组。在面向对象的语言中，可针对此目的使用类型。作为一种混合语言，Scala 实现了元组，但也定义了 case 类的概念，可以经常使用 case 类来组合数据。case 类的一个显著的优点是，可以实现模式匹配[1]。例如：

Scala

```scala
case class TempRecord(city: String, temperature: Int)

val rec = TempRecord("Phoenix", 122)

rec.city            // "Phoenix"
rec.temperature     // 122

val TempRecord(name, temp) = rec // name is "Phoenix", temp is 122
```

通过使用 case 类而非元组(用 rec.city 代替 rec(0))，有时可以提高代码的可读性，同时保持模式匹配的便利性。特别是，可以定义包含相同类型组件的独一无二的类型，如城市和温度、标签和计数、时间单位和持续时间，而不是使用更通用的(String, Int)。出于方便，本书的几个案例研究和示例都使用了 case 类。

5.3　选项

元组可以组合值而不提供其他选择：一个对组总是包含两个值。其他类型则用多种形式中的一种作为选择。选项(Option)是一种有两个可选方案的简单且广泛使用的类型：选项可以包含值，也可以为空。例如：

Scala

```scala
val someNum: Option[Int] = Some(42)
val noNum: Option[Int] = None
```

---

1 case 类在其他一些方面也与常规类不同(case 类重新定义了等式和字符串表示，其构造器参数是隐式的公共 val 变量)，case 类在本书中主要用于模式匹配。

Option[Int][1]类型的值表示单个整数或不表示任何整数。可以将其用作不能保证生成结果的函数的返回类型，例如，可将其用于可能找到或者找不到它要查找的内容的搜索。因此，返回 option 的方案比使用 null 的方案要好得多，该主题将在第 13 章中探讨。

可对以下选项使用模式匹配：

Scala

```scala
optNum match
  case Some(x) => if x > 0 then x else 0
  case None => 0
```

代码清单 5.5　switch 和 extract 的模式匹配示例

本例中的 optNum 是一个可选数字，类型为 Option[Int]。如果它包含一个正数，那么代码清单 5.5 将会得到这个数字。否则，如果选项为空或数字不是正数，optNum 则会为零。本例中的模式匹配功能强大的原因在于它有两个用途：可以让用户决定一个选项是否为空，以及是否用它从非空选项中提取值。可以使用具有以下条件语句的模式来实现相同的计算：

Scala

```scala
optNum match
  case Some(x) if x > 0 => x
  case _ => 0
```

下画线模式处理的值是与第一种模式不匹配的所有值，在本例中，该值是一个非正数选项或空选项。注意，可以访问第一种变体中的模式，但不能访问第二种变体：

Scala

```scala
optNum match
  case None => 0
  case Some(x) => if x > 0 then x else 0
```

此代码仍然有效，但以下变体是无效的：

Scala

```scala
// DON'T DO THIS!
optNum match
  case _ => 0
  case Some(x) if x > 0 => x
```

因为下画线模式匹配了所有值，所以第二个模式将永不启用。

5.4　回顾函数式列表

前面介绍过函数式列表的概念：函数式列表要么是空的，要么由头和尾组成。与选项一样，

1　Scala 的 Option 类型在 Java 中被称为 Optional，在其他编程语言中则被称为 Maybe。

列表类型也基于一个选择：空或非空。但是与元组一样，它也依赖于组合：头部和尾部。这使得模式匹配非常适合用来有效地处理列表。可以使用模式来决定列表是否为空，但也可以提取非空列表的头和尾。特别是，模式匹配可以用于实现与标准 List 类型中定义的方法 head 和 tail 独立的函数 head 和 tail：

Scala

```scala
def head[A](list: List[A]): A = list match
    case h :: _ => h
    case Nil => throw NoSuchElementException("head(empty)")

def tail[A](list: List[A]): List[A] = list match
    case _ :: t => t
    case Nil => throw NoSuchElementException("tail(empty)")
```

代码清单 5.6　使用模式匹配重新实现 head 和 tail

对希望忽略的部分应用下画线，以观察模式如何被用来区分空列表和非空列表，以及如何捕获非空列表中的相关部分。

其他列表函数可以使用模式匹配重新实现，例如 isEmpty：

Scala

```scala
def isEmpty[A](list: List[A]): Boolean = list match
    case Nil => true
    case _ => false
def isEmpty[A](list: List[A]): Boolean = list match
    case _ :: _ => false
    case _ => true
```

代码清单 5.7　使用模式匹配重新实现 isEmpty

第一个变体使用 Nil 匹配空列表，同时使用 "_" 匹配其他的非空列表。第二个变体先使用模式 "_::_" 匹配非空列表，该模式匹配任何有头和尾的列表；再使用下一个模式匹配没有头和尾的列表(空列表)，为清晰起见，可以使用 Nil 代替 "_"。两种方式都正确。

在函数 isEmpty 的实现中，模式仅用于区分空列表和非空列表，而在 head 和 tail 中，它们还会从非空列表中提取一部分。根据个人需要，可以将非空列表与以下任何模式进行匹配：

Scala

```scala
_ :: _                  // nothing captured
head :: _               // capture head only
_ :: tail               // capture tail only
head :: tail            // capture head and tail
all @ head :: tail      // capture head, tail, and the entire list
all @ head :: _         // capture head and the entire list
all @ _ :: tail         // capture tail and the entire list
all @ _ :: _            // capture the entire list
```

模式可以任意嵌套。特别是，可以使用 "@" 捕获复合类型的部分，同时将其分解为其自己的一部分。例如，如果表达式是成对选项的列表，则模式匹配可以应用于列表、列表中的选项和选项中的对组，所有这些都在同一模式中进行：

```scala
List(Some(("foo", 42)), None) match
    case (head @ Some(str, n)) :: tail => <expr>
```

在表达式<expr>中，变量 head、str、n 和 tail 表示以下值：

```
head is Some(("foo", 42)) : the first option in the list
str is "foo"              : the first half of the pair in the first option
n is 42                   : the second half of the pair in the first option
tail is List(None)        : the other options in the list
```

最后，注意，为了方便，Scala 还定义了其他列表模式。可以使用可读性更强的模式 List(x)，而非将列表与单个元素匹配的 x :: Nil。同样，可以使用 List(x, y, z)而非麻烦的 x :: y :: z :: Nil 来匹配由 3 个元素组成的列表。本章后部的代码示例使用了这样一些可读性更强的模式。

5.5 树

本章已经将模式匹配应用于几种代数数据类型：元组、选项和列表。元组用于组合多个类型，选项适用于某一类型与无类型之间的选择，列表既可以定义为空列表和非空列表之间的选择，也可以定义为头和尾的组合。

除了包含可选项和组合外，列表类型还具有归纳定义的显著特性：列表要么是空的，要么由一个值(头)和另一个列表(尾)组成。如果一个(非空)列表中有另一个列表，那么像这样的数据类型可以被认为是递归的。树是另一种经典的递归数据类型，在编程中经常使用。

来看一个表示表达式的树的示例。布尔表达式 true∧(false∨¬(true∧false))可以表示为图 5.1 所示的树。可以在 Scala 中以 enum 类型的形式实现这样一棵树：

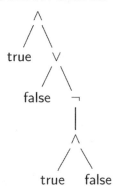

图 5.1 true∧(false∨¬(true∧false))是一棵树

Scala

```
enum BoolExpr:
  case T
  case F
  case Not(e: BoolExpr)
  case And(e1: BoolExpr, e2: BoolExpr)
  case Or(e1: BoolExpr, e2: BoolExpr)
```

代码清单5.8 作为代数数据类型的布尔表达式

与列表一样，该树类型包含替换(5 种可能性)、组合(and 和 or 的左右操作数)和递归(Not、And 和 Or 是包含子树的树)。使用这种类型，图 5.1 中的树将变成以下表达式：

And(T, Or(F, Not(And(T, F))))

使用模式匹配在选择之间调换并提取子树，可以非常自然地处理树。例如，可以编写一个函数，以便为一棵树求真值：

Scala

```
def eval(expr: BoolExpr): Boolean =
  import BoolExpr.*
  expr match
    case T => true
    case F => false
    case Not(e) => !eval(e)
    case And(e1, e2) => eval(e1) && eval(e2)
    case Or(e1, e2) => eval(e1) || eval(e2)
```

代码清单5.9 使用模式匹配对布尔表达式进行递归求值

函数 eval 本身就是递归的，但考虑到树的递归性质，这也就不足为奇了。递归是第 6 章的主题。

关于求和与乘积类型

本章使用的选项、对组、列表和树等类型的探究通常以求和与乘积类型为框架。不需要知道类型名称就可以有效地使用这些类型，但简单讨论一下这个术语有助于更好地理解这些类型的代数性质。

先来看以如下方式定义的两种 Scala 类型：

Scala

```
type Stooge = "Larry" | "Curly" | "Moe"
type Digit = 0 | 1 | 2 | 3 | 4 | 5 | 6 | 7 | 8 | 9
```

为了契合讨论的目的，类型可以被认为是一组值：Boolean 类型包含两个值(true 和 false)；Int 有 2^{32} 个可能的值；String 则具有无限数量的值。此处可以使用两个小类型：有 3 个值的 Stooge 和有 10 个值的 Digit。

乘积类型用于组合。例如，类型(Stooge, Digit)包含由一个 Stooge 和一个 Digit 组成的值：

```scala
type StoogeAndDigit = (Stooge, Digit)
```

该类型包含 30 个值——("Moe", 5)、("Larry", 1)等，是 Stooge 数量和 Digit 数量的乘积(这也是其名称的由来)。在面向对象的语言中，除了对组，还可以使用一个类来连接 Stooge 和 Digit。在本注释中，一个 Stooge 与一个 Digit 组合的所有类型都是等效的，并表示为 Stooge×Digit。

类型可以以任意方式组合。例如，类型 StoogeLink = (Stooge, Stooge, Boolean)，表示为 Stooge×Stooge×Boolean，包含由两个 Stooge 和一个 Boolean 组成的 18 个值。

编程语言几乎都支持乘积类型，无论是通过类、记录还是元组。函数式语言和许多混合语言也支持表示可选的求和类型。如果一个值可能是 Stooge 或 Digit，那么该值可以被赋予 StoogeOrDigit 类型，定义如下：

```scala
enum StoogeOrDigit:
    case S(stooge: Stooge)
    case D(digit: Digit)
```

此类型包含 13 个值——S("Larry"), S("Curly"), S("Moe"), D(0), D(1), ..., D(9)，这 13 个值是 Stooge 数量和 Digit 数量的总和。名称 S 和 D 是不相关的，类型表示为 Stooge+Digit。注意，求和可以在有交集的类型中构建：

```scala
enum Number:
    case Zero
    case Pos(digit: Digit)
    case Neg(digit: Digit)
```

Pos(3)和 Neg(3)是不同的值，Number 类型包含 21 个值。名称 Zero 与 Pos 和 Neg 无关，类型可以表示为 Digit+Digit+1，其中"1"表示包含 Zero 的单值类型。

Scala 定义了标准乘积类型(所有元组都是乘积的一个子类型)和求和类型。例如，Option 将一个 sum 类型定义为一个值与 none 之间的选项。Option[Stooge]类型有 4 个值：Some("Moe")、Some("Larry")、Some("Curly")和 None。可以将其表示为 Stooge+1。

假设×和+这样(松散)定义的代数变换可以应用于类型。例如，(Stooge+1) ×Digit——一个与 Digit 组合的可选 Stooge，可以实现为对组(Option[Stooge], Digit)。通过将×分配给+，这种类型等价于可按以下方式实现的(Stooge×Digit)+Digit 的类型：

```scala
enum StoogeAndDigitOrDigit:
    case SD(stooge: Stooge, digit: Digit)
    case D(digit: Digit)
```

从概念上讲，此类型表示与类型(Option[Stooge], Digit)相同的 40 个值。例如, (Some("Moe"), 5)对应于 SD("Moe", 5)，而(None, 8)是 D(8)。

最后，求和与乘积可以以循环的方式定义，从而得到递归的数据类型，如前面定义的类型 BoolExpr 树，或整数列表 IntList，定义为 IntList=1+(Int×IntList)，并按如下方式实现：

```scala
enum IntList:
   case Nil
   case Cons(head: Int, tail: IntList)
```

5.6　示例：列表拉链

为了简单地说明模式匹配的威力，本节将实现一种称为拉链(zipper)的数据类型。这个拉链是根据一对列表来定义的，因此可以依赖于代码中的各种模式。

假设需要使用指向当前元素的游标来维护非空值序列。你希望能够左右移动游标，并查询或更新游标指示的值。可变实现可以简单地将索引与数组值一起存储。所有必需的操作都可以在恒定的时间内轻松实现。可变类型的缺点是，在函数中输入/输出值时可能需要防御性副本(参阅 3.8 节的讨论)。即使移动游标也可能需要克隆整个数组。

更好的选择是一个不可变的实现。一种理想的做法是存储函数式列表旁边的索引位置。然而，这必将是效率极低的。回想一下，访问函数式列表中指定索引处的元素不是一个时间恒定的操作：其所花时间与索引值成正比。此外，若要更改索引 n 处的值，就必须从列表中丢弃 n 个元素，并分配一个长度为 n 的新列表。例如，如果索引指向列表[P, l, a, t, o]中的第一个 "a"，并且想将其替换为 "u" 以生成[P, l, u, t, o]，则需要创建新列表[P, l, u]，如图 5.2 所示。

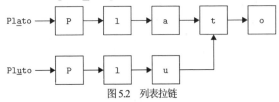

图 5.2　列表拉链

拉链是一种巧妙的数据结构，可以完美地避开这个缺点。它被实现为一对列表(左, 右)：第二个列表包含游标右侧的元素；第一个列表包含游标左侧的元素，但顺序相反。所有必要的操作(向左或向右移动游标，以及查询和更新游标下的元素)都可以在恒定时间内实现。

为了帮助可视化拉链，可再次以包含当前元素 "a" 的列表[P, l, a, t, o]为例进行讲解。它被表示为以下拉链：

```scala
(List('l', 'P'), List('a', 't', 'o'))
```

若将游标向右移动，将产生新的拉链：

```scala
(List('a', 'l', 'P'), List('t', 'o'))
```

要实现拉链,应先将 Zipper 类型定义为一对列表。拉链值是根据非空的元素列表构建的:

Scala

```scala
type Zipper[A] = (List[A], List[A])

def fromList[A](list: List[A]): Zipper[A] = (Nil, list)
```

代码清单 5.10 列表拉链的定义和构造

从列表构造拉链时,游标位于最左边的位置(左列表中没有元素)。拉链总是至少包含一个值(当前元素),并且对组中的右列表永远不会为空(fromList 的正确实现会以异常的方式拒绝空列表参数)。

右列表的头是游标指示的元素。可以进行有效的查询和更新:

Scala

```scala
def get[A](zipper: Zipper[A]): A = zipper match
  case (_, x :: _) => x

def set[A](zipper: Zipper[A], value: A): Zipper[A] = zipper match
  case (left, _ :: right) => (left, value :: right)
```

代码清单 5.11 列表拉链的获取和设置

函数 get 使用了一个匹配对组的模式,该对组中的第二个元素是一个非空列表,头为 x。这个头是游标指向并返回的值。由于两个拉链是不可变的,因此函数 set 通过生成一个新的拉链来更新游标指向的值。模式_ :: right 匹配一个非空的未指定头的右列表。通过将 value 参数用作一个新右列表的头,可以构建一个新的拉链。得益于函数式列表中的数据共享,set 和 get 都是恒定时间操作。此外,函数 set 生成的新拉链还与用作参数的拉链共享数据(第一个列表的所有数据和第二个列表的大部分数据)。

为了将游标向左移动,需要使用 moveLeft 函数将游标左侧最右边的元素从第一个列表移到第二个列表。因为游标左侧的元素以相反的顺序存储,所以要移动的元素是第一个列表的头,它需要成为第二个列表的头: x :: left 变为 left,right 变为 x :: right。在前面的例子中,(List('a', 'l', 'P'), List('t', 'o'))变为(List('l', 'P'), List('a', 't', 'o'))。如果游标已经位于最左边的位置,则返回的拉链保持不变。此案例由下画线的模式实现:

Scala

```scala
def moveLeft[A](zipper: Zipper[A]): Zipper[A] = zipper match
  case (x :: left, right)             => (left, x :: right)
  case _                              => zipper

def moveRight[A](zipper: Zipper[A]): Zipper[A] = zipper match
  case (left, x :: right) if right.nonEmpty => (x :: left, right)
  case _                              => zipper
```

代码清单 5.12 列表拉链访问导航

将游标向右移动的操作与此类似：取第二个列表的头，将其移到第一个列表的头。但是，游标不能越过最右边的元素，因为这会使拉链没有当前值。函数 moveRight 第一个模式中的条件保证了新拉链中的第二个列表不为空。两个游标的移动都是以恒定时间操作实现的。

可以使用模式 "_ :: _" 代替条件语句来确保 right 是非空的：

Scala

```scala
def moveRight[A](zipper: Zipper[A]): Zipper[A] = zipper match
  case (left, x :: (right @ _ :: _)) => (x :: left, right)
  case _                             => zipper
```

这个实现也是奏效的，但是，除非使用没有模式条件语句的语言(如 SML)进行编程，否则带有条件语句的变体更具可读性。

最后，如果需要，可以将拉链转换回列表：

Scala

```scala
def toList[A](zipper: Zipper[A]): List[A] = zipper match
  case (left, right) => left.reverse ::: right
```

代码清单 5.13　从列表拉链到列表的转换

以相反顺序存储游标左侧元素的左列表已被反转回原序，并添加了游标右侧的元素("::" 是 Scala 中的列表连接)。这不是一个恒定时间操作：它所花费的时间与游标的位序(即第一个列表的长度)成正比。

拉链可以通过类似的方式针对其他类型(如树)进行设计：对组列表的一半表示游标位置的视图，而另一半以相反的顺序存储用于将游标放置在此的步骤。在第 11 章中，N 元树上的拉链将作为案例研究得以实现。

5.7　提取器

前面学习了模式匹配如何用于在可选项之间切换和提取复合类型的组件。作为一种归纳，模式匹配有时可以用于将自定义类型分解为多个部分。

假设需要从一种表示为 32 位 ARGB 整数的颜色中提取 alpha、红色、绿色和蓝色的分量。可以按如下方式实现：

Scala

```scala
object ARGB:
  def unapply(argb: Int): (Int, Int, Int, Int) =
    var bits = argb
    val b = bits & 0xFF
    bits >>>= 8
    val g = bits & 0xFF
    bits >>>= 8
    val r = bits & 0xFF
```

```
        val alpha = bits >>> 8
        (alpha, r, g, b)
```

代码清单 5.14　提取器(RGB 值)的示例

在 Scala 中，函数的名称 unapply 扮演着一个特殊的角色。有了作用域中的对象 ARGB，接下来可以使用模式匹配将数字划分为其颜色元素：

```
                                                          Scala
val ARGB(a, r, g, b) = 0xABCDEF12
```

这个代码将变量 a 设置为 0xAB，将变量 r 设置为 0xCD，等等。

对象 ARGB 被称为提取器。Scala 标准库中定义了许多提取器。例如，可以使用模式匹配来检索正则表达式中捕获的组[1]：

```
                                                          Scala
val Phone: Regex = """(?:\+1\s)?([2-9]\d{2})[\s-]([2-9]\d{2})-?(\d{4})""".r

def formatNumber(str: String): Option[String] = str match
    case Phone(npa, nxx, number) => Some(s"($npa) $nxx-$number")
    case _ => None

formatNumber("603 5551234")          // Some("(603) 555-1234")
formatNumber("+1 603-555-1234")      // Some("(603) 555-1234")
formatNumber("6035551234")           // None
```

代码清单 5.15　正则表达式上的模式匹配示例

5.8　小结

- 模式匹配是函数式编程语言的一个常见特征。其最简形式可被看作 switch 表达式的一种强大的形式。它可以用于测试布尔条件语句，将值与常量进行比较，以及检查运行时类型。
- 然而，模式匹配真正的强大之处在于它能处理代数数据类型。这些类型的特征是，可以根据替代选择(也称为求和)和组合(也称为乘积)来定义。模式匹配可以用于在可选的类型间切换，并提取组合类型中的组件。
- 函数式编程通常会使用许多代数数据类型。某些(如元组和选项)非常简单，但用途广泛。其他的(如列表和树)则是归纳定义的，并表现出递归结构。经验丰富的函数式程序员非常喜欢使用这些类型，经常会使用模式匹配或高阶函数有效地处理它们(见第 9 章)。

---

1 在 Scala 中，r 方法用字符串创建一个正则表达式。此外，前缀 s 允许在字符串文字中插入值：s"$x"是一个包含 x 值的字符串。

- 模式匹配被用于包含一个可选和某些组合的类型(如函数式列表)时尤其方便：模式可以用于区分非空列表和空列表，并将非空列表分解为头和尾。
- 一些语言定义了提取器的概念，可以使用提取器将模式匹配的功能引入整数和字符串等基本类型中。

第6章
递归程序设计

循环(代码片段的重复)与函数式编程对纯函数的强调不太吻合，因为纯函数从循环中得不到任何值。取而代之的是一种任意嵌套表达式的机制。这种机制就是递归。所有可以使用循环计算的问题都可以使用递归来计算(反之亦然)。此外，递归的算法通常得益于一个直接使用递归的实现，这往往比基于循环的等效算法更简单。对于应用于递归结构(如列表和树)的运算，尤其如此。最后，尾递归函数构成了一种类似于循环的递归函数，出于性能原因，函数式编程语言倾向于直接将它当作循环来实现。

6.1 递归的必要性

如前所述，由于不变性的核心作用，循环不太适合函数式编程。事实上，在没有副作用的情况下，重复计算是没有意义的——这正是循环的目的。但是，在没有替换的情况下，不能简单地丢弃循环。程序需要在较少代码下执行较多次操作，因此必须有一种"重复"或"跳转"的方法(这里不打算重新引入 GOTO)。

下面以一个简单的命令式程序为例。它基于可变集合类型，并使用从非空集合中移除和处理一个元素的动作：

Scala

```scala
// processes one element and removes it
def processOne[A](collection: MutableCollection[A]): Unit = ...
```

若要处理整个集合，则只需要在循环中使用此动作：

Scala

```scala
def processCollection[A](collection: MutableCollection[A]): Unit =
  while collection.nonEmpty do
    processOne(collection)
```

在函数世界中，对集合的处理会是什么样的？首先，将可变集合替换为不可变集合。然后，由于实际上无法从不可变集合中删除任何内容，因此需要将动作 processOne 替换为一个处理元素并返回一个已删除该元素的新集合的函数[1]：

Scala

```scala
// processes one element, and returns a collection with this element removed
def processOne[A](collection: ImmutableCollection[A]): ImmutableCollection[A] = ...
```

到目前为止，一切都很好。现在，需要一种方法来使用此函数处理整个集合——一次处理一个元素。与以前相同的方法将不起作用：如果 collection.nonEmpty 为 true，那么 processOne (collection)将不会改变它——集合是不可变的。因此，collection.nonEmpty 将保持为 true，并且循环永远不会终止。那么可以使用循环吗？是的，这个程序可以这样运行：

Scala

```scala
def processCollection[A](collection: ImmutableCollection[A]): Unit =
  var remaining = collection
  while remaining.nonEmpty do
    remaining = processOne(remaining)
```

任务顺利完成，但代价是通过赋值语句重新引入可变值：循环主体中的某些东西必须有一些副作用，而且由于 collection 不能更改，因此引入了可变变量 remaining。(3.6 节中使用了相同的方法来实现不可变数据结构的可变状态。)基于循环的方案之所以有效，是因为存在可变值。为了实现完全不可变的风格(没有 var)，需要采取不同的路线。

如果函数 f 没有副作用，则重复性的 f(x); f(x); f(x)毫无意义。接下来看一下执行 Math.sqrt(4.0); Math.sqrt(4.0); Math.sqrt(4.0)的代码。这有何意义？相反，必须利用 f 的输出，通常把它用作进一步计算的输入。需要的不是循环，而是一种可以任意嵌套函数调用的机制。这种机制就是递归。

先回到处理整个不可变集合的问题上来。函数需要处理集合中的一个元素，然后以相同的方式处理删除该元素的新集合。也就是说，需要用上一次调用 processOne 时产生的值调用 processOne。由于 processCollection 被设计为调用 processOne，因此只需要对 processOne 的输出再次调用 processCollection：

Scala

```scala
def processCollection[A](collection: ImmutableCollection[A]): Unit =
  if collection.nonEmpty then processCollection(processOne(collection))
```

代码清单 6.1　通过递归调用嵌套函数

对 processCollection 的初始调用处理集合的第一个元素，并生成一个删去它的新集合。然后，通过对函数 processCollection 的另一个调用，以相同的方式处理该集合，以此类推。处理整个列表的运算式是 processOne(processOne(processOne(…)))，其形式为 f(f(f(x)))，而不是 f(x); f(x); f(x)。这其中不涉及可变量。

无论何时都可以将使用循环和可变变量的代码替换为使用递归和不可变变量的代码。使用递归的函数组合与使用循环的排序组合具有相同的能力。可以使用其中一种方案计算的问题也

---

1 因为该函数处理元素时必定有副作用，所以这个函数是非纯的。然而，它对集合本身没有任何影响，这对本示例来说才是最重要的。

都可以使用另一种方案来计算。

6.2　递归算法

在各种教程中，阶乘是递归函数中使用最广泛的例子。既然讨论递归程序设计的书都会提及它，Scala 也会有相应的阶乘实现：

Scala

```scala
def factorial(n: Int): Int = if n == 0 then 1 else n * factorial(n - 1)
```

代码清单 6.2　阶乘的递归实现；对比代码清单 6.11

诚然，这行代码十分精巧。比起基于循环的方案，这行代码更短，使用的变量也更少。然而，我不认为这里非得使用递归。还可以通过循环轻松地实现阶乘函数，并且生成的代码可能更高效。许多其他典型的递归教程示例均是如此，例如最大公约数[1]。所以，如果你以前看过阶乘的例子，却对它毫无印象，也不必在意。本书收录了许多递归函数的示例，尤其是后面的示例，更能充分地说明这一点。

汉诺塔是另一个经典的教学示例，它比阶乘或最大公约数问题更典型。它提出了一个谜题，其中，各种大小的圆盘堆叠在 3 根桩子上。最初，所有圆盘都按大小递减的顺序堆叠在最左边的桩子上。游戏的目标是将所有圆盘移到最右边的桩子上，使用中间的桩子暂存圆盘，同时遵守以下规则：

- 一次只能移动一个圆盘。
- 只能移动最上面的圆盘。
- 一个圆盘不能放在比自己小的圆盘上。

图 6.1 展示了将 3 个圆盘从左边桩子移至右边桩子所需的 7 个步骤。

可以用递归算法解决汉诺塔问题：要借助桩 M 将 n 个圆盘从桩 L 移到桩 R 上，如果 $n>0$，首先借助 R 将 $n-1$ 个圆盘从 L 移到 M；然后将一个圆盘从 L 移到 R；接着借助 L 将 $n-1$ 个光盘从 M 移到 R。如果 $n=0$，则不必执行任何操作。此方案可以转换为递归函数，用于输出移动给定数量的圆盘需要的所有步骤：

Scala

```scala
def hanoi[A](n: Int, from: A, middle: A, to: A): Unit =
  if n > 0 then
    hanoi(n - 1, from, to, middle)
    println(s"$from -> $to")
    hanoi(n - 1, middle, from, to)
```

代码清单 6.3　汉诺塔问题的递归解决方案

---

1 目前，维基百科页面上关于递归编程的前 3 个例子分别是阶乘、最大公约数和汉诺塔，这些都将在本节中讨论。

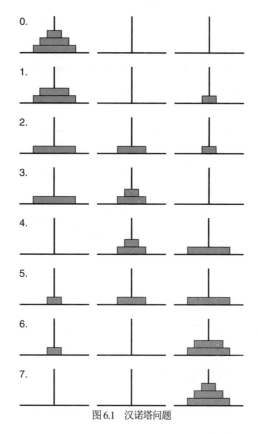

图6.1　汉诺塔问题

　　如果 $n=0$，此函数将不执行任何操作。如果 n 不等于 0，则将使用第一个递归调用来将 $n-1$ 个圆盘从左侧桩移到中间桩，并将右侧桩用于临时存储。这个调用的目的是让第 n 个圆盘空闲(图 6.1 中的位置 3)。然后 print 语句将这个圆盘从左向右移动(图 6.1 中的位置 4)。第二个递归调用将 $n-1$ 个圆盘从存储桩(中间)移到右侧的桩，同时将左侧桩子用于存储。当作为 hanoi(3, 'L', 'M', 'R')调用时，该函数将产生与图 6.1 一致的步骤序列：

```
L -> R
L -> M
R -> M
L -> R
M -> L
M -> R
L -> R
```

　　汉诺塔之所以能成为一个特别的例子，是因为它没有基于循环的实现相同算法的等效版本[1]。其中一个原因是，与阶乘或最大公约数示例中所需的单次调用不同，函数 hanoi 对自己进

---

　　1 汉诺塔的迭代求解不难用循环来实现，但它很难保证正确性，即使是最简单的基于循环的程序，也比这里给出的递归函数要复杂。

行了两次递归调用。

6.3 递归算法的关键原理

递归算法背后的核心思想是将一个问题简化为同一问题的一个或多个缩略版实例，并使用这些子问题的解来得到原始问题的解。6.2 节中的汉诺塔函数通过组合两个移动 n-1 个圆盘的子问题的解来解决移动 n 个圆盘的问题。将此策略视为这种分而治之的方案的一个特例，其中子任务与原始任务同源。

在编写递归函数时，需要注意 3 个主要问题：

- 至少有一个计算分支不应是递归的。如果函数的求值总是触发递归调用，那么函数会不断地再次执行。在汉诺塔的例子中，n=0 的情况不需要递归调用。

牢记这一原则有助于快速发现错误。例如，在以下这个不正确的示例中，定义了用于提取列表最后一个元素的函数：

Scala

```scala
// DON'T DO THIS!
def last[A](list: List[A]): A = list match
  case Nil => throw NoSuchElementException("last(empty)")
  case _ :: tail => last(tail)
```

代码清单 6.4　last 的错误实现；修正后的代码参见代码清单 6.10

该算法基于一个理念：空列表没有最后一个元素，非空列表的最后一个元素是其尾部的最后一个元素。然而，这个函数无法按设想工作，因为它没有一个返回值的非递归分支：该函数要么抛出异常，要么继续运行。事实上，"非空列表的最后一个元素是其尾部最后元素"的直觉判断不适用于长度为 1 的列表。

- 递归求解的所有子问题必须在某种程度上小于原始的问题。这对于保证程序终止也是必要的。常见的模式包括应用于较短列表的列表函数、应用于较小正数的数值函数(如汉诺塔示例)、应用于子树的树函数等。

下面来看一个此类错误的组合排序的实现(省略了函数 merge)，把它看作一个未能遵守此原则的示例：

Scala

```scala
// DON'T DO THIS!
def mergeSort[A](list: List[A]): List[A] =
  if list.isEmpty then list
  else
    val (left, right) = list.splitAt(list.length / 2) // split in the middle
    merge(mergeSort(left), mergeSort(right))
```

代码清单 6.5　错误的组合排序；修正后的代码参见代码清单 7.18

方法 splitAt 在一个给定点划分列表：使用 list(A, B, C, D).splitAt(2)，可得到对组(list(A, B), list(C, D))。此方法用于将非空列表平均划分为两个列表。再对每个列表进行递归排序，并将排序后的它们合并到排好序的列表中。

这里的问题是 mergeSort(right)不能保证对短列表完成递归调用。例如，如果划分只包含一个元素的列表，则会得到两个列表：一个空列表和一个未更改的原始列表。对函数 mergeSort 来说，这意味着 right 与 list 完全相同，因此这个函数只能在列表较长时进行递归排序。这个 mergeSort 函数也不正确：在调用非空列表时，永远不会终止。

如果一个问题有多个参数，有时其中一个参数或它们的组合能够逐步变小(简化)就足够了。例如，由正数和列表组成的对组可以通过多种方式来变小：正数越来越小，列表越来越短或者数字加上列表长度的总和越来越小，等等。

有些情况会更为复杂，需要重新定义"变小"的概念。例如，在下面这个经典的例子(有时被称为阿克曼函数[1])中，对组(x, y)通过字典排序逐渐减小，所以这个运算保证它会终止——要么 x 减小，要么 x 保持不变，y 减小：

Scala

```scala
def a(x: BigInt, y: BigInt): BigInt = (x, y) match
  case (0, _)  => y + 1
  case (_, 0)  => a(x - 1, 1)
  case _       => a(x - 1, a(x, y - 1))
```

代码清单 6.6　阿克曼函数

- 身为程序员，你应该把重点放在如何使用小问题的解决方案上，而非执着于这些小问题自身是如何通过递归调用解决的。这一点至关重要，也是高效的递归思维的关键。初学者的一个常见错误是试图展开递归调用来跟踪运算过程。除了最简单的函数外，有关递归调用的探索很快就会变得棘手。(可以试试汉诺塔问题。)相反，你必须将小问题的解决方案视为理所当然的(这是递归的"魔力"赋予你的)并专注于使用这些值来构建原始问题的解决方案。

6.4　递归结构

如第 5 章所述，一些代数数据类型呈现递归结构，递归函数可以很自然地处理这些结构。事实上，递归结构的处理是递归编程的主要用途之一。

树是编程中最常用的递归结构之一。代码清单 5.9 使用树来表示表达式，并使用递归函数来计算树。另一个递归的例子就是二叉树。非空二叉树由一个根值和两个子树组成，子树通常

---

　1 尽管该函数在理论上可以保证终止，但实在太复杂了，并且它的递归求值会将大部分栈空间消耗在输入上。阿克曼函数是针对理论研究被定义为递归函数的，并没有实际用途。

被命名为左子树和右子树，这两个子树本身就是二叉树[1]：

```scala
enum BinTree[+A]:
  case Empty
  case Node(value: A, left: BinTree[A], right: BinTree[A])
```

在这样的树上，可以递归地计算值的数量：

```scala
def size[A](tree: BinTree[A]): Int = tree match
  case Empty              => 0
  case Node(_, left, right) => 1 + size(left) + size(right)
```

代码清单 6.7 二叉树 size 的递归实现

空树不包含任何值，而非空树包含的值的数量等于组成它的所有子树包含的值的数量加上 1(因为有一个根植)。二叉树上有许多计算可以递归进行，它们将空树用于最后的非递归情况。二叉树是第 8 章中案例研究的重点。

递归结构有时也会根据相互递归的类型来定义：例如，类型 A 依赖于类型 B，而类型 B 依赖于类型 A。这导致代码可以使用相互递归函数。例如，可以定义 N 元树，其中节点有零个、一个或多个子节点，分为两种类型：树(Tree)和森林(Forest)。一方面，森林是非空树的列表；另一方面，非空树由一个根值和一个子森林组成：

```scala
enum Tree[+A]:
  case Empty
  case Node(value: A, trees: Forest[A])

type Forest[A] = List[Tree.Node[A]]
```

然后，可以根据森林的大小计算树的大小，也可根据树的大小计算森林的大小：

```scala
def treeSize[A](tree: Tree[A]): Int = tree match
  case Empty        => 0
  case Node(_, trees) => 1 + forestSize(trees)

def forestSize[A](forest: Forest[A]): Int = forest match
  case Nil          => 0
  case tree :: trees => treeSize(tree) + forestSize(trees)
```

代码清单 6.8 N 元树 size 的递归实现

---

1 忽略类型参数 A 前面的 "+" 号。尽管它在这里是必要的，但它与本章节的讨论无关。如果你好奇，则可以阅读 15.8 节有关类型变换的内容。

这些函数是相互递归的：treeSize 调用 forestSize，而 forestSize 调用 treeSize。第 11 章将以 N 元树为例进行深入研究。

6.5　尾递归

通常，函数调用根据执行堆栈来实现。调用函数时，新的堆栈帧会被分配并推入执行堆栈中。该帧包含函数的参数及其局部变量的空间。当控制权从调用返回时，帧便会从堆栈中被释放。

前面曾提及递归是作为一种可以任意嵌套函数调用的机制引入的——它使用更有用的 f(f(f(x)))来替换重复性的 f(x); f(x); f(x)。就像循环可能涉及多次重复一样，函数也可能涉及多次递归调用。因此，递归代码经常导致执行堆栈的大量使用，有时深度递归函数可能因为堆栈空间耗尽而无法求值。

函数式编程语言的编译器通常通过关注"尾调用"来优化堆栈的使用。尾调用是在另一个函数的末尾进行的函数调用，如下面的模式所示：

```
                                                         pseudo code
function f(x,y,z) {
   <code>
   return g(t,u,v)
}
```

在这种模式中，控制权从对 g 的调用返回后，还将立即从对 f 的调用返回——函数 f 在对 g 的调用之后不会执行任何操作。特别是，当函数 f 启动对函数 g 的调用时，就不再需要它的 x、y 和 z 参数了(其局部变量也不需要)。这些参数可以在分流到 g 之前从堆栈中释放，从而限制堆栈的增长——先释放一帧，再推入一帧。此外，如果调用是递归调用(f 和 g 是同一个函数)，则可以通过重新分配变量 x、y 和 z，使之具有值 t、u 和 v，再回到 f 的开头，来重用整个堆栈帧。在这种情况下，可以用循环来执行计算，而不必使用任何堆栈。

一些函数式语言可能会保证一些或所有的尾调用都得到优化，而另一些则可能只关注尾递归调用，还有一些则可能将决策权留给特定的编译器实现。在混合语言中，函数是根据方法实现的，你往往会面临一个更具挑战性的情况，因为方法调用通常与其自身的特性有关(参见 15.7 节中对动态调度的讨论)。

例如，当前的 Scala 编译器专注于尾递归函数——在尾部具有专门的递归调用函数。它不会优化其他尾调用，包括相互递归函数内部的调用。此外，由于函数是作为方法实现的，并且方法可以被重写，因此看似尾递归的代码可能不会得到优化。但可以使用 tailrec 标注来证实优化：用 tailrec 标注的函数一定是被编译器优化的，否则编译将会失败。

关于尾递归函数的优化字节码

应用递归方法对此处显示的小类进行实验：

Scala

```
class TailRecursionTest:
  def zero(x: Int): 0 = if x == 0 then 0 else zero(x - 1)
```

这个无用的方法总是返回零(它的名称和返回类型因此而得)。Scala 编译器为其生成的字节码如下所示：

bytecode

```
public int zero(int);
Code:
   0: iload    1
   1: iconst_0
   2: if_icmpne     9
   5: iconst_0
   6: goto          16
   9: aload 0
  10: iload 1
  11: iconst_1
  12: isub
  13: invokevirtual #16      // Method zero:(I)I
  16: ireturn
```

代码细节并不重要。第 2 行是变量 x 与 0 的比较。如果 x 非零，则执行跳转到第 9 行。第 9 行到第 12 行计算 x-1，第 13 行再次对 x-1 调用方法 zero。此处没有进行优化。如果使用 tailrec 对方法进行标注，则编译失败。

方法 zero 在扩展 TailRecursionTest 的类中可以被重写，这阻止了编译器的优化。如果禁用重写，例如，将 zero 用作最后的方法，编译器生成的字节码就会发生更改：

bytecode

```
public final int zero(int);
Code:
   0: aload 0
   1: astore 2
   2: iload 1
   3: istore 3
   4: iload 3
   5: iconst_0
   6: if_icmpne     13
   9: iconst_0
  10: goto          30
  13: aload 2
  14: astore        4
  16: iload 3
  17: iconst_1
  18: isub
```

```
19: istore        5
21: aload         4
23: astore 2
24: iload         5
26: istore 3
27: goto          31
30: ireturn
31: goto          4
34: athrow
35: athrow
```

同样，代码细节并不重要，但需要注意的是 invokevirtual 指令不见了。相反，第 31 行出现了 goto 4：递归函数现在已被实现为一个循环。

6.6　尾递归函数示例

本章中的第一个递归函数(用于处理代码清单 6.1 中的一组项)是尾递归函数。假设它不是作为一个可重写的方法编写的，那么它将作为 Scala 中的一个循环编译。一个更有意义的例子是在排序数组中进行二分搜索。它可以使用循环迭代实现：

Scala

```scala
def search(sortedSeq: IndexedSeq[String], target: String): Option[Int] =
  var from = 0
  var to = sortedSeq.length - 1
  while from <= to do
    val middle = (from + to) / 2
    sortedSeq(middle) match
      case midVal if target > midVal => from = middle + 1
      case midVal if target < midVal => to = middle - 1
      case _ /* found at middle */  => return Some(middle)
  end while
  None
```

此函数在数组的一个从 from 到 to 的片段里搜寻，该片段已被初始化为整个数组。每次循环迭代都从查看范围中间值 midVal 开始。如果目标大于该中间值，则函数会利用顺序序列的特点，在 middle+1 和 to 之间继续查找原先范围的后半部。如果目标值小于该中间值，则函数将继续在 from 和 middle−1 之间继续查找原先范围的前半部分。否则，该值一定等于目标，因此函数将返回找到的值对应的序位。循环的每次新迭代都在较小的范围内执行搜索。当找到目标值或范围变为空(from > to)时，搜索结束。

可以使用递归调用代替循环来实现这个连续搜索:

```scala
                                                              Scala
def search(sortedSeq: IndexedSeq[String], target: String): Option[Int] =
  @tailrec
  def doSearch(from: Int, to: Int): Option[Int] =
    if from > to then None
    else
      val middle = (from + to) / 2
      sortedSeq(middle) match
        case midVal if target > midVal => doSearch(middle + 1, to)
        case midVal if target < midVal => doSearch(from, middle - 1)
        case _ /* found at middle */ => Some(middle)

  doSearch(0, sortedSeq.length - 1)
```

代码清单 6.9　排序序列中二分搜索的尾递归实现

辅助函数 doSearch 被用来在给定的索引范围内执行搜索。此函数使用与以前相同的算法,但依赖于递归调用来在上限或下限范围内继续搜索。

尽管其中一个使用循环,另一个使用递归,但这两种实现非常相似。对 doSearch 的递归调用将运算结果带回新中点的运算中,就像循环一样。事实上,函数 doSearch 是尾递归的,并且是在 Scala 中作为循环编译的。因此,递归调用不是再次调用 doSearch,而是通过更新局部变量(from 或 to)并跳回到函数的开头来实现的,这和循环变量的情况相似。编译后,两种实现都使用了实际上完全等效的字节码。采用哪种实现完全是个人喜好问题。

有时,尾递归的编写是自然而然发生的,不必思虑过多,就像二分搜索示例中那样。例如,代码清单 6.4 中的 last 函数也是尾递归的。当然,那个也是错的,但可以在不丢失尾递归的情况下对它进行修正:

```scala
                                                              Scala
@tailrec
def last[A](list: List[A]): A = list match
  case Nil              => throw NoSuchElementException("last(empty)")
  case head :: tail     => if tail.isEmpty then head else last(tail)
```

代码清单 6.10　last 的正确尾递归实现;基于代码清单 6.4 修改而成

不过,有时函数并不是尾递归函数。例如,代码清单 6.2 中的阶乘函数不是尾递归的。递归调用不在尾部:在控制权返回后,在返回一个值之前,这个数仍然需要乘以 *n*。如果你需要一个不使执行堆栈增长的优化实现,而且编程语言支持的话,你可以改用 while 循环。否则,你需要略微地重写递归函数。标准的技巧包括添加用作累加器的第二个参数:

Scala

```scala
def factorial(n: Int): Int =
  @tailrec
  def loop(m: Int, f: Int): Int = if m == 0 then f else loop(m - 1, m * f)

  loop(n, 1)
```

代码清单 6.11　阶乘的尾递归实现；对比代码清单 6.2

函数 loop 的第二个参数包含已经计算好的阶乘部分：$\prod_{i=m+1}^{n} i$。乘法 $m * f$ 发生在递归调用之前，现在处于尾部。函数 loop 是尾递归的，并且被编译为循环。然而，代码清单 6.2 中的简单递归实现不太能体现其精巧之处。

涉及多个递归调用的函数从来都不是尾递归的——最多一个递归调用可以位于尾部。它们能变成一个尾递归吗？可以，但代价是要引入额外的数据结构。例如，代码清单 6.7 中二叉树上的函数 size。此函数进行两次递归调用：一次在左树上，一次在右树上。为了触发尾递归的优化，可能需要尝试使用与函数 factorial 相同的技巧：

Scala

```scala
def size[A](tree: BinTree[A]): Int =
  def loop(tr: BinTree[A], sz: Int): Int = tr match
    case Empty             => sz
    case Node(_, left, right) => loop(right, loop(left, sz + 1))

loop(tree, 0)
```

一个对 loop 的递归调用现在处于尾部，可能会被优化，但嵌套调用 loop(left, ...)仍然需要使用一个堆栈帧：在控制权返回后，loop(right, ...)调用仍然需要进行，并且仍然使用当前帧(访问局部变量 right)。

一个真正的尾递归变体只需要进行一次递归调用。可以通过引入自己的堆栈(作为树列表)来实现这一点：

Scala

```scala
def size[A](tree: BinTree[A]): Int =
  @tailrec
  def sizeSum(list: List[BinTree[A]], sum: Int): Int = list match
    case Nil                      => sum
    case Empty :: trees           => sizeSum(trees, sum)
    case Node(_, left, right) :: trees => sizeSum(left :: right :: trees, sum + 1)

sizeSum(List(tree), 0)
```

代码清单 6.12　二叉树 size 的尾递归实现

函数 sizeSum 计算树列表的大小之和。它是尾递归的。当在列表中找到一个空树时，它不会对总和做任何处理。当一个节点被从列表中取出时，sum 累加器将加 1，节点的子节点将被添加到要处理的树列表中。通过将函数 sizeSum 应用于仅包含此树的列表,可以获得树的大小。实际上,执行堆栈已经被一个常规列表所取代。与 factorial 一样,尾递归的实现是以失去精巧性为代价的。

试图用尾递归取代常规递归时需要权衡。虽然推入和释放执行堆栈的操作可能比列表操作更快,但栈空间往往是有限的。相比之下,函数 sizeSum 中添加的列表与其他对象被一起分配至内存中。堆内存通常远大于栈空间。

还有其他方式可以优化递归调用以及用堆空间换取栈空间。一种被称为蹦床的著名技术被用来将包含尾调用优化的语言翻译成没有它的语言。第 14 章以蹦床为例进行了探究。

6.7 小结

- 循环是一种实现重复的编程语言机制。只有当循环的主体通过改变对象或重新分配变量来实现某种形式的状态更改时,循环才有用。
- 严格的函数式编程风格依赖于纯函数的组合而非可变量,这使循环变得无用。替代循环所需要的是一种可以任意嵌套函数调用的机制。递归就是这样一种机制。
- 递归函数是直接或通过中间函数触发对自身的调用的函数(可能导致相互递归)。它们可以作为循环的替代品来构造程序。
- 更重要的是,递归函数适合将给定问题递归分解为相同类型的更小问题的算法。递归算法将同一问题的更小实例的解决方案与一个或多个特殊(非递归)情况结合起来了。
- 递归函数必须包括至少一个不需要递归的特殊情况,并且必须确保所有递归调用都适用于这个特例——包括更小的和接近特例的那些。这两个条件对于确保函数能够终止是必要的。
- 递归函数非常适合用来处理递归的数据类型,如树和函数式列表。树和列表上的任务通常可以分解为子树和子列表上的类似任务,这些任务是递归实现的。
- 在另一个函数的末尾进行的函数调用(如 return f(x))有时可以进行优化,以减少执行堆栈的使用。作为一种特殊情况,函数只在运行的最后调用自己,因此被称为尾递归函数。尾递归函数通常可以在函数式编程语言中进行优化。
- 当编译器优化尾递归时,它可以安全地用于模拟重复。事实上,为优化的尾递归函数生成的编码通常与用循环编译产生的编码相同。

第7章
列 表 递 归

因为函数列表是一种递归的数据结构——非空列表的尾部也是一个列表，所以许多处理列表的函数与适用于列表尾部的递归模式非常契合。本章使用此模式来(重新)实现几个常见的列表函数。目标具有双重性：既是了解标准列表函数的一种方式，也是练习递归思维的一种方式。本章也会探讨一些其他模式，其中递归被运用于除尾部之外的子列表。此外，还会讨论一些性能注意事项，例如尾递归或内部依赖可变结构的纯函数的使用。

注意
Scala 集合库实现了许多作为其 List 类型的方法的列表操作。本章为了讨论递归和递归算法，将其中几个重新实现为函数。其代码示例故意采用了以前定义的函数，而非相应的标准方法，例如在可以使用 list.head 的地方编写 head(list)，因此代码更像是另一种具有函数式列表的编程语言中的代码。这种做法是本章所特有的。考虑到便捷性和可读性，本书的后续章节使用了相应的 List 方法。

7.1 等价的递归算法

第 6 章实现了函数 last 来提取列表的最后一个元素：

Scala

```scala
def last[A](list: List[A]): A = list match
  case Nil          => throw NoSuchElementException("last(empty)")
  case head :: tail => if isEmpty(tail) then head else last(tail)
```

该函数基于这样一种思想：通常情况下，列表的最后一个元素便是其尾部的最后一个元素。换句话说，它依赖于以下等式：

$$last(list) = last(tail(list))$$

因为空列表没有最后一个元素，所以只有当 list 和 tail(list)都不为空时，这个等价式才成立。这两种特殊情况在函数 last(case Nil 和 if isEmpty(tail))中以非递归方式处理，其他的递归调用则简单地遵循等式。

每一个递归算法都建立在这样一个等式的基础上。例如，一棵树的大小等于子树的大小之和再加 1；前面讨论的简单的阶乘实现基于等式 $n!=n×(n-1)!$。若想精通递归编程，便需要先学会总结这些等式。

频繁列表模式通过在列表尾部使用单一递归调用来计算列表上的函数 f:

$$f(list) = g(f(tail(list)))$$

目标是计算 f(list)，并且需要使用值 f(tail(list))。可以通过递归的"魔力"自由地获得这个值。你只需要编写并实现函数 g。

在函数 last 前提下，g 是恒等函数，f(list)就是 f(tail(list))。下面的许多例子都依赖函数 g，这个函数既可以显式编写，也可以不显式编写。例如，在代码清单 7.1 中，用于搜索列表内某个目标的函数 contains 使用了 g(x) = (head(list) == target) || x。代码清单 7.3 中计算列表长度的函数 length 使用的是 g(x) = x + 1。

得到普适的等式以后，递归函数也就水到渠成了。只需要处理那些无法创建等式的特殊情况。它们是程序中的非递归情况，就像函数 last 中的短列表，或者 factorial 中的零。等式本身便定义出了递归。接下来的几节将通过典型的列表运算以及每个从等价式和一个或多个特例中导出的递归函数来说明这一原理。

7.2 遍历列表

可以选择一个特定的目标，遍历一个列表，直到找到所需的元素，而非遍历整个列表来找到它的最后一个元素。函数 contains 用于测试目标值是否在列表中：如果目标值位于列表的头部或尾部，则目标值在列表中。这可以推出以下递归等式：

    contains(list, target) = head(list) == target || contains(tail(list), target)

该等式不适用于既没有头也没有尾的空列表——空列表需要被视为一个简单的特例(空列表中不包含任何内容)：

Scala

```
@tailrec
def contains[A](list: List[A], target: A): Boolean =
  !isEmpty(list) && (head(list) == target || contains(tail(list), target))
```

代码清单 7.1　使用尾递归的简单列表查找；另请参见代码清单 7.2

注意这段代码具体是如何读取自身的：如果列表非空，并且列表的第一个元素是目标，或者目标在列表中的其他地方，则列表包含该目标[1]。因为逻辑运算符"||"在 Scala(与 C 或 Java)中使用快捷求值，所以这个函数是尾递归的，因此它等价于以下表达式：

Scala

```
(if head(list) == target then true else contains(tail(list), target))
```

将"||"展开为 if-then-else，尾递归会显示得更清楚。

---

1 出于这个原因，函数式编程通常被认为比命令式编程更具陈述性。

可以使用模式匹配，而非头和尾的函数：

Scala

```scala
@tailrec
def contains[A](list: List[A], target: A): Boolean = list match
  case Nil        => false
  case head :: tail=> head == target || contains(tail, target)
```

代码清单 7.2 使用尾递归和模式匹配的简单列表查找

在本章后部(甚至整本书中)，代码示例大多遵循这种模式匹配的风格，这种风格往往更易于阅读。

下一个例子是一个用于计算列表长度的递归函数。非空列表包含的元素数等于其尾元素的数量加 1(因为头元素只有 1 个)：

$$length(list) = 1 + length(tail(list))$$

将长度为零的空列表作为特例处理后，该函数可实现为以下形式：

Scala

```scala
def length[A](list: List[A]): Int = list match
  case Nil    => 0
  case _ :: tail => 1 + length(tail)
```

代码清单 7.3 不使用尾递归的 length 函数；对比代码清单 7.4

这种实现的一个缺点是该函数不是尾递归的。其运算需要配置与列表值数量相当的堆栈帧，若列表庞大，则可能会因空间不足而出现运行错误。

可以将用于编写尾递归 factorial 函数的转换用来派生尾递归变体：为长度添加第二个参数，并在每次递归调用之前更新它。辅助函数 addLength 将列表的长度添加到给定的累加器中。于是这个 length 函数通过 addLength 的不断调用(从列表原长到零)来实现：

Scala

```scala
def length[A](list: List[A]): Int =
  @tailrec
  def addLength(theList: List[A], len: Int): Int = theList match
    case Nil    => len
    case _ :: tail=> addLength(tail, len + 1)

  addLength(list, 0)
```

代码清单 7.4 使用尾递归的 length 函数；对比代码清单 7.3

函数 addLength 是尾递归的。现在可以将 length 函数编译为循环，这将避免堆栈溢出问题。

7.3 返回列表

到目前为止，只考虑了从列表中提取信息的函数：last 返回一个元素，contains 返回一个布尔值，而 length 返回一个整数。然而，有些函数则通过构建和返回其他列表来处理列表。

不妨以标准函数 drop 为例，它用于从列表中删除前 n 个元素：使用 drop(list(A, B, C, D), 2)，可得到 list(C, D)。它的递归等式的原理如下：要从列表中删除 n 个元素，首先需要删除列表的头，然后删除尾部的 $n-1$ 个元素(见图7.1)：

$$drop(list, n) = drop(tail(list), n - 1)$$

为了使该等式有效，列表需要一个尾，并且 $n-1$ 不能是负数，因为负数在这种情况下没有意义。根据这一原理，会出现两种特例，一种是空列表，另一种是 $n=0$ 时：

Scala

```scala
@tailrec
def drop[A](list: List[A], n: Int): List[A] =
  if n == 0 then list
  else list match
    case Nil    => Nil
    case _ :: tail => drop(tail, n - 1)
```

代码清单 7.5　列表中 drop 的递归实现；另请参见代码清单 7.6

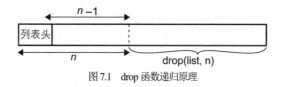

图 7.1　drop 函数递归原理

函数 drop 需要两个参数：一个列表和要删除的元素个数 n。特例 $n=0$(不删除任何元素)是通过返回未更改的列表来处理的。可以通过两种不同的方式处理另一种特例(空列表)，这取决于从空列表中删除元素的语义。

- 空列表中没有可删除的元素：引发异常。
- 无论删除了什么，空列表都保持为空：返回一个空列表。

ML 等编程语言遵循第一种语义。Scala 标准库则使用第二种语义，这里也选择后者。函数 drop 是尾递归的，在运行时不会占用堆栈空间。

作为 if-then-else 模式匹配之外的替代，还可通过将数字和列表连接为一个对组，直接对它们应用模式匹配：

Scala

```scala
@tailrec
def drop[A](list: List[A], n: Int): List[A] = (list, n) match
  case (_, 0) | (Nil, _)  => list
  case (_ :: tail, _) => drop(tail, n - 1)
```

代码清单 7.6　列表中 drop 的递归实现；另请参见代码清单 7.5

模式(_, 0)是 $n=0$ 的情况，模式(Nil, _)是空列表的情况。在这两种情况下，函数都会返回未更改的列表。

无论选择哪种实现都需要知道,以下是函数 drop 最重要的一点:即使函数返回一个新的列表,它也不会在内存中分配任何新的列表数据。返回的列表与作为参数的列表共享其所有存储空间(见图7.2)。假设函数是尾递归的,并且不会创建新数据,则该函数将被编译成一个沿着列表移动指针 n 次的循环,直到它到达理想的位置。因此,可以将 drop 用作函数 getAt 实现的基础,该函数在指定的索引处获取元素:

Scala

```scala
def getAt[A](list: List[A], i: Int): A = drop(list, i) match
  case Nil       => throw NoSuchElementException("getAt(empty)")
  case value :: _ => value
```

代码清单 7.7　用 drop 在列表中实现 getAt

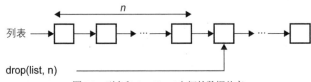

图 7.2　列表和 drop(list, n)之间的数据共享

删除 i 个元素后,剩下的列表头(如果有的话)便是原始列表中位置 i 处的元素(位序为零)。

此处要避免的一个低级错误是,将列表当作具有快速索引的数组使用[1]。始终要牢记的是,访问函数式列表的第 i 个元素所花费的时间与 i 成正比,代码清单 7.6 和代码清单 7.7 中的函数 drop 和 getAt 的实现已经证明了这一点。

7.4　从执行堆栈中构建列表

可以把 drop 看作 tail 函数的一种类推:drop(list, 1)与 tail(list)几乎一模一样[2]。同样,函数 head 被类推为提取列表的前 n 个元素的函数 take。函数 take 基于一个与 drop 类似的等式。也就是说,要从列表中获取前 n 个元素,要先获取列表的头,然后才是尾部的 n−1 个元素:

$$\text{take(list, n) = head(list) :: take(tail(list), n - 1)}$$

相应的代码很简单:

Scala

```scala
def take[A](list: List[A], n: Int): List[A] = (list, n) match
  case (_, 0) | (Nil, _)  => Nil
  case (head :: tail, _) => head :: take(tail, n - 1)
```

代码清单 7.8　take 的递归实现;对比代码清单 7.21 至代码清单 7.23

---

1 在 Scala 中尤其如此,它使用吸引人的语法 list(i)和 array(i)来访问链表或数组的第 i 个元素。

2 唯一的区别是,在我选择的语义下,drop(Nil, 1)是空链表,而 tail(Nil)会抛出一个异常。

函数 take 和 drop 之间的一个关键区别是，drop 的输入和输出列表可以共享存储的数据，但函数 take 需要分配一个新的列表来存储被提取的元素(见图 7.3)。还要注意，与 drop 不同的是，函数 take 不是尾递归的。它的工作原理是将输入列表的前 n 个元素放至执行堆栈上，然后在函数调用返回时基于这些元素构建一个新列表。

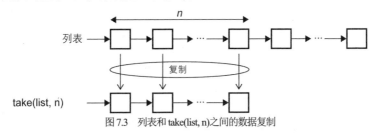

图 7.3　列表和 take(list, n)之间的数据复制

注意

7.9 节不但会简要讨论如何通过执行堆栈的有限使用来构建列表，还将讨论函数 take 其他可能的实现。然而，本书中的许多代码示例大都使用执行堆栈构建列表，如代码清单 7.8。使用这种方法的动机是避免不必要的分心，并使代码示例聚焦至当前概念上。本节的重点是讨论递归算法核心的等式，通过牺牲“库”级的性能和健壮性，来换取从相应的等式中提取的代码的清晰性。例如，在 take 的实现中，代码 head::take(tail, n-1)和 head(list)::take(tail(list), n-1)几乎没有差别。就本书示例而言，不值得用此清晰性来换取代码性能的提升。

7.5　多个/嵌套列表上的递归

下面将用另外几个递归函数的例子来演示递归，本节的递归函数涉及多个列表(包括嵌套在列表中的列表)。

先来看一个连接两个列表的 concat 函数的示例(该函数在标准 Scala 库中以方法“:::”给出)：

```scala
val abc = List(A, B, C)
concat(abc, abc) // List(A, B, C, A, B, C); standard in Scala as abc ::: abc
```

图 7.4 展示了函数 concat 的递归原理。

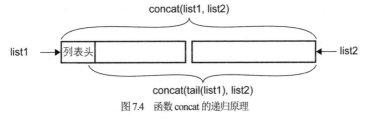

图 7.4　函数 concat 的递归原理

就图 7.4 中的基本等式而言，list1 和 list2 的连接通常会生成一个以 list1 的头开始并用 list1

的尾与 list2 相连的列表：

$$\text{concat(list1, list2)} = \text{head(list1)} :: \text{concat(tail(list1), list2)}$$

为了使这个等式有意义，第一个列表需要一个头和一个尾(第二个列表可以是空的)。很明显，一个空列表和另一个列表的连接就是第二个列表本身，由此可以处理第一个列表为空的特例：

Scala

```scala
def concat[A](list1: List[A], list2: List[A]): List[A] = list1 match
  case Nil          => list2
  case head1 :: tail1=> head1 :: concat(tail1, list2)
```

代码清单 7.9　列表连接的递归实现

注意递归是如何仅在第一个列表上进行的：第二个列表在递归调用中保持不变。这意味着调用 concat 的运算时间与第一个列表的长度成正比，而与第二个列表的大小无关。特别是，可以通过连接只含一个元素的列表将元素附加到列表的末尾，但这需要与原列表长度成正比的时间[1]。即使第二个列表很短，也是如此：

Scala

```scala
def append[A](list: List[A], value: A): List[A] = concat(list, List(value))
```

代码清单 7.10　在列表的末尾使用连接追加

相比之下，只需要调用一次 "::"，就能在恒定时间内实现对列表的前置操作。这种差异很大程度上决定了应该如何实现用函数式列表表达的算法。良好的性能取决于通过预处理而非附加的方式构建列表。特别是，永远不要将列表用作先入先出队列。

列表可以包含本身就是列表的元素。列表可以通过重复连接进行扁平化：

Scala

```scala
flatten(List(List(1, 2, 3), Nil, List(4, 5), List(6))) // List(1, 2, 3, 4, 5, 6)
List(1, 2, 3) ::: Nil ::: List(4, 5) ::: List(6) // List(1, 2, 3, 4, 5, 6)
```

图 7.5 展示了函数 flatten 的递归原理。

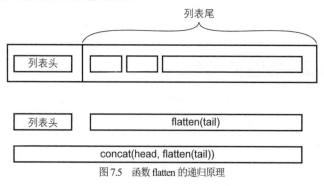

图 7.5　函数 flatten 的递归原理

---

1 Scala 的标准方法 "::" (连接)和 ":+" (追加)也是如此。

函数 flatten 返回的列表以第一个内层列表的元素开始, 并与尾部的扁平化结果进行连接(见图 7.5):

$$flatten(list) = concat(head(list), flatten(tail(list)))$$

实际上的实现模仿了等式, 只为空列表添加了一个特殊的考虑因素:

Scala

```scala
def flatten[A](list: List[List[A]]): List[A] = list match
  case Nil             => Nil
  case head :: tail  => concat(head, flatten(tail))
```

代码清单 7.11　列表扁平化的递归实现

注意函数的签名, 从 List[List[A]]变为 List[A], 因为它只对嵌套列表有意义。

下面是本节的最后一个例子, 需要实现一个同时遍历两个列表以构建一系列对组的 zip 函数:

Scala

```scala
zip(List(A, B, C), List(1, 2, 3)) // List((A,1), (B,2), (C,3))
```

直觉上这似乎很简单:

```scala
zip(list1, list2) = (head(list1), head(list2)) :: zip(tail(list1), tail(list2))
```

等式假设两个列表都非空, 因此空列表需要作为特例处理:

Scala

```scala
def zip[A, B](list1: List[A], list2: List[B]): List[(A, B)] = (list1, list2) match
  case (Nil, _) | (_, Nil)        => Nil
  case (head1 :: tail1, head2 :: tail2)=> (head1, head2) :: zip(tail1, tail2)
```

代码清单 7.12　列表打包的递归实现

函数 zip 设置了两种类型(A 和 B)的参数, 以接纳两种不同类型的列表元素。与 concat 相反, zip 函数同时遍历这两个列表。一旦其中一个列表为空, 它就会停止。因此, 如果两个列表的长度不相等, 则较长列表中的其余元素将不包含在输出中。

7.6　除尾部以外的子列表递归

列表上的递归函数需要较小的列表来实现递归。到目前为止, 本章中较小的列表就是一个或多个输入列表的尾部。这是一种非常常见的模式, 但也可以使用非尾部的子列表递归处理列表。

假设要对列表元素进行分组。给定一个列表和一个正数 k，目标是生成一组含 k 个元素的列表：

```scala
                                                                        Scala
group(List(A, B, C, D, E), 2) // List(List(A,B), List(C,D), List(E))
```

除了最后一个列表可能包含少于 k 个元素之外，所有内部列表的长度都为 k。相应的递归等价式基于以下思路：首先，使用函数 take 获取主列表的前 k 个元素——它们将形成第一个内部列表；然后使用函数 drop 从主列表中删除这些元素，并以此方式递归处理其余元素。如下所示：

$$group(list, k) = take(list, k) :: group(drop(list, k), k)$$

函数 group、take 和 drop 在空列表中都有很好的定义，因此没有特例需要考虑：

```scala
                                                                        Scala
// DON'T DO THIS!
def group[A](list: List[A], k: Int): List[List[A]] =
  take(list, k) :: group(drop(list, k), k)
```

当然，正如注释所示，这个函数一定不正确。它打破了递归函数的一个基本规则——函数必须至少涉及一个非递归的情况。正如代码所示，函数 group 总是调用自己，并且不可能终止。尽管 group、take 和 drop 可以应用于空列表，但分组的内部列表永远不应该是空的，这意味着无论如何都需要对空列表进行特殊处理。

在修改 group 函数之前，注意它的计算涉及在具有相同数字 k 的同一列表上调用 take 和 drop。这有点低效，因为它需要将列表的前 k 个元素遍历两次。因此，可以使用单个遍历来同时构建这两个列表。这正是函数 splitAt 的任务：

```scala
                                                                        Scala
def splitAt[A](list: List[A], n: Int): (List[A], List[A]) = (list, n) match
  case (_, 0) | (Nil, _) => (Nil, list)
  case (head :: tail, _) =>
    val (left, right) = splitAt(tail, n - 1)
    (head :: left, right)
```

代码清单 7.13   列表划分的递归实现

此函数将函数 take 和 drop 的递归算法组合起来，用于将两个列表构造为对组。表达式 splitAt(L, k) 等价于 (take(L, k), drop(L, k))，但是实现起来更高效。使用 splitAt 并添加一个特例以避免生成空组，便可以实现正确的 group 函数，如下所示：

```scala
                                                                        Scala
def group[A](list: List[A], k: Int): List[List[A]] =
  if isEmpty(list) then Nil
  else
    val (first, more) = splitAt(list, k)
    first :: group(more, k)
```

代码清单 7.14   列表分组的递归实现

7.7 逆序创建列表

正如关于函数 append 的讨论中所提到的，将元素添加到一个列表之后所花费的时间与原列表的长度成正比，而预处理是一种恒定时间的操作。如果想避免编写基于列表的低效代码，那么必须记住这一点。

假设列表可以反转。那么，为了递归地实现该函数，可以尝试使用递归调用来反转列表的尾部，然后将列表的头附加在反转列表尾部的末端：

$$reverse(list) = append(reverse(tail(list)), head(list))$$

虽然该等式在非空列表上确实有效，但这个 reverse 函数是不可接受的：

Scala

```
// DON'T DO THIS!
def reverse[A](list: List[A]): List[A] = list match
  case Nil        => list
  case head :: tail=> append(reverse(tail), head)
```

尽管此函数能够以相反的顺序生成列表，但它有两个主要的缺陷。首先，它不是尾递归的，在应用于大型列表时会耗尽栈空间。其次，也是最重要的一点，它的性能无法令人满意，即使对于那些在执行堆栈上没问题的列表，也是如此。

如果反转的列表包含 n 个元素，则 reverse(tail)的长度为 $n-1$，并且 append 运算需要 $n-1$ 次操作。但在 reverse(tail)运算中，还要再在具有 $n-2$ 个元素的列表上调用 append；下一个嵌套运算是在长度为 $n-3$ 的列表上调用 append，以此类推。总之，需要$(n-1)+(n-2)+\ldots+1=(n\times(n-1))/2$ 次操作。因此，这个 reverse 函数的计算时间与列表长度的平方成正比。

为了避免这种情况，需要引入第二个列表参数：

Scala

```
def reverse[A](list: List[A]): List[A] =
  @tailrec
  def addToStack(rem: List[A], rev: List[A]): List[A] = rem match
    case Nil            => rev
    case top :: bottom => addToStack(bottom, top :: rev)

  addToStack(list, Nil)
```

代码清单 7.15 列表反转的线性、尾递归实现

此函数通过重复把需要反转的列表的头添加到一个累加的列表 rev 的最前面来运行。可以将该操作视为从一副牌中抽离一张并将其放在桌子上：最终得到的牌序与原来的相反。

与之前的尝试不同，此实现仅直接使用"::"来构建所求列表，并且其复杂性是线性的。我曾在键入本书内容的台式计算机上简单地调试过这个程序，若使用第一个实现反转 5 000 个数字的列表，大约需要 75 毫秒。当使用改进的变体时，所需时间减少到 0.027 毫秒。不仅如此，这个实现也是尾递归的,并且可以处理任意长度的列表。

在某些情况下,你可能会因为预输入不会产生顺序正确的列表而想对列表进行追加。不要这样做。相反,可以高效地以错误的顺序建立列表,然后将其颠倒过来。例如,为了从字符流中提取独立空间的令牌,人们会很自然地想要使用 append 将字符添加到当前令牌中,然后再次使用 append 将令牌添加到令牌列表中。不过,这里可以使用预处理和反转的组合:

```scala
def tokenize(stream: List[Char]): List[String] =
  def addToken(token: List[Char], tokens: List[String]): List[String] =
    if isEmpty(token) then tokens else reverse(token).mkString :: tokens

  @tailrec
  def loop(stream: List[Char], token: List[Char], tokens: List[String]): List[String]=
    stream match
      case w :: chars if w.isWhitespace=> loop(chars, Nil, addToken(token, tokens))
      case c :: chars                  => loop(chars, c :: token, tokens)
      case Nil                         => addToken(token, tokens)

  reverse(loop(stream, Nil, Nil))
```

代码清单 7.16　通过预处理和反转(而非追加)来构建列表

函数 loop 一次处理一个字符。将一个没有空格的字符(c)添加到当前令牌中,然后递归地进行计算。在遇到空格字符(w)时,将当前令牌添加到令牌列表中,并启动一个新令牌(Nil)。最后一个令牌(不一定带有空格)被添加到末尾。

注意这里是怎样使用恒定时间操作 “::” 将字符添加到令牌中的。由此,令牌会以相反的顺序构建。在函数 addToken 中,每个令牌在添加到列表中时都会反转一次。(该函数跳过了空令牌,并使用标准方法 mkString 将字符列表转换为字符串。)类似地,使用 “::” 将令牌添加到令牌列表中,并在末尾反转列表。由于反转是在线性时间内实现的,因此整个令牌化时间与令牌的长度和数量成正比。

7.8　示例: 排序

注意

高效的排序通常不会直接操作列表。相反,可以先将列表值存储在一个临时数组中,再对数组进行排序,然后重新构建列表。此外,实际的排序函数应该通过被排序元素的类型和用于排序的标准来参数化。本节重点介绍整数列表的直接排序,因为它能很好地说明递归模式。最终的函数可能会存有一些限制和不足,而这是生产代码无法接受的。

先来看一个按递增顺序对整数列表进行排序的问题。可以将非空列表分解为头和尾,并应用递归对尾进行排序,便可得到一个值(头)和一个已排序的列表(已排序的尾)。最后仅需要在已

排序列表的正确位置插入该值即可完成该排序函数。此策略产生了一种如下所示的插入排序
形式：

Scala

```scala
def insertInSorted(x: Int, sorted: List[Int]): List[Int] = sorted match
  case Nil           => List(x)
  case min :: others=>
    if x < min then x :: sorted else min :: insertInSorted(x, others)

def insertSort(list: List[Int]): List[Int] = list match
  case Nil => list
  case h :: t => insertInSorted(h, insertSort(t))
```

代码清单 7.17　插入排序

排序函数使用函数 insertInSorted 将列表的头插入排序后的尾部。在这个辅助函数中，通过
创建一个单元素列表 list(x)，将元素 x 插入一个空列表中。否则，就将 x 与已排序列表中最小
的元素的头 min 进行比较。如果 x 小于那个最小值，则它也小于所有其他值，因此应该放在列
表的最前面。否则，列表中的最小值仍然是 min，并且需要在列表尾部的某个位置插入 x，这
是通过递归调用实现的。

众所周知，插入排序的性能很差(计算时间与列表长度的平方成正比)并且已经出现更好的
方案——将列表分成两半(而不是头和尾)的方案。这种模式有以下两种经典的变体，你可能都很
熟悉。

- 合并排序：在中间划分一个列表，对两部分同时进行递归排序，然后将两个已排序的
  列表合并。
- 快速排序：先将列表划分为较小值和较大值，递归地对两部分进行排序，然后将两个
  排序后的列表连接起来。

合并排序用一种简单的策略将列表一分为二，但在排序后要做一些处理来合并列表。快速
排序依赖于更复杂的划分策略，但排序后，只需要将列表连接起来。

先来看合并排序：

Scala

```scala
def merge(sortedA: List[Int], sortedB: List[Int]): List[Int] = (sortedA, sortedB) match
  case (Nil, _)          => sortedB
  case (_, Nil)          => sortedA
  case (hA :: tA, hB :: tB) =>
    if hA <= hB then hA :: merge(tA, sortedB) else hB :: merge(sortedA, tB)

def mergeSort(list: List[Int]): List[Int] = list match
  case Nil | List(_) => list
  case _             =>
    val (left, right) = splitAt(list, length(list) / 2)
    merge(mergeSort(left), mergeSort(right))
```

代码清单 7.18　合并排序；基于代码清单 6.5 修改而得；另请参见代码清单 7.19

排序列表的合并以两种处理空列表的模式开始(将列表与空列表合并后会得到列表本身)。最后一种模式比较两个非空列表的头。无论哪个较小，都需要放在合并列表的最前面。一旦确定了这个值，两个列表的其余部分就会递归地合并。使用这种方式编写的合并函数，可以通过函数 length 和 splitAt 在中间划分列表来实现合并排序。

一个时常会犯的错误是忘记 mergeSort 中第一个模式中的 case List(_)。之前在代码清单 6.5 的讨论中提到，这将生成一个无法终止的函数。一种变体是将模式匹配应用于划分所需的列表长度，并按如下方式编写 mergeSort 函数：

Scala

```scala
def mergeSort(list: List[Int]): List[Int] = length(list) match
  case 0 | 1 => list
  case len =>
    val (left, right) = splitAt(list, len / 2)
    merge(mergeSort(left), mergeSort(right))
```

代码清单 7.19　合并排序的另一种实现；另见代码清单 7.18

同样，不要忘记那些太短而无法划分的列表的 case 1。

为了实现快速排序，需要将列表分为低值和高值。为此，通常需要选择一个称为关键点的值，然后将列表划分为小于关键点的值和大于关键点的值。下面显示的函数 splitPivot 根据关键点将列表的尾部划分为低值和高值，然后将列表头添加到低值或高值部分。这个函数得以实现后，quickSort 函数只需要划分、递归排序和连接：

Scala

```scala
def splitPivot(pivot: Int, list: List[Int]): (List[Int], List[Int]) = list match
  case Nil => (Nil, Nil)
  case h :: t =>
    val (low, high) = splitPivot(pivot, t)
    if h < pivot then (h :: low, high) else (low, h :: high)

def quickSort(list: List[Int]): List[Int] = list match
  case Nil          => list
  case pivot :: others =>
    val (low, high) = splitPivot(pivot, others)
    concat(quickSort(low), pivot :: quickSort(high))
```

代码清单 7.20　使用用户定义的 splitPivot 函数进行快速排序；另见代码清单 10.1

合并排序和快速排序往往优于插入排序：如果要递归排序的两个列表的大小大致相同，则排序时间将从 n^2 减少到 $n\log_2(n)$，其中 n 是要排序的列表的长度。在合并排序中可以保证对半拆分，但在快速排序中不能保证。尽管快速排序一般来说效果很好，但在某些特殊情况下，性能却很差。例如，如果一个列表已经排序，并且已选择以它的头部作为关键点，就像上面的例子一样，快速排序所花费的时间与列表长度的平方成正比。

这里显示的 splitPivot 的实现不是很好——它使用了与列表中的值一样多的堆栈。可以将其重写为尾递归函数，并使用累加器变量来处理低列表和高列表。有一种更好的方案可以通过使用一种称为分区(partition)的高阶函数来有效地实现相同的功能。第 9 章和第 10 章将讨论高阶函数，并且会在代码清单 10.1 中重新实现快速排序。

7.9 高效地构建列表

为了保证清晰性，本章实现的几个函数都使用执行堆栈来构建列表。如果构建的列表大小不是已知的，那么编写代码时应该依赖于尾递归或循环。例如，代码清单 7.8 中函数 take 的实现使用堆栈来构建列表，为了使其尾递归，可以像下面这样添加一个累加器参数：

```scala
def take[A](list: List[A], n: Int): List[A] =
  @tailrec
  def takeAndAdd(list: List[A], n: Int, added: List[A]): List[A] = (list, n) match
    case (_, 0) | (Nil, _) => added
    case (head :: tail, _) => takeAndAdd(tail, n - 1, head :: added)

  reverse(takeAndAdd(list, n, Nil))
```

代码清单 7.21　take 的尾递归实现；对比代码清单 7.8

注意，为了提升代码性能，应使用 "::" 而非 append 来将值添加到累加器中。这样做的结果就是，函数 takeAndAdd 以相反的顺序累积元素，并且累积的列表在返回之前被反转。

库中经常使用的另一种方法是通过在内部使用非函数元素来实现纯函数。可以使用一个带中缀的 ListBuffer 来实现 take，这是一种可变累加器，旨在构建不可变列表：

```scala
def take[A](list: List[A], n: Int): List[A] =
  @tailrec
  def takeAndAdd(list: List[A], n: Int, added: mutable.ListBuffer[A]): List[A] =
    (list, n) match
      case (_, 0) | (Nil, _)  => added.result()
      case (head :: tail, _) => takeAndAdd(tail, n - 1, added += head)

  takeAndAdd(list, n, mutable.ListBuffer.empty[A])
```

代码清单 7.22　take 的基于缓冲区的实现；对比代码清单 7.21

为了将元素添加到累加器中，列表缓冲区通过其方法 "+=" 进行改变。当构建完成时，方法 result 就从可变的缓冲区生成一个不可变的列表，由此回到函数式编程的领域。因为缓冲区支持恒定时间的 append 操作，所以最后不需要反转列表。

最后，如果编辑语言支持，便可始终使用循环代替递归来更新可变缓冲区：

```scala
def take[A](list: List[A], n: Int): List[A] =
```

```
val added = mutable.ListBuffer.empty[A]
var elems = list
var rem = n
while rem > 0 && elems.nonEmpty do
    added += head(elems)
    elems = tail(elems)
    rem -= 1
added.result()
```

代码清单 7.23　take 的基于循环的实现；对比代码清单 7.22

编译后，函数 take 的最后两个变体大体上应该是等效的。虽然代码清单 7.22 和代码清单 7.23 是实现 take 的 "正确" 方法，但在本书的第 I 部分中，我们仍将继续使用 "::" 和不可变累加器(或执行堆栈)来构建列表。这样做是为了让代码显得更清晰。使用可变或隐藏式的编码方式时，会很容易混淆函数式编程概念的表示。

7.10　小结

- 每个递归函数背后都有一个递归等式：给定问题的解决方案等价于同类更小问题解决方案的组合，从而递归求解。记住这些等式，可以高效而正确地设计递归算法。这种方案更看重函数式编程的声明性，将注意力集中在所需的值上，而非计算值时的代码行为。

- 递归等式通常只在输入数据的某个子集上定义。那些不满足等式的值则需要另行处理。通常，这会导致递归函数中出现一个或多个非递归情况。

- 函数式列表形成了一个递归数据结构：一个非空列表由一个值(头)和另一个列表(尾)组成。因此，列表自然而然地适合递归编程。许多操作都可以在列表上实现为对列表尾执行递归调用的函数。除了尾之外，也可对一个或多个子列表进行递归。

- 一些列表函数最终会自然地进行尾递归。其他函数则可能需要重写其原始形式，以实现尾递归。这种重写通常涉及将一个累加器用作函数的附加参数。原始形式的递归函数的简单性和尾递归变体的健壮性之间经常存在取舍。

- 需要构建列表的函数有时可以依赖执行堆栈来存储列表元素，直到构建完成为止。相反，如果需要尾递归，则累加器通常应该通过时间恒定的前期准备工作从头构建列表。从另一端构建列表通常会导致代码的运行时长翻倍。

- 如果从头开始构建了一个反序列表，则可以在构建后将其反转。列表反转所花费的时间与列表的长度成正比。如果这种构建本身的成本翻倍，那么与其按照正确的顺序构建列表，不如在末尾进行额外的反转。

- 如果代码用于处理任意大小的列表，可以使用可变缓冲区和/或可重新分配的变量和循环来构建不可变的列表。只要值的改变仅限于局部变量，函数就仍然是纯的。函数式代码库内部有时依赖于这样的命令式构造，这种情况并不罕见。

第8章

案例研究：二叉搜索树

有序映射可以实现为二叉搜索树。在本案例研究中，树是不可变的，且值需要通过构建新的树来添加或删除。树是递归的(树的子节点本身也是树)，而且大多数树操作都是递归实现的。二叉搜索树只有在平衡性良好(深度不太深)时才有效。本案例重新定义了实现 AVL 树的初始代码，这是一种经典的自平衡策略。

8.1　二叉搜索树

二叉搜索树是一种有根的树，有时用于实现从键到值的映射。键值对组(key-value pair)存储在树的节点中。每个节点最多有两个子节点——左子节点和右子节点，它们本身就是二叉树。

二叉搜索树假设了键的总体顺序，并保持一个不变的属性：任何节点中的键都大于其左子节点中的所有键，并小于其右子节点中的所有键。可用以下算法结合此属性在树中搜索键 k：如果 k 等于根的键，那么根是结果，直接检索相应的值即可；否则，k 小于根键时，使用相同的算法在左树中搜索(如果存在)；k 大于根键时，使用相同的算法在右树中搜索(如果存在)。

这种算法自然也是递归的：树的搜索通过递归搜索子树进行。在节点中找到对应的键(成功)或者到达无子节点键的点(失败)时，搜索结束。许多其他的树操作都是递归的，它们的实现正好印证了前面章节中讨论的递归模式。

二叉搜索树中键查找的基本特性是，仅探索全部节点的某个子节点。因此，搜索的"最坏情况时间复杂性"(worst-case time complexity)受树中最长分支的长度(称为树的高度)所限制。如果一棵树是平衡的，那么它的高度不会超过节点数以 2 为底的对数。这意味着在包含 n 个键的平衡二叉搜索树中查找所花费的时间与 $\log_2(n)$ 成正比。

图 8.1 展示了一棵二叉搜索树，其中包含键 6、20、32、43、51、52、57、60、71、78 和 83，省略了与键相关联的值。如图 8.1 所示，为了搜索键 51，需要先将 51 与 57 进行比较，然后顺着左侧分支，将 51 与 43 进行比较，再沿着右侧分支，找到键 51 的节点。搜索键 79 时，则会将其与 57、71、83 和 78 进行比较，直到查无所获为止。比较的次数等于搜寻时经过的分支的长度。

图 8.1 二叉搜索树

8.2 二叉搜索树的整数集

映射为二叉搜索树的正确实现会定义一个由键和值的类型以及某种排序的概念参数化的树类型，此处的"排序"指的是对用于键的类型进行排序。为了保持代码的清晰性，本案例不使用类型和排序参数化：键是整数，仅通过自然顺序进行比较。此外，所有适当的算法和实现的函数都以"键"而非"值"为中心——存储的值与递归的讨论无关。因此，代码忽略值并只存储键，从而实现一组键，而不是从键到值的映射。

树可以采用与前述示例一样的方式来实现，遵循与代码清单5.8和代码清单6.7相同的模式：

Scala

```scala
enum BinTree:
   case Empty
   case Node(key: Int, left: BinTree, right: BinTree)
```

Empty 是空树；非空树由一个包含 1 个键和 2 个子节点的 Node 组成。缺失的子树表示为空树。设定该类型后，便可通过模式匹配来实现树函数。例如，函数 isEmpty 的代码如下：

Scala

```scala
def isEmpty(tree: BinTree): Boolean = tree match
   case Empty        => true
   case Node(_, _, _)=> false
```

这种方法非常适合函数式编程语言。在混合语言中，当按照函数对象组织时，代码通常更易于阅读，正如之前在代码清单 4.4 中对 active-passive 集合所做的那样。然后，BinTree 类型被实现为一个抽象类，它定义了树上所有可用的方法，Empty 和 Node 分别是空树和非空树的子类型：

Scala

```scala
abstract class BinTree:
   def isEmpty: Boolean
   ... // all other tree functions, as abstract methods

case object Empty extends BinTree:
   def isEmpty = true
```

```
    ... // concrete methods for an empty tree
case class Node(key: Int, left: BinTree, right: BinTree) extends BinTree:
  def isEmpty = false
    ... // concrete methods for a non-empty tree
```

代码没有实现树参数的函数，也没有对该参数使用模式匹配，而是被组织为这两种类型的方法: 函数的 Empty 分支语句变成 Empty 中的方法; Node 实例成为 Node 类中的一个方法。通过使用 case 类，模式匹配仍然可用(就像类型被定义为 enum 一样)，并用于实现 8.4 节中的重新平衡操作。

注意

应该密封 BinTree 类，以防止添加 Node 和 Empty 以外的子类型。此外，Node 类和 Empty 对象应该是私有的，以免创建像 Node(1, Node(2, Empty, Empty)，Empty)这样的无意义树(键 2 应该在根 1 的右边，而不是左边)。在这种格式错误的树上，大多数代码的运行都不正确(前面讨论的搜索算法无法在该树中查找键 2)。尽管在开发实际的库时这些考虑因素很重要，但它们均与递归的讨论无关，递归才是这个案例探究的重点。出于清晰性的考虑，本章中所有的类和方法都是公有的。

8.3 未重新平衡情况下的实现

Empty 对象的实现很简单:

Scala

```
case object Empty extends BinTree:
  def isEmpty = true
  def contains(k: Int) = false

  def size = 0
  def height = 0

  def min = throw NoSuchElementException("Empty.min")
  def max = throw NoSuchElementException("Empty.max")

  def + (k: Int): BinTree = Node(k, Empty, Empty)
  def - (k: Int): BinTree = this

  def toList = List.empty
```

代码清单 8.1 空的二叉搜索树

空树中什么也没有。特别是，它没有最小值和最大值。它的大小和深度为零。方法 "+" (插入)通过创建包含键的单个节点，将键添加到空树中。方法 "−" (删除)返回未更改的空树。树的不可变性在方法"+"和"−"的签名中得到了充分体现，其签名意味着会产生一棵新的树。

Node 类的实现更有趣，特别是在递归的使用方面：

Scala

```scala
case class Node(key: Int, left: BinTree, right: BinTree) extends BinTree:
  def isEmpty = false

  def size = 1 + left.size + right.size
  def height = 1 + (left.height max right.height)

  def min = if left.isEmpty then key else left.min
  def max = if right.isEmpty then key else right.max

  def contains(k: Int) =
    if k < key then left.contains(k)
    else if k > key then right.contains(k)
    else true
```

代码清单 8.2　二叉搜索树上的查询方法

方法 size 的实现如代码清单 6.7 所示，它使用 Empty 和 Node 方法来代替函数。两者的 height 方法几乎相同，但由于树的高度等于其最长分支的长度，因此在 size 中使用 max 代替"+"来组合子对象的高度。若要找到树中的最小值，只需要顺着最左边的分支往下：如果一棵树没有左子树，它的最小值就是它的根；若有，则左子树的最小值就是树中的最小值。对最大值的查询同理[1]。

方法 contains 也遵循上述搜索算法。如果搜索的目标(k)小于节点的键(key)，则要在左子节点中继续搜索它(它不可能在右子节点中)。如果目标较大，则在右侧子对象中进行搜索。如果目标不小也不大，则一定等于节点的键，总之它一定会被找到。递归通过调用 left 或 right 上的方法 contains 来进行。注意，搜索对象可以是节点(继续搜索)或空树(最后的情况)。

下一个要实现的方法是"+"，用于将键插入树中：

Scala

```scala
def + (k: Int): Node =
  if k < key then Node(key, left + k, right)
  else if k > key then Node(key, left, right + k)
  else this
```

代码清单 8.3　在二叉搜索树中插入键

此方法的结构与查询方法 contains 类似。如果要添加的键 k 小于某个节点的键，则需要将其添加到左子节点内部。调用 left + k 会生成新的左子树，其中添加了键 k。这棵新树与现有的未更改的右子节点相结合，以构建一个新的节点。如果插入的键大于某个节点的键，则对右子

---

[1] 在 Scala 中，没有参数的方法可以实现为字段：def size = …可以替换为 val size = …。节点占用的内存将增加，但 size 将成为一个恒定时间的操作。可以针对 height、min 或 max 进行相同的内存/速度权衡。8.4 节中实现的自平衡树在很大程度上依赖于高度的计算，且 height 被设定为 val 而不是 def。

节点做类似处理。如果要添加的键已经存在，则返回的树保持不变。

向树中添加键是一种不修改树的函数式操作。它的输入是未插入 k 的树 Node(key, left, right)，输出是插入 k 之后的新树 Node(key, left＋k, right)。注意，旧树和新树共享内存中的部分数据：它们有相同的右树。事实上，在每一级递归共享一棵树时，插入键之前与之后的树共享它们的所有节点(正在遍历的一个分支除外)。这是持久化数据结构的一个基本属性，前面在 3.7 节的函数式列表中讨论过这一点(特别参见图 3.1)。

如果你已经习惯使用可变类型，就一定要注意下面这个初学者常犯的错误：

Scala

```scala
// DON'T DO THIS!
def + (k: Int): Node =
  if k < key then
    left + k
    Node(key, left, right)
  else if k > key then
    right + k
    Node(key, left, right)
  else this
```

这种实现方法"＋"的方式体现了一种命令式编程思维：假设 left＋k 修改树 left。但是 left＋k 没有副作用。相反，它构建了一棵新的树以处理更大的表达式。这个不正确的变体构建了新树，却没有使用。还要注意，Node(key, left, right)与 this 相同，而构造与现有节点相同的节点没有任何价值。

正如你可能意识到的那样，在树中删除键往往比插入键更棘手。这是因为在移除树根节点后，必须通过某种方式合并左、右子树来构建一棵新树，同时保持键顺序的基本属性：

Scala

```scala
def - (k: Int): BinTree =
  if k < key then Node(key, left - k, right)
  else if k > key then Node(key, left, right - k)
  else if left.isEmpty then right
  else if right.isEmpty then left
  else
    val (minRight, othersRight) = right.minRemoved
    Node(minRight, left, othersRight)

def minRemoved: (Int, BinTree) =
  if left.isEmpty then (key, right)
  else
    val (min, othersLeft) = left.minRemoved
    (min, Node(key, othersLeft, right))
```

代码清单 8.4　在二叉搜索树中删除键

方法"－"与方法"＋"类似，可从左子树或右子树移除目标键 k。然而，情况 k＝key 虽然在插入方法中很简单，在移除方法中却颇具挑战性。移除树根节点后，将留下两棵独立的子树。如果其中一棵子树为空，则可以简单地返回另一棵树，该树包含集合中的所有键。

复杂的情况是最后一个 else 分支：需要移除一棵树的根节点，而左、右子节点都不是空的。在这种情况下，需要从子树中提取一个键，并将其用作新的根节点的键。为了维护二叉搜索树的排序特性，一种常见的策略是关注右子节点的最小键(或者，左子节点的最大键)。右子树的最小键大于左子树中的所有键，且比右子树中的所有其他键都要小。因此，可以将此键用作新的根节点，并使用右子树的剩余键来创建新的右子树。新的根节点的键将大于左子树中的所有键，并且小于新的右子树中的所有键。

提取这个键是方法 minRemoved 的任务，它返回一个对组：树的最小键和没有这个键的树。为了从图 8.1 中的示例树中删除键 57(根节点)，可以将 minRemoved 应用于右子树。这将生成对组(minRight, othersRight)，其中 minRight 为 60，othersRight 为树(见图 8.2)。

然后将 minRight 用作新节点的根，这一新节点的右子树就是 othersRight。左边的子树没有变化。图 8.3 展示了最终的树。

图 8.2　othersRight

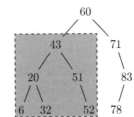

图 8.3　删除图 8.1 中的键 57 后得到的二叉搜索树

为了实现方法 minRemoved，可以使用类似于方法 min 的递归方法。不同之处在于，min 只返回最小值，而 minRemoved 还使用其他值构建一棵树。如果一个节点没有左子节点，那么它的根是树中最小的键，而其右子节点则是移除该键后树剩余的部分。否则，树中最小的键就是左子树中的最小键——与以前一样。移除最小键后，这个左子节点将成为节点的新左子节点。节点的键和右子节点保持不变。

如果需要，还可以构建一个由树中所有键组成的列表。由于二叉搜索树的键顺序特性，若按顺序遍历(左子树，然后是根，然后是右子树)，将生成键的有序列表。这种想法的实现很简单：

Scala

```scala
// DON'T DO THIS!

// in object Empty:
def toList = List.empty

// in class Node:
def toList = left.toList ::: key :: right.toList
```

尽管此方法确实生成了所需的列表，但它的性能因列表连接运算符 "`:::`" 的使用而降低，该运算符花费的时间与第一个操作数的长度成正比(参见代码清单 7.9 中对函数 concat 的讨论)。请记住，由于方法 toList 的递归性质，耗时不是一次性的：连接运算符会在调用 left.toList 和

right.toList 时被再次使用，也会在这些调用的递归调用中被再次使用，等等。为了避免编写这种效率低下的程序，可以在累加器参数中构建列表：

Scala

```scala
// in class BinTree:
def toList: List[Int] = makeList(List.empty)
def makeList(list: List[Int]): List[Int]

// in object Empty:
def makeList(list: List[Int]) = list

// in class Node:
def makeList(list: List[Int]) = left.makeList(key :: right.makeList(list))
```

代码清单 8.5　从二叉搜索树到排序列表的转换

这里添加了一个带有累加器列表的辅助方法 makeList。在不包含键的对象 Empty 中，累加器返回时保持不变。在类 Node 中，递归调用 right.makeList(list)将右子树的所有键添加到列表中。然后，使用 "::" 添加节点的根。最后，对 left.makeList 的另一个递归调用将添加左子树的所有键。注意这里是如何使用 "::" (决不使用 ":::")将所有键添加到列表中的。

之前在 7.9 节中使用这种方法时，结果并不理想：列表按逆序构建，构建后必须反转一次。在二叉搜索树的案例中，可以通过从右到左遍历树来避免反转。用这种方式先添加较大的键，然后添加较小的键。由于键总是被添加到列表的前面，因此你最终会如愿得到按递增顺序排列的列表。

最后，可以为用户提供一个树构建函数。(要强调的是，Node 和 Empty 在实际实现中不会是公有的。)伴生对象定义方法 apply 和 fromSet 以直接从一组键构建树：

Scala

```scala
object BinTree:
  def empty: BinTree = Empty

  def fromSet(keys: Set[Int]): BinTree =
    def makeTree(list: List[Int]): BinTree =
      if list.isEmpty then Empty
      else
        val (left, mid :: right) = list.splitAt(list.length / 2)
        Node(mid, makeTree(left), makeTree(right))

    makeTree(keys.toList.sorted)
  end fromSet

  def apply(keys: Int*): BinTree = fromSet(keys.toSet)
```

代码清单 8.6　为平衡的二叉搜索树设置转换，在代码清单 8.12 中改进

函数 fromSet 先对键进行排序并将其放入一个列表中。把列表的中间值用作树的根键。采用递归的方式构建两棵子树。中间键左侧的值构成左子树，而右侧的值则构成右子树。由于列表已经排序，因此生成的树满足二叉搜索树的键排序特性。此外，由于左列表和右列表的长度最多相差 1，因此你最终会得到一棵平衡性良好的"匀称"的树。方便起见，添加一个带有可变长度参数的函数 apply，以便直接通过枚举键来构建树，如 BinTree(4, 5, 1, 3, 2)。

8.4 自平衡树

代码清单 8.6 中的函数 fromSet 构建了一棵平衡(匀称)的二叉搜索树。然而，一旦在现有树上应用方法 "+" 和 "−"，生成的新树就可能会失衡。一个极端的特例是 fromSet 的替代实现：

Scala

```scala
// DON'T DO THIS
def fromSet(keys: Set[Int]): BinTree =
  var set = empty
  for key <- keys do set += key // i.e., set = set + key
  set
```

如果输入的键集恰好已经排序，则此函数会生成一棵极不平衡的树。通过此实现，表达式 fromSet(BitSet(1, 2, 3, 4, 5)) 会生成一棵如图 8.4 所示的树。

图 8.4　表达式 fromset(BitSet(1, 2, 3, 4, 5))生成的树

在这样一棵"破败"的树上，方法 contains 在时间上不是对数函数，而是线性函数。然而你想要的是始终返回平衡树的方法 "+" 和 "−"。

在讨论二叉树时，通常会涉及两个"平衡"的概念：一个基于树的大小(键的数量)，另一个基于树的高度(最长分支中的节点数量)。如果每个节点都有两个大小/高度(基本)相同的子节点，则树是平衡的。在实现二叉搜索树时，平衡策略通常侧重于高度，因为查找的时间性能取决于分支的长度。就本案例研究的主旨而言，如果一棵树的所有节点的子节点的高度最多相差 1，那么此树可以被认为是平衡的。根据这一定义，图 8.1 所示的树就是平衡的。然而，在移除键 57 之后，所得到的如图 8.3 所示的树就失衡了：节点 71 有一个空的左子节点(高度为 0)和一个高度为 2 的右子节点。

可以使用几种方案来实现保持树平衡的插入和删除操作。其中一种方案被称为 AVL 树，该方案以其发明人 Adelson Velsky 和 Landis 的名字命名[1]。当对 AVL 树应用插入和删除操作时，最终的树仍旧会保持平衡。本章的剩余部分将基于 8.3 节中的代码进行修改，以实现 AVL 树。

AVL 树背后的原理是在插入或删除操作后使失衡的树重新恢复平衡。这种再平衡通过树旋转来实现(见图 8.5)。旋转保持了二叉搜索树的键排序属性——$T_1 << k_1 << T_2 << k_2 << T_3$，因此可以用于重新平衡树。从左到右的旋转用于降低左子树的高度，并提升右子树的高度。从右到左的旋转具有相反的效果。模式匹配使你能轻松地在 Node 类中实现树旋转。

图 8.5　树旋转

```scala
def rotateRight: Node = left match
  case Node(keyL, leftL, rightL) => Node(keyL, leftL, Node(key, rightL, right))

def rotateLeft: Node = right match
  case Node(keyR, leftR, rightR) => Node(keyR, Node(key, left, leftR), rightR)
```

代码清单 8.7　二叉搜索树上的旋转

在 rotateRight 中，图 8.5 中的 k_1、k_2、T_1、T_2 和 T_3 分别为 keyL、key、leftL、rightL 和 right。空树没有模式，永远不需要旋转。

接下来介绍一种用于检测不平衡树的 imbalance 方法：

```scala
// in object Empty:
def imbalance = 0

// in class Node:
def imbalance = right.height - left.height
```

在平衡树上，此方法返回一个介于-1 和 1(包括-1 和 1)之间的值。当添加或删除键时，树的不平衡因子可能达到-2 或 2。例如，图 8.1 中的树节点 71 具有不平衡因子 1。在移除键 60 之后，不平衡因子变为 2，这表示树需要重新平衡。当一棵树的不平衡因子为 2 时，需要考虑以下两种情况：

- 右子树完全平衡或"右重"(其自身不平衡因子为 1)。在这种情况下，一次从右到左的旋转就足以重新平衡树，如图 8.6 所示。

---

1 许多集合框架使用红黑树的概念。红黑树采用了一种更宽泛的平衡概念：保证最长的分支不超过最短分支的两倍。红黑树中的插入和删除操作略比 AVL 树更有效率，但 AVL 树更平衡。

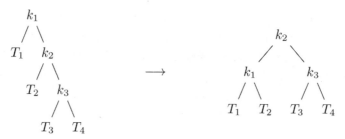

图 8.6   "右重" 情况下的旋转

- 右子树 "左重" (其自身不平衡因子为-1)。在这种情况下，需要进行两次旋转：首先将右子树从左到右旋转，以回到前一种情况，然后进行前文描述的从右到左的旋转，如图 8.7 所示。

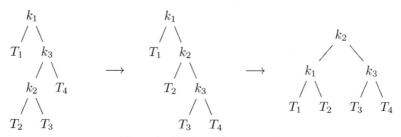

图 8.7   右子树 "左重" 情况下的旋转

一棵树不平衡因子为-2 的情况可按照对称的方式来处理。这种做法在方法 avl 中再次依赖模式匹配的力量来实现：

Scala

```scala
def avl: Node = imbalance match
  case -2 => left.imbalance match
    case 0 | -1 => rotateRight
    case 1      => Node(key, left.rotateLeft, right).rotateRight
  case 2 => right.imbalance match
    case 0 | 1   => rotateLeft
    case -1      => Node(key, left, right.rotateRight).rotateLeft
  case 0 | 1 | -1 => this
```

代码清单 8.8   通过旋转重新平衡二叉搜索树

在实现了平衡方法 avl 的情况下，可稍微修改插入方法("+" 方法)，以始终生成平衡树：

Scala

```scala
def + (k: Int): Node =
  if k < key then Node(key, left + k, right).avl
  else if k > key then Node(key, left, right + k).avl
  else this
```

代码清单 8.9   自平衡二叉搜索树中的键插入操作

与以前相比，唯一的变化是每次构造新节点时都应用方法 avl。left+k 和 right+k 子树是使用相同的 "+" 方法递归构建的，因此可以保证平衡。

对删除方法进行类似的修改，以确保所有新树都是平衡的。这需要同时更改方法 "−" 和 minRemoved：

Scala

```scala
def - (k: Int): BinTree =
  if k < key then Node(key, left - k, right).avl
  else if k > key then Node(key, left, right - k).avl
  else if left.isEmpty then right
  else if right.isEmpty then left
  else
     val (minRight, othersRight) = right.minRemoved
     Node(minRight, left, othersRight).avl

def minRemoved: (Int, BinTree) =
  if left.isEmpty then (key, right)
  else
     val (min, othersLeft) = left.minRemoved
      (min, Node(key, othersLeft, right).avl)
```

代码清单 8.10　自平衡二叉搜索树中的键删除操作；另请参见代码清单 8.11

注意，删除右子树的一个值的操作最多可以使其高度降低 1。换句话说，othersRight.height 等于 right.height 或 right.height−1。因此，如果要让 right.height 尽可能地与 left.height 相等，则 left 的高度和 othersRight 的高度最多相差 1。因此，在这种情况下，Node(minRight, left, othersRight) 一定是平衡的，而对方法 avl 的调用是不必要的。相反，如果要让 left.height 尽可能地与 right.height 相等，则可通过移除左子树中的最大键(而非右子树中的最小键)来构建平衡树。通过始终从最高的树中移除键，可以减少自平衡操作的次数。这就是方法 "−" 的改进实现，其中省略了对 avl 的最后一次调用：

Scala

```scala
def - (k: Int): BinTree =
  if k < key then Node(key, left - k, right).avl
  else if k > key then Node(key, left, right - k).avl
  else if left.isEmpty then right
  else if right.isEmpty then left
  else if left.height > right.height then
     val (maxLeft, othersLeft) = left.maxRemoved
     Node(maxLeft, othersLeft, right) // no call to avl needed
  else
     val (minRight, othersRight) = right.minRemoved
     Node(minRight, left, othersRight) // no call to avl needed
```

代码清单 8.11　自平衡二叉搜索树中的键删除操作；另请参见代码清单 8.10

因为方法 maxRemoved 与方法 minRemoved 类似，所以被省略。

在对本章进行总结之前，不妨先来回顾一下代码清单 8.6 中的函数 fromSet，它从现有集合构建平衡树。尽管之前的实现很好地说明了列表递归和模式匹配，但它在大型集合上效率太低，其原因在于方法 length 所花费的时间与列表的大小成正比，而且 splitAt 需要分配新的列表(参见 7.4 节中对方法 take 的讨论)。可以通过将列表替换为一个具有快速索引的序列(通常是数组)来更有效地重新实现 fromSet：

```scala
def fromSet(keys: Set[Int]): BinTree =
  val keySeq = keys.toIndexedSeq.sorted

  def makeTree(from: Int, to: Int): BinTree =
    if from > to then Empty
    else
      val mid = (from + to) / 2
      Node(keySeq(mid), makeTree(from, mid - 1), makeTree(mid + 1, to))

  makeTree(0, keySeq.length - 1)
```

代码清单 8.12　从集合到二叉搜索树的转换，在代码清单 8.6 的基础上改进而成

该函数遵循与以前相同的算法，但没有显式创建子列表。相反，列表被表示为乱序的索引对。一个依赖于对序列中间元素进行恒定时间访问的辅助函数使用两个整数参数来表示子列表，并从中构建树。函数 makeTree 仍然使用非尾递归，但递归的深度不会超过集合大小的二次对数，这在实际中应该是可以接受的。

8.5　小结

二叉树是一个典型的递归结构，这个结构可以用于演示递归编程。许多操作(如查找和插入)都是通过对子树应用相同的操作来实现的。在一个由空树 Empty 和构造器 Node 定义函数式树的特例里，构造器 Node 可根据两棵子树和根的内容创建一棵新树。这不禁让人想起函数式列表，函数式列表是由空列表 Nil 和 cons 运算符 ":::" 构建的。二者的根本区别在于，一个树节点可以有两个子节点，而非空列表只有一个尾。

在支持模式匹配的语言中，可以将空树当作特例来处理，也可将非空树分解为一个节点值和两个子节点，就像将非空列表分解为头和尾一样。尽管对树的操作可以完全按照使用模式匹配的函数来实现，但在混合语言中，函数式面向对象风格通常是首选的。

函数式的树不能修改，插入和删除操作会产生新的树。然而，进行插入或删除操作之前的树和之后的树之间可以共享许多子树。这再次让人想起已经在列表上下文中讨论过的数据共享。

有些树操作(如删除)比与之对应的列表操作更复杂。虽然移除列表的头后会留下一个作为列表的尾，但移除根后，树的剩余子节点不会形成树，需要以某种方式进行合并。

二叉搜索树通过保留一个可以加快查找速度的键排序属性来扩展二叉树。所有树操作都需要保留此属性，包括删除树根后合并子节点的操作。

　　二叉搜索树只在树处于平衡状态的情况下才能有效查找。虽然平衡树可以很容易地从列表中构建，但进一步的插入和删除操作可能会使树变得不平衡。好在我们已经设计了算法，可以使树在每次插入和删除操作之后保持平衡。本章的案例研究将基本的二叉搜索树扩展为自平衡 AVL 树。再平衡操作的实现很大程度上依赖于递归和模式匹配。

第 9 章
高 阶 函 数

对于以函数为中心的编程范式来说,视函数为一等公民是很自然的事情。在函数式编程中,函数是值,可以存储在变量中并作为参数传递。消耗或产生其他函数的函数被称为高阶函数。通过高阶函数,其他计算可以用强大的方式将计算参数化。

9.1 函数作为值

前面的章节展示了如何将从不可变值到不可变值的纯函数用作构建程序块,以及如何通过组合函数来实现复杂的计算(包括如何通过递归将函数本身组合起来)。尽管纯函数、不变性和递归是必不可少的概念,但许多人仍然认为函数式编程风格的特征是将函数用作值。

为了说明函数作为值的好处,先来看第一个例子,假设需要在列表中搜索一个值。也可以用递归函数来实现这样的查找,此函数类似于第 7 章中的函数:

```scala
def find[A](list: List[A], target: A): Option[A] = list match
  case Nil => None
  case h :: t => if h == target then Some(h) else find(t, target)
```

代码清单 9.1　针对特定目标的列表查找

此函数检查非空列表的头部是否符合目标,如果不符合,则继续在列表的尾部进行搜索。该函数会返回一个选项,以便在找不到目标值的情况下使用。可以使用 find 在列表中查找特定值,如温度的列表:

```scala
val temps = List(88, 91, 78, 69, 100, 98, 70)
find(temps, 78) // Some(78)
find(temps, 79) // None
```

然而,此函数的一个限制是,只有当存在某个等于目标的值时,才能搜索该目标。例如,不能在温度列表中搜索大于 90 的值。当然,可以很容易地针对此需求编写另一个函数:

Scala

```scala
def findGreaterThan90(list: List[Int]): Option[Int] = list match
  case Nil => None
  case h :: t => if h > 90 then Some(h) else findGreaterThan90(t)

findGreaterThan90(temps) // Some(91)
```

但是，如果要搜索高于 80°F 的温度值，该怎么办？可以编写另一个函数，其中，一个整数参数被用来替换固定编码值 90：

Scala

```scala
def findGreaterThan(list: List[Int], bound: Int): Option[Int] = list match
  case Nil => None
  case h :: t => if h > bound then Some(h) else findGreaterThan(t, bound)

findGreaterThan(temps, 80) // Some(88)
```

上述代码更好，但新函数仍然不能用于搜索低于 90°F 的温度值，或以 a 结尾的字符串，或标识为 12345 的项。

注意，函数 find、findGreaterThan90 和 findGreaterThan 惊人地相似。在这 3 种情况下，算法皆相同。实现中唯一变化的部分是 if-then-else 中的测试：第 1 个函数中的 h == target，第 2 个函数中的 h > 90，第 3 个函数中的 h > bound。

不妨编写一个由搜索条件参数化的通用函数 find。然后，诸如"大于 90"或"以 a 结尾"或"标识为 12345 的项"之类的条件可以用作参数。为了实现此函数的 if-then-else 部分，只需要将搜索条件应用于列表的头部以生成布尔值，即需要将搜索条件定义为从 A 到布尔的函数。

可以编写以下这样的函数 find。它将另一个函数用作参数，命名为 test：

Scala

```scala
def find[A](list: List[A], test: A => Boolean): Option[A] = list match
  case Nil => None
  case h :: t => if test(h) then Some(h) else find(t, test)
```

代码清单 9.2　高阶函数 find 的递归实现

参数测试的类型是 A => Boolean，它在 Scala 中表示从 A 到 Boolean 的函数。作为一个函数，test 被应用于列表 h(类型为 A)的头，并产生布尔类型的值(用作 if 条件)。

可以使用新函数 find，先以"大于 90"的搜索条件作为函数，在温度列表中搜索大于 90 的值：

Scala

```scala
def greaterThan90(x: Int): Boolean = x > 90
find(temps, greaterThan90) // Some(91)
```

在最后一个表达式中，不对整数参数调用函数 greaterThan90。相反，将函数本身用作 find 中的一个参数。若要搜索标识为 12345 的项，只需要定义不同的搜索条件：

Scala

```scala
def hasID12345(project: Project): Boolean = project.id == 12345L
find(projects, hasID12345) // project with identity 12345
```

因为 find 以函数为自变量，所以它被称为高阶函数。函数式编程库定义了许多标准的高阶函数，其中一些详见第 10 章。特别要指出的是，方法 find 已经在 Scala 的 List 类型上定义了。前面例子中的两个搜索可以按如下方式编写：

Scala

```scala
temps.find(greaterThan90)
projects.find(hasID12345)
```

从现在起，本章中的代码示例使用标准方法 find，而非早期的用户定义函数。

因为方法 find 将另一个函数作为参数，所以它是一个高阶函数。通过返回作为值的函数，函数也可以是高阶的。例如，不需要实现 greaterThan90，只需要定义一个函数，该函数就可以建立一个搜索条件来查找超出给定界限的温度值：

Scala

```scala
def greaterThan(bound: Int): Int => Boolean =
  def greaterThanBound(x: Int): Boolean = x > bound
  greaterThanBound
```

代码清单 9.3　一个返回函数的函数示例；另请参见代码清单 9.4 和代码清单 9.5

函数 greaterThan 先定义一个函数 greaterThanBound。此函数不应用于任何地方，只是简单地作为值返回。注意，greaterThan 的返回类型为 Int => Boolean，表示从整数到布尔的函数。给定下界 b，表达式 greaterThan(b)是一个函数，它测试整数是否大于 b。可以把它用作高阶函数 find 的参数：

Scala

```scala
temps.find(greaterThan(90))
temps.find(greaterThan(80))
```

如下所示，用类似的方式定义一个函数来生成节点的搜索条件：

Scala

```scala
def hasID(identity: Long): Project => Boolean =
  def hasGivenID(project: Project): Boolean = project.id == identity
  hasGivenID

projects.find(hasID(12345L))
projects.find(hasID(54321L))
```

9.2 柯里化

返回其他函数的函数在函数式编程中很常见，许多语言都为此类函数提供了更便捷的语法：

Scala

```
def greaterThan(bound: Int)(x: Int): Boolean = x > bound
def hasID(identity: Long)(project: Project): Boolean = project.id == identity
```

代码清单9.4　通过柯里化定义的高阶函数示例

greaterThan 看起来是 bound 和 x 这两个参数的函数，但事实并非如此。它只有一个参数——bound，它返回 Int => Boolean 类型的函数；x 实际上是返回的函数的一个参数。

以这种风格编写的函数被称为柯里化(currying[1])函数。柯里化函数使用第一个参数列表，返回另一个使用下一个参数列表的函数，以此类推。可以将 greaterThan 的定义解读为一个接受整数参数 bound 并返回另一函数的函数，返回的函数接受整数参数 x 并返回布尔值 x > bound。换句话说，greaterThan 的返回值是将 x 映射到 x > bound 的函数。

函数式编程语言在很大程度上依赖于柯里化。特别是，柯里化可以用作一种"装置"，将所有函数实现为单参数函数，就像在 Haskell 和 ML 等语言中一样。例如，我们倾向于将加法视为两个参数的函数：

Scala

```
def plus(x: Int, y: Int): Int = x + y // a function of type (Int, Int) => Int
plus(5, 3)                     // 8
```

然而，也可将其视为一个单参数(高阶)函数：

Scala

```
def plus(x: Int)(y: Int): Int = x + y // a function of type Int => (Int => Int)
plus(5)                               // a function of type Int => Int
plus(5)(3)                            // 8
```

柯里化函数在函数式编程中非常常见，因此表示函数类型的=>通常被假设为右关联：Int => (Int => Int)可简写为 Int => Int => Int。例如：

Scala

```
def lengthBetween(low: Int)(high: Int)(str: String): Boolean =
str.length >= low && str.length <= high
```

以上函数类型为 Int => Int => String => Boolean。可以使用它来生成布尔值，如：

Scala

```
lengthBetween(1)(5)("foo") // true
```

---

[1] 这个概念是以逻辑学家 Haskell Curry 的名字命名的，currying(或 curried)这个词有时首字母大写。

还可生成其他函数：

```scala
                                                              Scala
val lengthBetween1AndBound: Int => String => Boolean  = lengthBetween(1)
val lengthBetween1and5: String => Boolean             = lengthBetween(1)(5)

lengthBetween1AndBound(5)("foo")  // true
lengthBetween1and5("foo")          // true
```

在结束关于柯里化的这一节之前，还应该考虑 Scala 特有的一个特性(其他语言出于相同的目的使用了稍微不同的技巧)。在 Scala 中，可以对由大括号分隔的表达式调用单参数函数，而不需要使用额外的括号。所以，与其写：

```scala
                                                              Scala
println({
    val two = 2
    two + two
}) // prints 4
```

不如简单地写：

```scala
                                                              Scala
println {
    val two = 2
    two + two
} // prints 4
```

为了在含有多个参数的情况下使用此语法，可以通过柯里化将多参数函数调整为单参数函数。例如，函数 plus 的柯里化变体可以按如下方式使用：

```scala
                                                              Scala
plus(5) {
    val two = 2
    two + 1
}
```

和之前一样，数值仍然是 8。

Scala 中的许多函数和方法的柯里化都是为了从该语法中获益。之所以在这里引入此语法，是为了从 9.3 节开始讲解一些贯穿全书的示例用法。

9.3　函数字面量

如果要使用 find 这样的高阶函数，则必须单独定义(和命名)诸如 hasID12345 和 greaterThan90 之类的参数函数，这显然极不方便。要知道，对字符串或整数调用函数时，不需要先对值进行定义(并命名)。这是因为编程语言定义了字符串和整数字面量的语法，例如本书代码示例中出现的"foo"和 42。类似地，函数式编程语言在很大程度上依赖于高阶函数，或者函数字面量的语法，函数字面量也称为匿名函数(anonymous function)。函数字面量最常见的形式是 lambda 表达式，人们在提及一种支持函数式编程的语言时，通常都会首先想到 lambda 表达式。

在 Scala 中，lambda 表达式的语法是(v1: T1, v2: T2,...) => expr[1]。这定义了一个带有参数 v1、v2……的函数，返回 expr 生成的值。例如，以下表达式是一个类型为 Int => Int 的函数，表示整数递增 1：

```Scala
(x: Int) => x + 1
```

函数字面量可用于简化对 find 等高阶函数的调用：

```Scala
temps.find((temp: Int) => temp > 90)
projects.find((proj: Project) => proj.id == 12345L)
```

布尔函数"大于 90"和"标识为 12345 的项"被实现为 lambda 表达式，且作为参数直接传递给方法 find。

也可将函数字面量用作其他函数的返回值。因此，除了使用命名的局部函数或柯里化之外，定义 greaterThan 和 hasID 函数的第 3 种方式如下：

```Scala
def greaterThan(bound: Int): Int => Boolean = (x: Int) => x > bound
def hasID(identity: Long): Project => Boolean = (p: Project) => p.id == identity
```

代码清单 9.5　使用 lambda 表达式定义的高阶函数示例

表达式(x: Int) => x > bound 替换了代码清单 9.3 中的局部函数 greaterThanBound。

函数字面量没有名称，并且通常不声明其返回类型。编译器有时可以推断其参数的类型。如下所示，可以省略迄今为止编写的所有示例中的参数类型：

```Scala
temps.find(temp => temp > 90)
projects.find(proj => proj.id == 12345L)

def greaterThan(bound: Int): Int => Boolean = x => x > bound
def hasID(identity: Long): Project => Boolean = p => p.id == identity
```

如今，许多编程语言都有函数字面量的语法。Scala 表达式(temp: Int) => temp > 90 可以用其他语言编写，如下所示：

---

1 lambda 表达式也可通过类型进行参数化，不过本书中并没有使用这样一个更高级的功能。例如，代码清单 2.7 定义了一个类型为(A, A) => A 的函数 first，该函数由类型 A 参数化。它可以写成 lambda 表达式[A] => (p: (A, A)) => p(0)。

```
(int temp) -> temp > 90              // Java
(int temp) => temp > 90              // C#
[](int temp) { return temp > 90; }   // C++
{ temp: Int -> temp > 90 }           // Kotlin
fn temp: int => temp > 90            // ML
fn temp -> temp > 90 end             // Elixir
function (temp) { return temp > 90 } // JavaScript
temp => temp > 90                    // also JavaScript
lambda { |temp| temp > 90 }          // Ruby
-> temp { temp > 90 }                // also Ruby
(lambda (temp) (> temp 90))          // Lisp
(fn [temp] (> temp 90))              // Clojure
lambda temp: temp > 90               // Python
```

　　lambda 表达式的一个或多个参数可以是复合类型。例如，假设有一个对组列表*(date, temperature)*，并且需要找到 1 月、2 月或 3 月中大于 90°F 的温度值，可以在对组上使用 find 和 lambda 表达式：

Scala

```
val datedTemps: List[(LocalDate, Int)] = ...
datedTemps.find(dt => dt(0).getMonthValue <= 3 && dt(1) > 90)
```

　　该测试检查一个对组中的第 1 个元素(日期)是否在一年的前 3 个月，以及该对组中的第 2 个元素(温度值)是否大于 90。

　　支持模式匹配的语言通常支持在 lambda 表达式中使用模式匹配。在前面的示例中，可以使用模式匹配从一个对组中提取日期和温度值，而非 dt(0)和 dt(1)：

Scala

```
datedTemps.find((date, temp) => date.getMonthValue <= 3 && temp > 90)
```

　　这比使用 dt(0)和 dt(1)的变体更具可读性。

　　还可使用一个更复杂的模式。在 Scala 中，一系列用大括号括起来的案例模式也定义了一个匿名函数。例如，如果列表中包含带可选日期的温度值，而没有带日期的温度值不符合条件，则可以使用以下代码搜索前 3 个月内大于 90°F 的温度值[1]：

Scala

```
val optionalDatedTemps: List[(Option[LocalDate], Int)] = ...

optionalDatedTemps.find {
    case (Some(date), temp) => date.getMonthValue <= 3 && temp > 90
    case _                  => false
}
```

---

　　1 在这里，我必须承认 Scala 语法一开始可能会有点难懂。与代码块一样，调用 f({...})可以省略多余的括号，并写成 f{...}。你一旦明白它是对使用模式匹配定义的函数字面量上的高阶方法的调用，并且删除了一对不必要的括号，这个例子瞬间就变得清晰了。

9.4 函数与方法

到目前为止，本书中的函数(function)和方法(method)这两个词几乎是通用的。现在是时候讨论两者之间的差异了。方法通常被定义为与目标对象相关联的函数：如 x.m(y)，它用参数 y 调用对象 x 上的方法 m。x.m(y)与 f(x, y)没有太大区别，后者在 x 和 y 上调用函数 f。这种区分函数和方法的方式有一个前提：二者都是用于封装行为(代码块)的机制。

然而，一旦函数变为值，情况就大不一样了。在本书中，方法和函数之间更有意义的区别在于函数在函数式编程中是值，而方法不是面向对象编程中的对象。在 Scala 这样的混合语言中，函数是对象，而方法不是。可以显式构建一个常规对象，而非函数字面量(temp: Int) => temp > 90。此对象将实现为 Function 类型：

Scala

```
object GreaterThan90 extends Function[Int, Boolean]:
  def apply(x: Int): Boolean = x > 90
```

Int => Boolean 是 Function[Int, Boolean]类型的语法糖。此类型定义了方法 apply，该方法会在应用某函数时被调用。表达式 temps.find(GreaterThan90)可以替代 temps.find(temp => temp > 90)来执行相同的计算[1]。GreaterThan90 是一个定义函数的对象，而非一个方法。作为对比，如下代码：

Scala

```
def greaterThan90(x: Int): Boolean = x > 90
```

定义方法 greaterThan90，而非函数。

但随后，事情变得更加复杂。之前确实编写过 temps.find(greaterThan90)来搜索温度列表，就好像 greaterThan90 是一个对象，但事实并非如此。这是可能的，因为该语言实现了方法和函数之间的桥梁。2.5 节曾讨论过扩展方法，扩展方法是一种使函数看起来像方法的机制。此处需要的是一个相反方向的转换，以便将方法用作函数。

此类转换被称为 η 转换(η-conversion)。在 λ 演算中，它用于表明 f 和 $\lambda x.fx$ 之间的等价性。简言之，可以把它看作 greaterThan90 和 x => greaterThan90(x)之间的等价。作为计算单元，两者执行相同的任务，即判断一个整数是否大于 90。考虑到 find 的参数必须具有 Int => Boolean 类型，并且 greaterThan90 是一个从 Int 到 Boolean 的方法，表达式 temps.find(greaterThan90)的目的非常明确，并且编译器能够插入必要的 η 转换。

其他语言使用类似的转换方式，以便通过方法创建函数，有的语法更简明。例如，在 Java 中，lambda 表达式 x -> target.method(x)可被替换为方法引用 target::method。Kotlin 使用了类似的语法。

---

1 在 JVM 语言中，匿名函数通常通过单独的机制来编译，但作为一个函数，对象 GreaterThan90 在概念上等同于早期的 lambda 表达式。

9.5　单一抽象方法接口

在混合语言中，函数是对象，lambda 表达式被用作创建此类对象的快捷方式。事实上，lambda 表达式的语法非常便捷，以至于许多语言都支持使用它来创建非函数类型的实例。

单一抽象方法(SAM)接口是一个只能包含一个抽象方法的接口。例如，在 Scala 中，类型 Function[A, B](或者等价形式 A=>B)是一个只有一个抽象方法的 SAM 接口。之前在代码示例中使用 lambda 表达式来创建 Function[A, B]的实例，但事实证明，所有 SAM 类型都可以使用 lambda 表达式来实例化，即使是那些与函数无关的类型：

Scala

```scala
abstract class Formatter:
  def format(str: String): String
  def println(any: Any): Unit = Predef.println(format(any.toString))
```

类 Formatter 只定义抽象方法 format，因此它是 SAM 接口。可以使用 lambda 表达式来实现以下代码：

Scala

```scala
val f: Formatter = str => str.toUpperCase
f.println(someValue)
```

注意 println 方法是如何在对象 f 上调用的，而对象 f 是以 lambda 表达式定义的。这之所以可行，仅仅是因为 f 是用 Formatter 类型声明的；表达式(str => str.toUpperCase).println("foo")是没有意义的。

许多 Java 接口都可以实现为 lambda 表达式，尽管它们比 Java 的 lambda 表达式语法出现得更早，并且与函数式编程几乎没有关系：

Scala

```scala
val absComp: Comparator[Int] = (x, y) => x.abs.compareTo(y.abs)

val stream: IntStream = ...
val loggingStream: IntStream = stream.onClose(() => logger.info("closing stream"))
```

Comparator 是一个带有抽象方法 compare 的 Java 2 SAM 接口。流方法 onClose 使用 Runnable 类型的单一参数，这是一个带有抽象方法 run 的 Java 1 SAM 接口。Comparator 和 Runnable 都可以实现为 lambda 表达式。

9.6　部分应用

除了 lambda 表达式、柯里化和 η 转换，部分应用(partial application)是另一种用于创建函数值的机制。Scala 中采用下画线 "_" 来代替表达式的一部分。这样将会生成一个函数，当应用该函数时，就会用下画线替换给定表达式中的参数。例如，下面的代码会在摄氏温度列表中搜索大于 90(华氏度)的温度值：

Scala

```scala
celsiusTemps.find(temp => temp * 1.8 + 32 > 90)
```

可以通过在表达式 temp * 1.8 + 32 > 90 中将 temp 替换为下画线来构建所需的函数参数，而不是用 lambda 表达式：

Scala

```scala
celsiusTemps.find(_ * 1.8 + 32 > 90)
```

表达式 _ * 1.8 + 32 > 90 表示一个布尔函数，它将 temp 映射到 temp * 1.8 + 32 > 90，就像 lambda 表达式 temp => temp * 1.8 + 32 > 90 定义的函数一样。先前使用 lambda 表达式编写的搜索可以用部分应用代替：

Scala

```scala
temps.find(_ > 90)
projects.find(_.id == 12345L)
```

通过在同一表达式中使用多条下画线，可以将部分应用推广到多参数函数。例如，_ * 1.8 + 32 > _ 是一个双参数函数，用于对摄氏温度与华氏温度进行比较，_.id == _ 是一类可以接受目标和标识并检查目标是否具有指定标识的函数[1]。

部分应用很容易被滥用。使用 lambda 表达式时给参数命名(有时则是规定类型)，通常可以让代码更易于阅读。与较短的 _.id == 12345L 相比，较长的表达式 project => project.id == 12345L 更能清晰地表明搜索目标，而(project, id) => project.id == id 比 _.id == _ 更易于阅读。

关于作用域

在程序中引入变量后，变量的名称将与该变量的值绑定。程序中存在此绑定的部分称为声明的作用域。不同编程语言的作用域规则各不相同。因为几乎所有的语言都依赖于静态(或词法)范围，所以事务的状态要比过去稍微简单一些。只有少数语言继续使用一种形式的动态(或后期绑定)作用域。然而，许多主流的语言以不同的方式实现其静态作用域，因此仍然需要谨慎地对待它们。

以下 Scala 程序涉及多个作用域：

Scala

```scala
var str: String = ""

def f(x: Int): Int =
  if x > 0 then
    val str: Int = x - 1
    str + 1
```

---

1 要小心，因为语言之间的细节不同。例如，在 Scala 中，"_+_" 是一个双参数加法函数，而在 Kotlin 中，it+it 是一个单参数加倍函数。在 Elixir 中，&(&1+&2)是双参数加法函数，而&(&1+&1)是单参数加倍函数。

```
else
  val x: String = str.toUpperCase
  x.length
```

最外层的作用域定义了一个类型为 String 的变量 str。函数 f 的主体创建了自己的作用域，其中定义了 Int 类型的变量 x(函数的参数)。构成 then 部分的代码块具有自己的作用域，其中声明了 Int 类型的新变量 str。类似地，else 块在自己的作用域中定义了一个类型为 String 的新变量 x。所有的变量不存在于其作用域之外：在函数 f 之外，变量 str 是第 1 行的字符串，并且没有名为 x 的变量。

内部作用域中声明的变量 str 和 x 遮蔽了外部作用域中具有相同名称的变量。Java 禁止这种遮蔽，并强制用户为 then 和 else 块中声明的变量选择不同的名称。

虽然通常情况下，每个代码块都有自己的作用域，但并不是所有的语言都遵守这一规则。例如，JavaScript 和 Python 为函数体引入了一个新的作用域，但没有为条件语句的 then 和 else 分支或循环体引入。如果你习惯了更主流的作用域界定规则，就不太能接受这一点。例如，在以下 Python 程序中：

```
——————————————————————————————— Python ——
x = 1

def f():
  x = 2
  if x > 0:
    x = 3
    y = 4
  print(x) # prints 3
  print(y) # prints 4

f()
print(x) # prints 1
print(y) # error: name 'y' is not defined
```

函数 f 的主体定义了自己的作用域，但 if 内部的代码块并没有。相反，x=3 是对函数作用域中声明的变量 x 的赋值(用 2 初始化)，y=4 在同一作用域中引入了变量 y。特别是，这个变量 y 在 if 语句之后继续存在，并且保留了值 4。函数 f 内部的 print(x)语句输出在函数作用域内的变量 x 的值，即 3，而函数 f 外部的 print(x)语句输出最外层作用域内变量 x 的值，也就是 1。最后的 print(y)语句触发了错误，因为没有在函数作用域之外声明 y 变量。此行为在 JavaScript 中是相同的，与 Scala 进行对比：

```
——————————————————————————————— Scala ——
var x = 1

def f() =
  var x = 2
  if x > 0 then
    var x = 3
```

```
        var y = 4
    println(x) // prints 2
    println(y) // rejected at compile-time

f()
println(x) // prints 1
println(y) // rejected at compile-time
```

现在大多数语言都使用静态作用域，不同的编程语言结构引入了不同的新作用域。相比之下，动态作用域更容易出错，而且已经不那么流行了。它在最初的 Lisp 中使用，并且在该语言的现代变体中仍然可用。它也用于一些脚本语言，最著名的是 Perl 和各种 Bourne Shell 实现。

举个例子，以下这个 Scala 程序遵循静态作用域规则：

```
                                                                    ── Scala ──
var x = 1

def f() =
    x += 1
    println(x) // prints 2

def g() =
    var x = 10
    f()

g()
println(x) // prints 2
```

函数 g 定义局部变量 x，然后调用 f。然而，函数 f 内部使用的变量 x 是在程序的第 1 行中声明的变量，这也是定义函数 f 的作用域中的变量。函数 g 内部以相同名称定义的局部变量不起任何作用。对于用 Java、Kotlin、C 或使用静态作用域的任何一种语言编写的等价程序而言，其行为都是相同的。

将此与以下 Bash 实现进行对比：

```
                                                                    ── Bash ──
x=1

f() {
    (( x++ ))
    printf "%d\n" $x # prints 11
}

g() {
    local x=10
    f
}

g
printf "%d\n" $x # prints 1
```

在 Bash 中，函数 f 内部使用的变量 x 不是定义 f 的作用域中的变量，而是调用函数 f 的作用域内的变量。这个变量等于 10，并已递增到 11。程序开始时声明的变量 x 从未被修改过。

借助局部变量，动态作用域可覆盖全局变量，从而更改函数的运行。这一点有时很有用，在 Scala 中也可通过隐式参数实现类似操作。例如，通过重用 9.5 节中的 Formatter 类型，可以定义一个函数来输出作用域中带默认格式化程序的对象：

Scala

```scala
def printFormatted(any: Any)(using formatter: Formatter): Unit =
    formatter.println(any)

printFormatted("foo") // uses the default formatter in scope (there must be one)
```

在一个函数或任何引入其自身作用域的代码块中，可以指定不同的格式化程序：

Scala

```scala
given UpperCaseFormatter: Formatter = str => str.toUpperCase

printFormatted("foo") // prints "FOO"
```

这种技术恢复了动态作用域的一些灵活性，而且安全得多：顾名思义，函数 printFormatted 允许本地格式化程序影响其运行。

除了本书第 II 部分中的少许示例，本书中的大多数代码示例都不太依赖隐式参数。尤其是 Scala，它倾向于使用隐式参数来指定执行并行活动的线程池。

9.7 闭包

先来回顾一下代码清单 9.3 中函数 greaterThan 的第一个实现：

Scala

```scala
def greaterThan(bound: Int): Int => Boolean =
    def greaterThanBound(x: Int): Boolean = x > bound
    greaterThanBound
```

可以将不同的值代入 greaterThan，以生成不同的函数。例如，greaterThan(5)是一个测试数字是否大于 5 的函数，而 greaterThan(100)是一个检测数字是否大于 100 的函数：

Scala

```scala
val gt5 = greaterThan(5)
val gt100 = greaterThan(100)

gt5(90) // true
gt100(90) // false
```

需要思考的问题是：gt5(90)是将 90 与 5 进行比较，而值 5 从哪里来？将 5 推入执行堆栈中，并将其用作调用 greaterThan(5)的局部变量 bound，但此调用已经完成，并且该值已从堆栈中移除。事实上，另一个调用已经发生，并且局部变量 bound 等于 100。尽管如此，gt5(90)是与 5 相比，而不是与 100 相比。出于某种原因，变量 bound 的值 5 是在调用 greaterThan(5)时捕获的，然后存储为函数 gt5 的一部分。

关于这一现象的术语有些模糊，但大多数资料来源将闭包定义为与捕获数据相关的函数[1]。当一个函数(如 greaterThanBound)在其主体中使用参数以外的变量时，必须捕获这些变量才能创建函数值。

有时，函数式编程语言会把闭包当作向函数添加状态的一种方式。例如，可以通过存储以前计算的输入和输出来"存储"(缓存的一种形式)函数：

```scala
                                                                    Scala

def memo[A, B](f: A => B): A => B =
  val store = mutable.Map.empty[A, B]

  def g(x: A): B =
    store.get(x) match
      case Some(y) => y
      case None =>
        val y = f(x)
        store(x) = y
        y

  g
```

代码清单 9.6　使用闭包的内存存储；另请参见代码清单 12.2

函数 memo 是一个高阶函数。它的自变量 f 是 A => B 类型的函数，输出是另一个相同类型的函数 g。函数 g 在函数上等价于 f(它们计算相同的东西)，但 g 会把计算所得的每个值都存储到一个映射中。在调用输入 x 时，函数 g 会先查找映射，查看是否已经计算出值 f(x)，如果值算出来了，则返回该值。否则，将使用函数 f 计算 f(x)，并在返回之前将值存储在这个映射中。如下代码旨在对某个函数使用 memo 以生成该函数的存储版：

```scala
                                                                    Scala

val memoLength: String => Int = memo(str => str.length)

memoLength("foo") // invokes "foo".length and returns 3
memoLength("foo") // returns 3, without invoking method length
```

函数 memoLength 是一个将字符串转换为整数的函数。例如，str => str.length 函数用于统计字符串的长度并存储它。第一次调用 memoLength("foo")时，该函数会调用字符串"foo"的方法 length，存储 3，然后返回 3。如果再次调用 memoLength("foo")，则直接返回值 3，而不调用字符串的方法 length。另外，调用 memo(str => str.length)将创建一个带有自己的 store 映射的新闭包。

---

1 术语"闭包"有时仅用于指代数据，或指代捕获现象本身。"闭包"一词来源于 λ 演算，诸如 greaterThanBound 这样的函数是由一个包含自由变量 bound 的开项(open term)表示的，并且需要闭合(closed)才能表示实际函数。

闭包捕获的是词法环境。此环境包含封闭类的函数参数、局部变量和字段(如果有的话):

```scala
def logging[A, B](name: String)(f: A => B): A => B =
   var count = 0
   val logger = Logger.getLogger("my.package")

   def g(x: A): B =
      count += 1
      logger.info(s"calling $name ($count) with $x")
      val y = f(x)
      logger.info(s"$name($x)=$y")
      y

   g
```

代码清单 9.7　在闭包中写入的函数示例

　　与 memo 一样,函数 logging 以 a=>B 类型的函数作为参数,并生成另一个相同类型的函数。返回的函数在功能上等同于输入函数,但添加了日志信息,其中包含每个调用的输入和输出以及调用次数:

```scala
val lenLog: String => Int = logging("length")(str => str.length)

lenLog("foo")
// INFO: calling length (1) with foo
// INFO: length(foo)=3

lenLog("bar")
// INFO: calling length (2) with bar
// INFO: length(bar)=3
```

　　为了实现这一点,返回的闭包 g 需要维护对参数 name 和 f 的引用,以及对局部变量 count 和 logger 的引用。

　　注意,变量 count 是在调用闭包时修改的。写入闭包也许是一种强大的机制,但同时充满了风险:

```scala
// DON'T DO THIS!
val multipliers = Array.ofDim[Int => Int](10)

var n = 0
while n < 10 do
   multipliers(n) = x => x * n
   n += 1
```

这段代码试图创建一个乘法函数的数组：用 Int => Int 类型的函数(定义为 x => x * n)填充数组。其思路是让 multipliers(i)等价于 x => x * i——一个将其参数乘以 i 的函数。然而，正如代码所示，该实现根本不可行：

Scala

```
val m3 = multipliers(3)
m3(100) // 1000, not 300
```

数组中存储的所有函数都在变量 n 上闭合并共享它。由于 n 在循环结束时等于 10，因此数组中所有函数的参数都会乘以 10(至少直到 n 被修改时)。包括 Java 在内的一些语言强调安全性而不是灵活性，不允许修改闭包中捕获的局部变量。

与其他形式的隐式引用(如内部类)一样，闭包容易引起意外的共享并导致棘手的错误，对此，须格外注意。在闭合可变数据时尤其如此。与往常一样，强调不变性往往会产生更安全的代码。

9.8 控制反转

在更广泛的控制反转概念中讨论高阶函数的情况并不少见。当使用高阶函数时，控制流会从调用方转至被调用方，后者将函数参数用作对调用方的回调。

若要在温度列表中搜索大于 90 的值，可以使用本章前面介绍的递归函数 findGreaterThan90，或基于循环的等效函数：

Scala

```
def findGreaterThan90(list: List[Int]): Option[Int] =
  var rem = list
  while rem.nonEmpty do
    if rem.head > 90 then return Some(rem.head) else rem = rem.tail
  None
```

无论使用递归还是循环，都会查询列表的值(头和尾)，但控制流仍在函数 findGreaterThan90 中。如果使用表达式 temps.find(greaterThan90)，则不再查询列表中的值。函数 find 现在负责控制流，并可能用到递归或循环——这取决于它自己的实现。该函数会对测试函数 greaterThan90 进行回调。

与命令式编程相比，函数式编程显得更抽象、更具说明性，这也是控制流从程序代码转为库代码的原因之一。然而，一旦很好地理解了高阶函数，就可以运用它们进行便捷的抽象，以提高工作效率并减少调试需求。使用 find 这样的方法，不仅可以把实现循环的三四行代码所需的编写时间节省下来，更重要的是，还可以消除出错的风险。

9.9　小结

- 函数式编程的一个典型的特点是将函数用作值。函数不仅可以存储在数据结构中，还可以作为参数传递给其他函数，或者作为其他函数的值返回。将函数作为自变量或将返回函数作为值的函数被称为高阶函数。

- 将函数作为参数传递给其他函数，使你能通过函数参数的行为对高阶函数进行参数化——例如，通过搜索条件对搜索方法进行参数化。

- 为了方便地实现和使用高阶函数，许多编程语言都针对函数字面量(即计算函数值的表达式)提供了一种语法。其形式多样，lambda 表达式便是其中一种很常见的语法，根据参数和返回值来定义匿名函数。

- 柯里化函数会使用它的第一个参数(或参数列表)，并返回另一个将使用其剩余参数(或参数列表)的函数。通过柯里化，一个使用单列表的但参数较多的函数可以转换为使用多列表的但参数较少的函数。这有助于部分(而非全部)原始参数的应用。

- 在结合了面向对象和函数式编程的混合语言中，函数值往往以对象的形式出现，并且通过调用对象的方法来应用函数。因此，函数和方法在概念上是不同的：函数是包含方法的对象。注意，方法和函数都可以是高阶的。

- 混合语言使用语法来连接方法和函数，特别是基于方法中定义的代码来构建函数值。一个例子是方法引用：obj::method 表示 Java 中的函数 x -> obj.method(x)。另一个例子是隐式转换：obj.method 由 Scala 编译器根据上下文转换为 x => obj.method(x)。

- 部分应用是另一种用于生成函数的快捷机制。它依赖于占位符(例如，Scala 和 Kotlin 中的 "_")，可以从任意表达式中生成函数，被认为是柯里化的推广。

- 通常，在混合语言中，用于实现函数字面量(lambda 表达式、方法引用、部分应用等)的语法被用来创建具有单个抽象方法的接口和抽象类的 SAM 接口的实例。这导致你频繁使用 lambda 表达式来替代一些更详细的机制(如匿名类)，且独立于函数式编程模式。

- 若函数值是由引用参数之外的变量的函数或方法生成的，那么编译器需要构造闭包。闭包可将正在创建的函数与捕获这些变量的词法环境相关联。若想让函数值在其定义域之外可用，这一点必不可少。

- 使用高阶函数编程时通常会涉及一种控制反转形式。控制流被嵌入一个高阶函数中，然后该函数将参数用作对调用方代码的回调。一旦掌握了它，就掌握了一种有效的编程风格，但生成的代码更抽象。对于习惯于命令式编程的程序员来说，这可能需要一段时间来适应。

第 10 章
标准高阶函数

通常，函数式编程库是实现一组核心模式的高阶函数的公共集合。开发人员还可以实现自己的高阶函数，以便为用户提供一些标准模式。特别有趣的是 filter、map 和 flatMap，它们有着深厚的理论基础，并且在某些语言中有专门的语法支持。简单起见，本章中的大多数代码示例都集中在列表和选项上，但高阶函数通常还可用于许多其他类型。

10.1 带有谓词参数的函数

第 9 章曾使用函数 find 来引入高阶函数的主题——该函数以测试函数为参数，并搜索满足测试的元素。find 的函数参数是一个布尔函数，也称为谓词。本节探讨使用谓词参数的其他标准高阶函数。正如之前对 find 所做的那样，下面将根据 Scala 中可用的相应方法讨论函数。

函数 find 搜索满足布尔测试的元素，并将其作为选项返回。有时，只需要知道这样一个元素是否存在，而不需要获取元素本身。函数 exists 的作用正是如此：

Scala

```scala
val temps = List(88, 91, 78, 69, 100, 98, 70)

temps.exists(_ > 90) // true
temps.exists(_ > 100) // false
```

函数 exists 对应于逻辑中的存在量词(∃)。全称量词(∀)可用下面的函数 forall 表示：

Scala

```scala
temps.forall(temp => 32 <= temp && temp <= 100) // true
```

请记住，在一个空结构上，exists 总是为假，forall 总是为真：

Scala

```scala
Some("foo").exists(_.endsWith("o")) // true
Some("foo").forall(_.endsWith("o")) // true
Some("bar").exists(_.endsWith("o")) // false
Some("bar").forall(_.endsWith("o")) // false

None.exists((proj: Project) => proj.id == 12345L) // false
None.forall((proj: Project) => proj.id == 12345L) // true <- BE CAREFUL HERE!
```

最后一种情况也是最有可能让粗心开发人员出错的情况。

函数 exists 和 forall 只告知部分或全部元素是否具有所需属性。在需要更精确地知道有多少值满足条件的情景中，可以改用函数 count：

Scala

```scala
temps.count(_ > 90) // 3
```

如果列表 temps 表示随时间变化的温度，则可以使用 count 来计算温度上升的次数：

Scala

```scala
val ups = temps.sliding(2).count(pair => pair(1) > pair(0)) // 2
```

表达式 temps.sliding(2)产生一个由两个连续的温度值组成的滑动窗口：88 和 91、91 和 78、78 和 69 等。值 ups 计算这些对组(pair)中有多少对的第二个数大于第一个数，这里是两对(88 和 91、69 和 100)。

当满足给定属性的值的数量信息不充分且需要值本身时，使用 filter：

Scala

```scala
temps.filter(_ > 75) // List(88, 91, 78, 100, 98)
```

Scala 还有一个 filterNot 方法，该方法用于反转其测试。若要区分具有和不具所需属性的值，可以使用 partition 在单次遍历中生成这两个集合，这通常比先调用 filter，再调用 filterNot 的方案更有效：

Scala

```scala
temps.filterNot(_ > 75) // List(69, 70)
temps.partition(_ > 75) // (List(88, 91, 78, 100, 98), List(69, 70))
```

代码清单 7.20 中的快速排序实现可以通过将用户定义的函数 splitPivot 替换为对 partition 的调用来简化：

Scala

```scala
def quickSort(list: List[Int]): List[Int] = list match
    case Nil          => list
    case pivot :: others =>
      val (low, high) = others.partition(_ < pivot)
      quickSort(low) ::: pivot :: quickSort(high)
```

代码清单 10.1   使用 partition 进行快速排序

同样，takeWhile 和 dropWhile 是另一对使用谓词的高阶函数。它们与 filter 和 filterNot 相似，但不同：

Scala

```scala
temps.takeWhile(_ > 75) // List(88, 91, 78)
temps.dropWhile(_ > 75) // List(69, 100, 98, 70)
```

函数 takeWhile 从列表的前面获取元素——只要它们满足测试。一旦遇到一个未通过测试的元素(或者列表已用完)，函数就会停止。当测试温度是否大于 75 时，takeWhile 会输出 88、91 和 78，并在遇到 69 时停止。相比之下，filter 会跳过值 69，继续输出 100 和 98。与 drop(参见代码清单 7.6)一样，dropWhile 不需要在内存中分配新的列表。因此，可以使用 dropWhile 实现高效查找：

Scala

```scala
def find[A](list: List[A], test: A => Boolean): Option[A] =
    list.dropWhile(!test(_)).headOption
```

代码清单 10.2　使用 dropWhile 实现 find

dropWhile 返回的列表从满足测试的第一个元素开始，如果没有找到这样的元素，则为空。函数 headOption 将列表的头作为一个选项返回，并通过返回 None 来处理空列表。

与 partition 组合 filter 和 filterNot 的方式相同，当需要对同一谓词同时输出 takeWhile 和 dropWhile 时，可以使用函数 span。例如，若要构建一个列表，其中不大于 75 的第一个温度值已被 0 取代，可以使用以下表达式：

Scala

```scala
temps.span(_ > 75) match
    case (all, Nil) => all
    case (left, _ :: right) => left ::: 0 :: right
```

temps 就是列表[88, 91, 78, 69, 100, 98, 70]。列表 left 与 takeWhile(_ > 75): [88, 91, 78]返回的列表相同。第二个列表就像是用 dropWhile(_ >75)获得的，它从 69 开始。而它的尾(列表 right)是[100, 98, 70]。综上所述，代码生成了列表[88, 91, 78, 100, 98, 70]。如果 temps 中的所有值都大于 75，则第一个模式将生成一个完整而不变的列表(all = temps)。

10.2　映射和遍历

10.1 节讨论的所有高阶函数都使用了谓词参数。其他标准的高阶函数将非布尔函数用作参数。函数 map 和 foreach 采用一个具有任意返回类型的函数，并将其应用于结构中的所有元素。两者的区别在于，map 生成一个由应用函数结果组成的结构，而 foreach 应用函数的目的是实现副作用，并忽略返回值。

例如，可以使用 map 将华氏温度列表转换为摄氏温度列表：

Scala

```scala
temps.map(temp => ((temp - 32) / 1.8f).round) // List(31, 33, 26, 21, 38, 37, 21)
```

使用中的函数的返回类型决定了所返回集合中元素的类型：

Scala

```scala
temps.map(temp => if temp > 72 then "high" else "low")
// List("high", "high", "high", "low", "high", "high", "low")
```

```
temps.map(temp => (72, temp - 72))
// List((72,16), (72,19), (72,6), (72,-3), (72,28), (72,26), (72,-2))
```

　　因为 temps 是列表，所以本例中的字符串和对组会作为列表返回。如果将温度值存储在一个数组中，temps.map 将生成一个数组。方法 map 在 Scala 中的许多类型上都可用：

Scala

```
Set(0.12, 0.35, 0.6).map(1.0 - _) // Set(0.88, 0.65, 0.4)
Some("foo").map(_.toUpperCase)    // Some("FOO")
```

　　鉴于某些集合对某些类型没有意义，map 可能会返回不同类型的结构：

Scala

```
"foo".map(_.toInt)                // IndexedSeq(102, 111, 111)
BitSet(12, 35, 60).map(_ / 100.0) // SortedSet(0.12, 0.35, 0.6)
```

　　字符串是一个字符序列，而整数序列不是字符串，因此整数序列必须使用类型不同的(索引)序列。类似地，位集只对整数有意义，因此必须选择类型不同的(已排序的)集来包含浮点数。

　　如果只想要函数的副作用，而不关心其返回值，则可以使用 foreach 代替 map：

Scala

```
val out: DataOutputStream = ...
temps.foreach(temp => out.writeInt(temp))
```

　　函数 foreach 会像 map 一样将给定的函数应用于结构中的所有元素。不同之处在于，foreach 不返回任何内容——其返回类型是 Unit。注意，temps.map(temp => out.writeInt(temp))会将所有温度值写入输出流，但也会生成一个由方法 writeInt 返回的 unit 值列表，该列表在 Java 中是 void——每个写入的温度值都有一个这样的列表。这种列表是无用的，但是如果没有编译器优化，就必须创建此类列表并进行垃圾回收。

　　也可以使用 foreach 应用返回值有意义的函数，但这些值仍会被忽略：

Scala

```
val writer: Writer = ...
temps.foreach(temp => writer.append(temp.toString).append('\n'))
```

　　即使方法 append 返回编写器(writer)本身，对 foreach 的调用也会返回 unit。若使用 map 代替 foreach，则会生成一个对编写器无意义的引用列表。

10.3　flatMap

　　函数 flatMap 是 map 的一种变体，它"压平"了正在生成的值：

```scala
                                                                    Scala
List(1, 2, 3).map(x => List(x, x, x))
// List(List(1, 1, 1), List(2, 2, 2), List(3, 3, 3))

List(1, 2, 3).flatMap(x => List(x, x, x))
// List(1, 1, 1, 2, 2, 2, 3, 3, 3)
```

flatMap 的作用很容易理解，而相对较难理解的是其意义。只要用过 flatMap，就会意识到它可能是标准高阶函数中最强大、最有用的函数。函数 flatMap 是一个基本操作。尤其是，可以用 flatMap 通过一对一映射表示 map 或通过一对零映射表示 filter：

```scala
                                                                    Scala
def map[A, B](list: List[A], f: A => B): List[B] = list.flatMap(x => List(f(x)))

def filter[A](list: List[A], test: A => Boolean): List[A] =
    list.flatMap(x => if test(x) then List(x) else List.empty)
```

代码清单 10.3　使用 flatMap 实现 map 和 filter

先来看一个简单的示例以了解 flatMap 的优点。在这个示例中，应用程序需要解析请求以提取用户信息，检索用户账户，并对账户进行操作。可以使用具有以下签名的函数来实现这几个步骤：

```scala
                                                                    Scala
def parseRequest(request: Request): User = ...
def getAccount(user: User): Account = ...
def applyOperation(account: Account, op: Operation): Int = ...
```

然后，可以将这些函数组合为 3 个步骤：

```scala
                                                                    Scala
applyOperation(getAccount(parseRequest(request)), op)
```

现在假设每个步骤都不能保证成功：可能是无法解析请求，找不到账户或操作不成功。为了处理这些突发事件，可以修改所有函数以返回一个选项，并使用 None 表示失败：

```scala
                                                                    Scala
def parseRequest(request: Request): Option[User] = ...
def getAccount(user: User): Option[Account] = ...
def applyOperation(account: Account, op: Operation): Option[Int] = ...
```

现在要做的是将这 3 个函数结合起来以解析请求，检索账户和进行操作。

```scala
applyOperation(getAccount(parseRequest(request)), op)
```

以上表达式无法使用，因为每个步骤都可能返回 None，这会阻止计算继续进行。可以使用模式匹配来测试空选项，并将内容提取到局部变量中：

```scala
parseRequest(request) match
    case None => None
    case Some(user) =>
      getAccount(user) match
        case None        => None
        case Some(account) => applyOperation(account, op)
```

代码清单 10.4　通过模式匹配处理选项；对比代码清单 10.5

这种方式是可行的，但确实不如之前的函数组合好。

一种替代方案是，通过 map 将函数应用于选项内的值(如果有的话)：

```scala
Some(42).map((x: Int) => x + 1) // Some(43)
None.map((x: Int) => x + 1)      // None
```

可以使用 map 从用户那里获取账户(如果有的话)，然后对账户应用操作(如果有的话)：

```scala
// DON'T DO THIS!
parseRequest(request)
    .map(user => getAccount(user).map(account => applyOperation(account, op)))
```

鉴于某些原因，这种方案并不理想。首先，这个表达式的类型是 Option[Option[Option[Int]]]。换句话说，如果最后一个步骤产生一个值 v，则表达式将其返回为 Some(Some(Some(v)))，这显然很不理想。此外，如果计算步骤失败，表达式会产生一些令人费解的值。如果无法解析请求，则表达式为 None。如果可以解析请求，但找不到账户，则表达式为 Some(None)，这是另一种没有值的表达方式。如果找到一个账户但操作失败，则表达式为 Some(Some(None))，这是另一个缺乏"有意义的值"的表达式。

所有这些问题都可以通过用 flatMap 替换 map 来避免。当对可选输入应用具有可选结果的函数时，flatMap 会将这个"选项的选项"变为一个简单的选项：

```scala
parseRequest(request)
    .flatMap(user => getAccount(user))
    .flatMap(account => applyOperation(account, op))
```

代码清单 10.5　在管道中使用 flatMap 的示例；另请参见代码清单 10.9

此表达式有一个 Option[Int]类型，如果产生了运算输出 v，则为 Some(v)；如果计算的任何一个步骤不成功，则为 None。

有些情况需要更谨慎的错误处理方案——例如，通过触发回退计算。即使存在以上可能，仍然可以信赖 flatMap，但是除了 Option 之外，还可以在其他类型(如 Either 和 Try)上使用它。函数错误处理是第 13 章的主题。

在代码示例中，flatMap 用于将可能失败的转换器应用于之前运算的输出，这些运算也可能失败。可以运用类似的策略借助转换器来转换异步计算,通过使用 flatMap 来避免 Future 嵌套,而转换器本身也可能是异步的。这将在本书的第 II 部分中进行探讨(例如,将代码清单 10.5 与代码清单 26.9 进行对比)。

flatMap 的另一个便捷应用领域是根据事件流组织的反应式编程。虽然 map 仅限于一对一映射,但 flatMap 不是。特别是,当一个事件被处理时,它既可以被完全"消费"(不触发其他事件),也可以只触发一个事件,或触发多个事件。通过使用 flatMap 代替 map,可以避免事件流嵌套,就像在处理缺失值时避免选项嵌套,或者在处理异步计算时避免 Future 嵌套一样(参见代码清单 27.9 中的说明)。

事实上,flatMap 是一种非常基本的操作,它有自己的基础理论(单子),Scala 定义了快捷的语法来组织基于 flatMap 的计算(参见 10.9 节)。

关于函子和单子

一旦浏览函数式编程相关内容超过 5 分钟便可能会接触到两个令人生畏的词:函子(functor)和单子(monad)。这些术语起源于范畴理论。最简单的定义如下:函子是实现 map 的结构,而单子是实现 flatMap 的结构。

从技术上讲,map 和 flatMap 函数需要满足一些属性,才能使函子和单子符合要求。这些属性对于所有函子和所有单子都是通用的,这里用函子 F 和单子 M 表示。把 F[A]和 M[A]想象成 List[A]或 Option[A]这样的类型。要使 F 成为函子,F[A]上的 map 方法必须具有以下签名:

```Scala
def map[B](f: A => B): F[B] = ...
```

对于 F[A]类型的每个结构,map 方法还必须满足以下两个属性:

```Scala
struct == struct.map(identity)
// or equivalently: struct == struct.map(x => x)
struct.map(f).map(g) == struct.map(f andThen g)
// or equivalently: struct.map(f).map(g) == struct.map(x => g(f(x)))
```

第一个属性表明映射标识(identity)函数没有任何作用。第二个属性要求 map 保留函数组合:依次映射 f 和 g 产生的值与映射依次应用 f 和 g 的单个函数产生的值相同。在自定义的结构上实现 map 函数时,应尽量保持这些属性。可以通过检查本书代码示例中使用的 map 函数是否都满足这些条件来进行练习。

单子可以用函数 unit 和方法 flatMap 来定义。函数 unit 的类型为 A => M[A],用于构建单子——例如,从 x 到 List(x)或从 x 到 Some(x)。M[A]上的方法 flatMap 具有以下签名:

```Scala
def flatMap[B](f: A => M[B]): M[B] = ...
```

单子需要满足一些条件。首先,unit 函数维护与 flatMap 相关的两个属性:

```Scala
struct.flatMap(unit) == struct
unit(x).flatMap(f) == f(x)
```

第一个属性表明"扁平化映射"unit什么都不会做(就像映射标识一样)。第二个属性对应于flatMap背后的基本思路: 函数unit将x放入容器中,而flatMap(f)将f应用于容器中的内容(参见10.9节)。最后,flatMap必须满足与map类似的合成形式:

```scala
struct.flatMap(f).flatMap(g) == struct.flatMap(x => f(x).flatMap(g))
```

如前所述,map可以用flatMap实现(参见代码清单10.3)。事实上,单子M[A]也是一个函子,其中map的定义如下:

```scala
def map[B](f: A => B): M[B] = flatMap(x => unit(f(x)))
```

函子和单子的相关知识远比此处提及的要多。事实上,用整本书来讲这个主题都不为过。在那些真正的函数式编程语言(如Haskell)和库(如Scala的Cats)中,函子和单子(以及其他类似的抽象)随处可见。即使你想避开这些,也要记住,各种map和flatMap函数共享一些基本属性,并引向类似的编程模式。

10.4 fold 和 reduce

如前所述,迭代并不适合函数式编程,而是需要递归来任意嵌套函数组合。在处理集合时,存在一系列高阶函数,这些函数专门用于实现必要的函数调用嵌套,而不需要额外的循环或递归。实质上,这些高阶函数可以使用迭代或递归来实现。

例如,假设要把abc变为一个"值依次为A、B和C"的列表。那么,abc.foldLeft(X)(f)等价于表达式f(f(f(X, A), B), C)。给定函数f用于将初始值X与列表的第一个元素f(X, A)组合。然后,这个新值与列表中的下一个元素组合,仍然使用f: f(f(X, A), B)。以这种方式在整个列表上进行运算,并返回f最终调用产生的值。使用foldLeft时,将从左到右处理元素。类似的函数foldRight从右到左处理元素: abc.foldRight(X)(f)等价于f(A, f(B, f(C, X)))。无序集合往往提供一元函数fold,它不指定处理元素的顺序,因此通常需要将其与对称且关联的函数参数结合起来使用。

可以使用fold变体来替换原本可以迭代或递归进行的计算:

```scala
def calculate(numbers: List[Int]): Double =
    var acc = 10.0
    for x <- numbers do acc = 3.0 * acc + x + 1.0
    acc

def calculate(numbers: List[Int]): Double =
    @tailrec
    def loop(nums: List[Int], acc: Double): Double = nums match
      case Nil => acc
```

```
        case x :: r => loop(r, 3.0 * acc + x + 1.0)
    loop(numbers, 10.0)

def calculate(numbers: List[Int]): Double =
    numbers.foldLeft(10.0)((acc, x) => 3.0 * acc + x + 1.0)
```

代码清单 10.6　相同计算的迭代、递归和 fold 示例

在代码清单 10.6 中，所有 calculate 函数都执行相同的计算过程：一个使用迭代计算，一个使用尾递归函数，还有一个使用 foldLeft。在每个变体中，当前值 acc 通过表达式 3.0 * acc + x + 1.0 与列表元素 x 组合在一起。

fold 函数是通用的，可以用来实现许多集合处理计算。例如：

———— Scala ————

```
def sum(list: List[Int]): Int = list.foldLeft(0)(_ + _)

def product(list: List[Int]): Int = list.foldLeft(1)(_ * _)

def reverse[A](list: List[A]): List[A] = list.foldLeft(List.empty[A])((l, x) => x :: l)

def filter[A](list: List[A], test: A => Boolean): List[A] =
    list.foldRight(List.empty[A])((x, l) => if test(x) then x :: l else l)
```

代码清单 10.7　使用 fold 实现的 sum、product、reverse 和 filter

通常，函数库会实现名为 reduce 的 fold 的简化版本。与 fold 的不同之处在于，reduce 以集合中的一个元素作为计算的起点。如果 abc 是如前所述的列表 A、B、C，则 abc.reduceLeft(f) 是 f(f(A, B), C)。代码清单 10.7 中的 sum 和 product 函数可以用 reduce 来表示：

———— Scala ————

```
def sum(list: List[Int]): Int = list.reduce(_ + _)
def product(list: List[Int]): Int = list.reduce(_ * _)
```

注意，reduce 不适合在空集合上定义，并且仅适用于与集合的元素相同(或其父类)的返回类型。若要将元素减少为不同类型的值，有时可以先应用 map 来转换类型，然后使用 reduce。例如，假设一个文本文件每行都有一个数字，而一个任务是要将所有数字的绝对值的对数相加，忽略零。可以通过 map、filter 和 reduce 的组合来实现这一点：

———— Scala ————

```
lines.map(_.toDouble.abs).filter(_ != 0.0).map(math.log).reduce(_ + _)
```

此表达式使用 map 将字符串改为非负数，然后使用 filter 忽略零，接着再次使用 map 来应用对数函数，并最终使用 reduce 计算和。这种方案的一个缺点是，需要创建 3 个中间列表：一个内含所有的绝对值(第一个 map 的输出)，一个去除了零(filter 的输出)，还有一个内含全部对数(第二个 map 的输出)。如果文件很大，这就可能导致性能降低。

另一种方案是使用 foldLeft 执行相同的计算，而不需要额外的列表——可以说，这是以可读性的微小损失为代价的[1]：

```scala
                                                                   Scala
lines.foldLeft(0.0) { (sum, line) =>
    val x = line.toDouble.abs
    if x != 0.0 then sum + math.log(x) else sum
}
```

处理零时，fold 函数不会改变累加器。否则，会将绝对值的对数加到累加器中，从而获得与 filter/map/reduce 组合相同的结果。注意，在最后一个例子中，函数参数比以前更详细了，并且因为 foldLeft 是通过柯里化定义的而受益了。

10.5   iterate、tabulate 和 unfold

fold 家族的函数可将值的集合简化为单个元素，而其他高阶函数则完全相反，用于构建集合。其中最简单的是 tabulate，其参数是基于整数输入的函数：List.tabulate(n)(f)是列表[f(0), f(1), f(2),..., f(n-1)]。

```scala
                                                                   Scala
List.tabulate(5)(i => "X" * i) // List("", "X", "XX", "XXX", "XXXX")
```

相比之下，iterate 被赋予一个初始值和一个可以被重新应用于其自身输出的函数(其输入和输出类型相同)：List.iterate(X, n)(f)由 n 个值[X, f(X), f(f(X)), f(f(f(X))),...]组成，其中每个值都是通过对前一个值应用函数 f 而获得的。

```scala
                                                                   Scala
List.iterate("", 5)(str => str + "X") // List("", "X", "XX", "XXX", "XXXX")
```

最后，函数 unfold 是一种反向折叠。它被赋予一个初始状态和一个函数，该函数从一个状态生成一个值和下一个状态(如果有的话)。对状态 s 应用该函数，会生成一个对组——(fVal(s), fNext(s))，其中包含下一个值和下一个状态。然后，该函数可被应用于 fNext(s)，以产生另一个值(fVal(fNext(s)))和下一个状态(fNext(fNext(s)))，以此类推，从而产生给定初始值 X 的值序列[fVal(X), fVal(fNext(X)), fVal(fNext(fNext(X))), . . .]。参数函数会生成一个选项，并在返回 None 时终止计算：

```scala
                                                                   Scala
List.unfold("XXXX")(str => if str.isEmpty then None else Some((str, str.tail)))
// List("XXXX", "XXX", "XX", "X")
```

---

1 可以通过惰性求值获得更具可读性的替代方案；参见第 12.6 节。

10.6 sortWith、sortBy、maxBy 和 minBy

对序列进行排序时需要采用一种比较元素的方法。例如，在 Java 中，Comparable 接口的子类型实现排序，这些类型的数列可以使用 Java.util.Collections.sort 方法进行排序。或者，该方法可以使用显式 Comparator 参数对通常不可比较的值进行排序(或覆盖默认排序)。Scala 有一个类似的方法——sorted，它采用一个类型为 Ordering 的可选参数，该参数很像 Java 的 Comparator。

本节会重点关注 sorted 方法的高阶替代方案。首先是 sortWith，它采用比较函数而不是比较器对象：

```scala
temps.sortWith(_ < _) // List(69, 70, 78, 88, 91, 98, 100)
temps.sortWith(_ > _) // List(100, 98, 91, 88, 78, 70, 69)
```

可以使用 sortWith 按长度对字符串列表进行排序：

```scala
val strings: List[String] = ...

strings.sortWith(_.length < _.length)
```

在这种情况下，一个更好的选择是使用 sortBy。此函数以一个把要排序的元素映射为任意有序值的函数为参数：

```scala
strings.sortBy(_.length)
```

在前面的表达式中，字符串也是按照长度的递增顺序进行排序的。这通过将字符串映射至长度，然后根据整数的默认排序来实现。注意，结果是一个字符串列表，而非一个整数列表(就像 strings.map(_.length).sorted 一样)。如果 2D 点被表示为对组，则可以使用 sortBy 根据它们到原点的欧几里得距离按递增顺序对它们进行排序：

```scala
val points: List[(Double, Double)] = ...

points.sortBy((x, y) => x * x + y * y)
```

同样，结果是点(而非距离)的列表。

与 sortBy 类似的有函数 minBy 和 maxBy：

```scala
val temps: List[Int] = ...
val datedTemps: List[(LocalDate, Int)] = ...

temps.max        // highest temperature
datedTemps.max   // highest temperature on the last date
```

注意，第二个表达式需要比较对组。在 Scala 中，默认按照字典顺序对其进行比较。也就是说，先根据第一个元素进行比较；如果第一个元素相等，则根据第二个元素进行比较。因此，datedTemps.max 先找到最近的(最后的)日期，然后在此日期内得到最高的温度值。若要检索整体最高温度值并忽略日期，可以使用 maxBy：

```scala
datedTemps.maxBy((_, temp) => temp) // highest temperature overall
```

如果最高温度值曾多次出现，为了获取全局的最高温度值，要选择最早的日期，这稍微有点复杂：

```scala
val byTemp: Ordering[(LocalDate, Int)] = Ordering.by((_, temp) => temp)
val byDate: Ordering[(LocalDate, Int)] = Ordering.by((date, _) => date)

datedTemps.max(byTemp.orElse(byDate.reverse))
```

注意，可以使用高阶函数 by 构建有序对象，然后将这些对象组合起来：先根据温度值对已确定日期的温度值进行排序，再按日期对相同的温度值执行反序排列。

10.7 groupBy 和 groupMap

本章讨论的最后一个标准高阶函数是 groupBy，它也常见于函数库中(在 Java 中称为 Collectors.groupingBy)。顾名思义，这个函数用于从集合中组建一个元素组。与 sortBy 和 maxBy 一样，它以一个映射函数为参数，并将映射到同一值的所有元素组合在一起：

```scala
List(2, 5, 4, 10, 7, 1, 20).groupBy(n => n % 2)
```

此表达式将偶数映射至 0，将奇数映射至 1，从而生成具有两个键的 Map[Int, List[Int]] 类型的表达式：

$$0 \to List(2, 4, 10, 20)$$
$$1 \to List(5, 7, 1)$$

可以按日期对带日期的温度值进行分组：

```scala
val tempsOn = datedTemps.groupBy((date, _) => date)
```

值 tempsOn 的类型为 Map[LocalDate, List[(LocalDate, Int)]]；表达式 tempsOn(someDate)生成给定日期的所有(标注了日期的)温度列表[1]。另外，带日期的温度值可以按温度值进行分组：

---

1 如果某个日期的温度值未曾记录，则映射中的查找会因例外而失败。为了避免这种情况，可以使用 withDefaultValue 的 map 方法创建一个返回空链表的映射。

Scala

```scala
val daysWith = datedTemps.groupBy((_, temp) => temp)
```

得到的 daysWith(temp)是一个温度为 temp 的日期(和温度)列表。

假设 tempsOn(d)中的所有对组都有相同的日期 d，而 daysWith(t)中的全部对组都有同样的温度值 t，便可通过适当地应用高阶函数 map 将对组删减到其相关分量：

Scala

```scala
datedTemps.groupBy((d, _) => d).map((d, list) => (d, list.map((_, t) => t)))
```

这个表达式的解析难度有点大，但其对 map 的第一次调用被用于将每个日期的温度列表转换为普通的温度列表；第二个 map 是带日期的温度值到整数的转换。如果幸运的话，语言会提供 groupMap，将 groupBy 和 map 组合成一个函数：

Scala

```scala
datedTemps.groupMap((d, _) => d)((_, t) => t) // of type Map[LocalDate, List[Int]]
```

函数 groupMap 以两个映射函数作为参数(采用已经柯里化的形式)：一个用于分组(如 groupBy)，另一个用于转换(如 map)。

10.8 标准高阶函数的实现

可以在用户定义的结构上实现自己的高阶函数。如果有意义，还可以选择实现类似标准行为的函数，如 foreach 或 map。例如，可以用高阶方法 exists、foreach 和 fold 扩展在第 8 章中实现的基于树的集合：

Scala

```scala
case object Empty extends BinTree:
    def exists(test: Int => Boolean): Boolean = false
    def foreach[U](f: Int => U): Unit = ()
    def fold[A](init: A)(f: (A, Int) => A): A = init
    ...

case class Node(key: Int, left: BinTree, right: BinTree) extends BinTree:
    def exists(test: Int => Boolean): Boolean =
       test(key) || left.exists(test) || right.exists(test)

    def foreach[U](f: Int => U): Unit =
       left.foreach(f)
       f(key)
       right.foreach(f)

    def fold[A](init: A)(f: (A, Int) => A): A =
```

```
    right.fold(f(left.fold(init)(f), key))(f)
...
```

代码清单 10.8　使用 exists、foreach 和 fold 扩展二叉搜索树

方法 exists 在空树上为 false。它会在节点上用给定的谓词检查节点的键,如果键不满足测试,则继续检查每棵子树。方法 foreach 不会对空树执行任何操作。它会在节点上对左侧树的所有值调用参数函数,然后对节点的键进行调用,最后对右侧树的所有值进行调用。若给定二叉搜索树的排序特性,这种按顺序执行的遍历便可以保证函数以递增的顺序应用于所有值。同样,方法 fold 从折叠左侧树开始,使用结果值对节点的键应用参数函数,然后通过折叠右侧树结束,从而确保按递增顺序处理树的值。(有关用户定义 map 和 flatMap 实现的示例,参见第 14 章。)

10.9　foreach、map、flatMap 和 for 推导式

理解函数 foreach、map 和 flatMap 的一种有效方式是,将其视作一种在容器内部起作用的机制。若把一个结构想象成一个“盒子”,则这些高阶函数就是在不打开盒子的情况下对盒子的内容进行操作的方法。例如,在代码清单 10.5 中,对请求的解析会产生一个(可能)包含用户的盒子。函数 flatMap 用于处理此用户(如果有),并返回(可能)包含一个由另一个 flatMap 处理的账户的盒子。

这种模式很常见(函数式编程就是通过函数转换值的):编程语言有时会为其定义一种特殊的语法。在 Scala 中,它被称为 for 推导式。可以按如下方式编写请求解析示例[1]:

Scala

```
for
    user      <- parseRequest(request)
    account   <- getAccount(user)
    result    <- applyOperation(account, op)
yield result
```

代码清单 10.9　用 for 推导式重写代码清单 10.5 中的管道程序

代码被编译器转换为使用 flatMap 的表达式,等价于代码清单 10.5。对于高阶函数的调用组合来说,for-do 和 for-yield 都是语法糖。例如:

Scala

```
for load <- loads yield load.reduced
```

以上代码在第 3 章中被用于创建更新的加载对象列表。它被编译成:

Scala

```
loads.map(load => load.reduced)
```

1　以 for 作为关键字的选择有些不完美。它似乎暗示了某种循环,但在许多情况下,并不需要这样的循环。这里的 for 用于处理选项的内容,并且不涉及循环。在第 26 章中,for 应用于 Future,同样没有循环。

类似地，如下代码:

Scala

```
for load <- loads do load.reduce()
```

用于更新可变对象的列表。它被编译成:

Scala

```
loads.foreach(load => load.reduce())
```

当 for do 和 for yield 使用条件时，编译器会插入一个筛选的步骤。如下表达式:

Scala

```
for load <- loads if load.weight != 0 yield load.reduced
```

被编译为[1]:

Scala

```
loads.withFilter(load => load.weight != 0).map(load => load.reduced)
```

代码清单 10.8 向二叉树添加了一个 foreach 方法。因此，现在可以使用 for-do 处理树:

Scala

```
val tree: BinTree = ...

for x <- tree do println(x) // prints all the values in the tree, in order
```

for-do 表达式被编译到 tree.foreach(println)中。

许多库实现了 foreach、map、flatMap 和 filter 函数，但很少有编程语言与 Scala 一样定义 for 推导式语法。不过，有些构造是类似的，例如 Python 的列表推导式。以下 Python 代码:

Python

```
[round((temp - 32) / 1.8) for temp in temps if temp > 75]
```

对应于以下 Scala 代码:

Scala

```
for temp <- temps if temp > 75 yield ((temp - 32) / 1.8f).round
```

在 Java 中，只有用高阶函数时，才需要直接使用 filter 和 map:

Java

```
IntStream temps = ...
temps.filter(temp -> temp > 75).map(temp -> Math.round((temp - 32) / 1.8f))
```

注意

鉴于本书的目的是让开发人员对各种语言做好准备，因此本书代码示例中常常出现高阶函

---

1 方法 withFilter 在语义上等同于 filter，但使用了一种延迟求值的方式来避免创建中间列表(参见 12.9 节中对视图和延迟求值的讨论)。

数，而不是 for-do 或 for-yield，在案例研究之外，尤其如此。这是我出于教学原因做出的选择，旨在更好地强调不同语言之间模式的相似性，但这往往会导致 Scala 代码显得不那么地道。不过，有 Scala 经验的读者会原谅我的。

10.10 小结

- 本章介绍的函数构成了函数库中常见的一组核心高阶函数。它们通常可用于多种类型，如流和集合，也可用于选项和 Future 模式。

- 几个函数以一个谓词(一个布尔函数)作为参数。它们用于查找、计数、筛选或断言满足此谓词的元素的存在。

- 函数 map 用于对结构中的元素进行任意的变换，并生成包含变换值的新结构。如果仅以其副作用为目的对元素进行操作，并且不需要生成结构，则可以使用函数 foreach 替代 map。

- 函数 flatMap 类似于 map，但负责压平嵌套结构，如列表或选项列表。此函数功能强大，可用于将具有可选输出的运算应用于可选输入(以避免选项的选择)，或处理触发新事件流的事件(以避免流的选择)，或以异步方式转换以异步方式计算的值(以避免 Future 的 Future)。

- 从根本上讲，foreach、map、flatMap 和 filter(或 withFilter)都用于从结构外部转换结构(如列表、选项、Future)的内容。这种常见模式有时会得到编程语言的语法支持，如 Scala 的推导式模式或 Python 的列表推导式模式。

- fold 函数用于使用组合运算符将结构的元素减少为单个值。许多迭代处理集合元素的计算可以用 fold 函数来实现。

- 相反，高阶函数可用于生成元素集合。例如，函数 iterate 和 unfold 根据初始种子和函数的重复应用来生成值序列。

- 需要对元素进行比较的最小/最大值运算和排序运算等须通过比较值的标准进行参数化。高阶变体通常会在现有有序类型(如 sortBy、maxBy)中使用比较函数(如 sortWith)或映射。

- 作为排序或最小/最大值运算的比较标准的替代方案，分组标准(如 groupBy)有时用于收集相关元素。

- 除了这个基本核心群之外，还有许多其他高阶函数。例如，RxJava 反应库的 Observable 类有一百多个高阶方法，其中一些方法除了可用于本章中讨论的核心函数转换外，还可用于错误处理、线程处理或实时处理。

第 11 章

案例研究：文件树

一个文件系统的内容可以表示为一棵树：目录的子目录是其文件和子目录。与第 8 章中的二叉搜索树不同，文件系统中的节点可以有两个以上的子节点，使树成为 N 元。可导航文件系统通过维护可在树中上下移动的当前位置(current position)来扩展文件系统，该系统以函数方式实现为拉链。树形成一个递归数据结构，其中每个节点包含一个树列表。递归与高阶列表方法相结合，用于构建和遍历树和拉链。

11.1 设计概述

之前的案例研究讨论了二叉搜索树的一种可能实现形式，其中内部节点有一个或两个子节点。树可以泛化，允许节点包含任意数量的子节点。这类树通常被称为 N 元树(与二叉树相反)或通用树。

在本案例研究中，N 元树用于表示文件系统：非空目录是内部节点，文件(和空目录)是叶子。目录可以包含任意数量的子目录和文件。目录和文件通过其名称进行标识。目录包含子目录(子目录和文件)的列表。文件包含任意信息(大小、权限、时间戳等)，为了简单起见，这里省略了这些信息。

在本案例研究的设计中，实现的树在每个目录中维护一个单独的子目录列表，而非两个单独的列表(一个用于文件，另一个用于子目录)。因此，文件和目录共享一个名为 Node 的公共超类，产生以下 Scala 定义[1]：

Scala
```scala
trait Node:
  ...

final class Dir(val name: String, nodes: List[Node]) extends Node:
  ...

final class File(val name: String) extends Node:
  ...
```

---

1 与第 8 章中使用二叉树的情况一样，为清晰起见，本章中的代码省略了所有可见性修改器。实际的实现将不公开许多元素，包括 Node 特性。

目录中的节点列表不应包含两个具有相同名称的节点。列表中节点的顺序无关紧要，因为包含按不同顺序排列的相同文件和子目录的目录是等效的。树是不可变的，也就是说，文件和目录的添加和删除是通过生成新树的函数来实现的。

11.2   节点搜索辅助函数

有几个树操作需要更新目录的子目录列表，这需要在列表中按名称查找节点，将其删除，并尽可能用新节点替换它。为此，可以按如下方式定义辅助方法：

Scala

```scala
// inside class Dir
def removeByName(name: String): Option[(Node, List[Node])] =
    nodes.partition(_.name == name) match
        case (Nil, _)              => None
        case (List(found), others)  => Some((found, others))
```

高阶分区方法 partition 用于划分拥有一个(最多一个)指定名称的节点列表和拥有不同名称的节点列表。如果没有拥有指定名称的节点，则函数返回 None，否则返回一个对组，其中包含已提取节点和剩余节点的列表。例如，如果在包含目录/文件 A、B、C 和 D 的节点列表中查找名称 B，该方法将返回对组(B, [A, C, D])。

11.3   字符串表示

文件和目录都定义了一个返回其名称的 toString 方法。为了帮助区分文件和目录，在目录名中加一个斜杠：

Scala

```scala
// inside class Dir
override def toString = name + "/"

// inside class File
override def toString = name
```

目录还定义了一个按名称列出其内容的方法 ls，以及一个只列出文件名而忽略子目录的方法 lsFiles。可以通过使用高阶方法 map 从节点列表中生成字符串列表来实现 ls。对于 lsFiles，则可以使用 flatMap 以保留文件名并跳过子目录[1]：

---

1 这里使用 flatMap 方法来组合过滤(保留文件，忽略目录)和映射(将文件转换为其名称)。或者，lsFiles 可以根据 filter 和 map 来编写。

Scala

```scala
// inside class Dir
def ls: List[String] = nodes.map(_.toString)

def lsFiles: List[String] = nodes.flatMap {
    case file: File => List(file.toString)
    case _ => Nil
}
```

除了 ls 和 lsFiles 之外，可能还需要生成一个字符串来表示目录的整个内容，包括子目录。为了强调树结构，文件名和目录名根据其深度进行缩进[1]。图 11.1 显示的是一个文件系统树及其字符串表示。

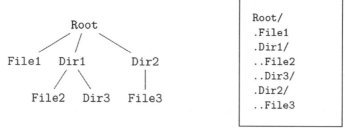

图11.1　文件系统树及其字符串表示

为了有效地实现这个方法，可以创建一个字符串生成器，并使用递归向其中添加行，树中的每个文件和目录均对应一行。为了实现缩进，每一行都以一个前缀开头，该前缀由两个分隔符组成(图 11.1 中的分隔符是一个点)。mkString 方法分配一个字符串生成器和一个空前缀，并将递归任务委托给另一个也称为 mkString 的方法，其职责是向生成器添加行：

Scala

```scala
// inside trait Node
def mkString(sep: String): String = mkString(sep, StringBuilder(), "").result()
def mkString(sep: String, builder: StringBuilder, prefix: String): StringBuilder
```

第二个 mkString 方法的实现在类 File 中非常简单。只需要在生成器中添加一行，该行由前缀、文件名和换行组成：

Scala

```scala
// inside class File
def mkString(sep: String, builder: StringBuilder, prefix: String): StringBuilder =
    builder ++= prefix ++= name += '\n'
```

在 Dir 类中，该方法先为目录本身添加一行，然后继续添加目录中的所有节点(文件和子目录)。这是通过在所有节点上使用更长的前缀和相同的字符串构建器递归调用 mkString 来实现的。可以通过在节点列表上应用高阶方法 foreach 来执行这些递归调用：

---

1 这类似于 UNIX 系统中常见的 tree 命令。

```scala
// inside class Dir
def mkString(sep: String, builder: StringBuilder, prefix: String): StringBuilder =
    builder ++= prefix ++= name ++= "/\n"
    val newPrefix = prefix + sep
    nodes.foreach(_.mkString(sep, builder, newPrefix))
    builder
```

代码清单 11.1　使用带可变字符串生成器的 foreach 的示例

方法 mkString 混合了高阶函数和递归:foreach 应用的操作调用 mkString,而这又需要 foreach 来调用 mkString,以此类推。这是因为节点包含节点(因此使用递归)列表(因此使用高阶函数)。要注意该模式是如何在本章的其他树函数中再次使用的。

如前所述,方法 foreach 只有在应用的函数有副作用时才有意义。在这里,副作用来自对一个可变的字符串生成器的修改。然而,树用户只会调用第一个 mkString 方法——这是实际实现中唯一的公共方法。从树用户的角度来看,该函数是纯的,并且从树中生成字符串,没有任何可观察到的副作用。

11.4　构建树

Dir 类的构造器可以生成包含多个同名节点的无效目录。在实践中,该构造器不是公共的。相反,可以提供公共方法来创建空目录,并将文件和子目录添加到现有目录中。

在 Dir 类的伴随对象中,可以定义一个创建空目录的函数:

```scala
def apply(name: String): Dir = Dir(name, List.empty)
```

然后,在 Dir 类中定义 mkFile 和 mkDir 方法,以将内容添加到现有目录中。这些方法接受路径作为名称列表。它们沿着树中的这条路径移动,并在路径的末尾创建一个文件或目录。可以选择沿着路径创建丢失的目录。但是,如果要创建的目录中已有一个文件,则不可能在该路径上进一步移动,创建以失败告终。

为了避免代码重复,mkFile 和 mkDir 使用相同的方法 mkPath。除了路径之外,此方法还采用可选的文件名。因为该方法需要创建路径,所以可以用于实现 mkDir,并可以选择在路径的末尾创建一个文件,从而实现 mkFile:

```scala
// inside class Dir
def mkPath(path: List[String], filename: Option[String]): Dir = path match
    case Nil =>
        filename match
            case None => this
            case Some(name) =>
```

```
              if nodes.exists(_.name == name) then
                 throw FileSystemException(name, "cannot create file: node exists")
              else Dir(this.name, File(name) :: nodes)

    case dirname :: more =>
       removeByName(dirname) match
          case None => Dir(this.name, Dir(dirname).mkPath(more, filename) :: nodes)
          case Some((node, otherNodes)) =>
             Dir(this.name, node.mkPath(more, filename) :: otherNodes)
```

代码清单 11.2　在通用树中插入节点的示例

在第一种情况下，Nil 对应于到达路径的末尾，在那里可能会添加文件。如果没有提供文件名，则按照原样返回树 this。否则，使用高阶方法 exists 检查给定名称的节点是否已经存在。如果是，则无法创建文件，从而引发异常。否则，用一个新目录替换 this，使用相同的名称，但需要在节点列表前添加一个新文件。

第二种情况涉及通用路径遍历。取路径中的第一个名称(dirname)，并使用辅助方法 removeByName 根据该名称提取当前节点(如果存在)。如果找不到这样的节点(分支语句为 None)，则创建一个子目录(Dir(dirname))，将路径的其余部分(more)添加到该子目录中，并将此新目录添加到当前节点列表的前面。如果该名称对应于现有节点(分支语句为 Some)，则将路径的其余部分添加到该节点：node 变为 node.mkPath(more, filename)，并重新插入子节点列表中。

需要从函数的角度来思考这段代码。树是不可变的，节点的修改是通过用新节点替换节点以创建新树来实现的。例如，在添加文件时，节点 this(即 Dir(this.name, nodes))被替换为新的树 Dir(this.name, File (name) :: nodes)。可以用同样的方式添加一个新的子目录：先将其创建为 (Dir(dirname). mkPath(more, filename))，命名为 newDir，然后将当前树 Dir(this.name, nodes)替换为新的树 Dir(this.name, newDir :: nodes)。

需要更改现有节点时，可将它从当前子节点列表中删除(nodes 变为 othernodes)，并用新节点替换它(node 变为 node. mkPath(more, filename))。在这种情况下，将新节点插到列表的前面，而非原始节点所在的位置。这是出于性能方面的考虑：在远离表头的地方插入列表的成本很高。此外，在通常情况下，新创建的文件或目录会被立即使用，这种策略使得其在下一次操作中更容易进行，因为节点列表总是从前向后执行遍历。

递归调用 node.mkPath(more, filename)可能会在目录节点上调用 mkPath，从而继续遍历、构建；也可能在文件节点上调用 mkPath，在这种情况下，要遵循的路径不存在并且无法创建，因为其创建需要用同名目录替换现有文件。因此，类 File 中的 mkPath 方法会抛出一个异常：

Scala

```
// inside class File
def mkPath(path: List[String], filename: Option[String]) =
    throw FileSystemException(name, "cannot create dir: file exists")
```

一旦定义了 mkPath 方法，就可以根据它实现公共方法 mkFile 和 mkDir：

```
                                                              ─── Scala ───
// inside class Dir
def mkDir(name: String, names: String*): Dir = mkPath(name :: names.toList, None)

def mkFile(name: String, names: String*): Dir =
    val allNames = name :: names.toList
    mkPath(allNames.init, Some(allNames.last))
```

　　这两种方法都使用可变长度的参数，并且至少需要一个名称才能进行操作。以 mkDir 为例，所有名称都是目录，要添加的路径为 name :: names.toList。在 mkFile 中，最后一个名称代表要添加的文件。目录的路径以 name 开头，后面是名称中的所有字符串(除了最后一个)：这里是 allNames.init(init 返回列表中的所有字符串，除了最后一个)。接下来可以使用以下表达式创建图 11.1 所示的文件系统：

```
                                                              ─── Scala ───
Dir("Root")
    .mkFile("Dir2", "File3")
    .mkDir("Dir1", "Dir3")
    .mkFile("Dir1", "File2")
    .mkFile("File1")
```

　　可以按照相似的策略从树中删除文件和目录。rmPath 方法沿着路径到达其最后一个元素，并从树中删除它，无论它是文件还是目录。与 mkPath 的第一个不同之处在于，rmPath 没有创建丢失的目录，而是在目录丢失时立即停止遍历分支(不必删除)。另一个不同之处在于，rmPath 需要停止沿着比最后一个元素高一级的路径前进，以便从其父元素的节点列表中删除该元素。换句话说，通过用 Dir(name, shorterList) 替换 Dir(name, list) 来删除节点，而不是将 this 替换为 nothing，因为这将导致递归以单元素列表(而不是空列表)结束：

```
                                                              ─── Scala ───
// inside class Dir
def rmPath(path: List[String]): Dir = path match
    case nodename :: more =>
      removeByName(nodename) match
        case None => this
        case Some((node, otherNodes)) =>
            if more.isEmpty then Dir(this.name, otherNodes)
            else Dir(this.name, node.rmPath(more) :: otherNodes)

def rm(name: String, names: String*): Dir = rmPath(name :: names.toList)
```

代码清单 11.3　从通用树中删除节点的示例

　　先将非空路径拆分为其第一个名称(nodename)和路径的其余部分(more)。然后使用辅助方法 removeByName 通过该名称提取现有节点(如果有的话)。如果找不到节点，则没有什么东西可以从树中删除，因此返回 this。如果找到一个节点而且它是最后一个路径元素(more.isEmpty)，则将其从节点列表中删除。否则，对路径的其余部分(node.rmpath(more))进行递归处理，以创建替换节点。在这种情况下，由于知道 more 不是空的，因此不会将 rmPath 应用于空列表。

与前面一样，若遇到文件存在的情况，路径则无法继续。然而，在这种情况下，没有实际的节点要删除，而路径表示一个不存在的文件或目录，并且类 File 中的 rmPath 方法将使文件保持不变，而非抛出异常：

Scala

```scala
// inside class File
def rmPath(path: List[String]) = this
```

11.5　查询

11.4 节重点介绍了如何构建和修改表示文件系统的树。一旦建立了树，就可以定义其他方法以进行查询。因为目录是根据节点列表实现的，所以许多查询方法都可以使用针对列表的标准高阶函数。例如，可以通过 fold 来计算系统中的文件和目录的总数：

Scala

```scala
// inside class Dir
def fileCount: Int = nodes.foldLeft(0)(_ + _.fileCount)
def dirCount: Int = nodes.foldLeft(1)(_ + _.dirCount)

// inside class File
def fileCount: Int = 1
def dirCount: Int = 0
```

代码清单 11.4　使用 fold 对通用树中的节点进行计数的示例

在目录中，使用一个函数将每个节点的文件数量添加到初始值为 0 的累加器中，从而折叠节点列表并得到文件总数。在一个文件中，文件的总数是 1(即文件本身)。使用类似的方式计算目录的总数，不同之处是折叠目录始于 1(即目录本身)，并且文件计数为 0 而非 1。

还可以在文件系统上定义自己的高阶方法，以便于查询。例如，fileExists 和 dirExists 用于确定满足给定条件的文件或目录是否存在[1]：

Scala

```scala
// inside class Dir
def fileExists(test: File => Boolean): Boolean =
    nodes.exists(_.fileExists(test))

def dirExists(test: Dir => Boolean): Boolean =
    test(this) || nodes.exists(_.dirExists(test))
// inside class File
```

---

1 nodeExists 方法也是可能的，但这意味着 Node 类型是公共的。本章介绍的代码假设 Node 特性保持私有。

```
def fileExists(test: File => Boolean): Boolean = test(this)
def dirExists(test: Dir => Boolean): Boolean = false
```

代码清单 11.5　在通用树上实现 exists 的示例

　　fileExists 方法以布尔函数作为参数，如果树中至少有一个文件满足测试函数，则返回 true。反过来，如果节点中存在这样一个文件，则情况也是如此。因此，可以使用列表的 exists 方法来检查所有节点，并在每个节点上递归地使用方法 fileExists，以在目录上实现 fileExists。而对于文件，fileExists 只是将测试应用于该文件。

　　dirExists 方法的实现方式类似。它采用一个布尔函数——该函数对目录(而非文件)进行操作，并且先将其应用于当前目录(test(this))，然后与之前一样使用 exists 来检查节点。对于文件，此方法总是返回 false。

　　借助递归和列表的 exists 方法，只需要两行代码就能在树上实现 fileExists 和 dirExists。以同样的方式，可以实现将递归与列表方法 foldLeft(或 foldRight，因为目录中节点的顺序无关紧要)相结合的树折叠函数：

Scala
```
// inside class Dir
def fileFold[A](init: A)(f: (A, File) => A): A =
    nodes.foldLeft(init)((acc, node) => node.fileFold(acc)(f))

def dirFold[A](init: A)(f: (A, Dir) => A): A =
    nodes.foldLeft(f(init, this))((acc, node) => node.dirFold(acc)(f))

// inside class File
def fileFold[A](init: A)(f: (A, File) => A): A = f(init, this)
def dirFold[A](init: A)(f: (A, Dir) => A): A = init
```

代码清单 11.6　在通用树上实现 fold 的示例

　　可以通过一个接一个地折叠目录的所有子节点来折叠目录。当折叠文件处理函数时，子节点的折叠从 init 开始；但在折叠目录处理函数时，则从 f(init, this) 开始，在遍历子节点之前应先处理当前目录。(代码清单 11.4 中 fileCount 和 dirCount 的 0 和 1 也遵循这一原理。)在作为文件的节点上，fileFold 将给定的函数 f 应用于文件，而 dirFold 使折叠累加器保持不变。

　　fileFold 和 dirFold 方法的功能强大，可用于实现各种文件系统查询。例如，如果 fileCount 和 dirCount 还没有实现为类 Dir 的方法，那么可以用 fileFold 和 dirFold 来编写它们：

Scala
```
def fileCount(dir: Dir): Int = dir.fileFold(0)((acc, _) => acc + 1)
def dirCount(dir: Dir): Int = dir.dirFold(0)((acc, _) => acc + 1)
```

　　也可以使用 fileFold 查找树中最长的文件名[1]：

---

　　1 函数的主体也可以写成 Seq(file.name, longest).maxBy(_.length)。

```scala
                                                          ─────── Scala ───
def longestFilename(dir: Dir): String = dir.fileFold("") { (longest, file) =>
    if file.name.length > longest.length then file.name else longest
}
```

同样，可以使用 dirFold 构建文件系统中所有文件名的列表：

```scala
                                                          ─────── Scala ───
def allFileNames(dir: Dir): List[String] =
    dir.dirFold(List.empty[String])((list, subdir) => subdir.lsFiles ::: list)
```

但是要注意，折叠函数不太适合用来实现搜索，因为它们总是遍历整棵树[1]，即使已经找到了元素，也是如此。例如，fileFind 方法的如下实现是不可取的：

```scala
                                                          ─────── Scala ───
// DON'T DO THIS!

// inside class Dir
def fileFind(test: File => Boolean): Option[File] =
    fileFold(Option.empty[File]) { (found, file) =>
        found.orElse(if test(file) then Some(file) else None)
    }
```

这种方法的缺点是，它在找到合适的文件后仍会继续遍历树[2]。

如果要在找到文件后立即停止 fileFind，将很难保持函数式编程风格。假设曾通过在列表上使用 exists 来实现 fileExists，并通过在列表上使用 foldLeft 来实现 fileFold，就有可能希望通过在列表上使用 find 来实现 fileFind。但问题是，若将 find 应用于子树列表，将生成一棵树(如果有的话)，其中可以找到所需的文件，但不能找到文件本身。需要使用 fileFind 再次搜索此树以提取文件：

```scala
                                                          ─────── Scala ───
// DON'T DO THIS!

// inside class Dir
def fileFind(test: File => Boolean): Option[File] =
    nodes.find(_.fileExists(test)).map(_.fileFind(test).get)
```

此实现使用 find 来搜索包含所需文件的节点。如果找到，则在选项上调用 map，以便在此节点上应用 fileFind 来获取实际文件。但这一做法不可取，因为已经在选项内的节点中搜索到了该文件，并且节点确实包含该文件(对 fileFind 的调用肯定能成功，故用 get 来获取实际的文件)。因此，节点会被搜索两次，并且由于 findFile 的递归性质，内部节点最终会被搜索多次(节点越深，搜索的次数就越多)。

---

1 没有抛出异常。抛出(和捕获)异常有时被用作提前终止折叠计算的技术。

2 即使访问了所有文件，该实现也会在找到文件后停止应用测试函数。这是因为，当 orElse 应用于非空选项时，用作其参数的表达式不会求值。这种现象被称为惰性(lazy)或延迟(delayed)求值，第 12 章将对此进行深入的探讨。

与其使用 find 来查找包含合适文件的子树，不如使用列表的 map 方法从每棵子树中提取所需的文件。表达式 nodes.map(_.fileFind(test))的类型为 List[Option[File]]，并且包含每棵子树的可接受文件(如果有的话)。然后可以使用 find 方法从列表中查找非空选项。表达式 nodes.map(_.fileFind(test)).find(_.nonEmpty)生成所需的文件，但它是一个可合并的 Option[Option[File]]：

```Scala
// DON'T DO THIS!

// inside class Dir
def fileFind(test: File => Boolean): Option[File] =
    nodes.map(_.fileFind(test)).find(_.nonEmpty).flatten
```

这种方案的问题是，map 无论如何都会处理整个节点列表，并且会搜索目录中的所有节点，即使已经找到了文件，也是如此。避免这一问题的标准做法是引入延迟求值：

```Scala
// OK, but can be improved

// inside class Dir
def fileFind(test: File => Boolean): Option[File] =
    nodes.view.map(_.fileFind(test)).find(_.nonEmpty).flatten
```

通过在 nodes.view(而非 nodes)上调用高阶方法 map，可以防止在找到文件后对节点进行搜索。延迟求值将在第 12 章中详细讨论。现在，只要知道示例中的实现会在找到第一个文件时停止就足够了(如果找不到文件，则遍历整棵树)。

可以通过调用 flatMap 来替换 map/flatten 组合，以生成所有未封装的文件(而不是将文件置于选项中)。最后，fileFind 和 dirFind 的预期实现如下[1]：

```Scala
// inside class Dir
def fileFind(test: File => Boolean): Option[File] =
    nodes.view.flatMap(_.fileFind(test)).headOption

def dirFind(test: Dir => Boolean): Option[Dir] =
    if test(this) then Some(this) else nodes.view.flatMap(_.dirFind(test)).headOption

// inside class File
def fileFind(test: File => Boolean): Option[File] =
    if test(this) then Some(this) else None

def dirFind(test: Dir => Boolean): Option[Dir] = None
```

代码清单 11.7 在通用树上实现 find 的示例

[1] 与其使用 if test(this) then Some(this) else None，不如在类 File 中将 fileFind 的主体写成 Some(this).filter(test)。在代码中的其他地方，filter 也可以应用于选项。尽管这可以清楚地展示高阶方法 filter 的使用，但可能会丢失一定的可读性。为清晰起见，我选择使用 if-then-else。

表达式 nodes.view.flatMap(_.fileFind(test))生成满足给定测试的文件集合(延迟求值)，每棵子树对应一个集合。调用 headOption 将强制评估视图，直到找到文件或未生成文件但视图已用完。

11.6　导航

Dir 和 File 类中的最后一组方法用于处理文件系统内部的导航。可以定义一个方法 cd 来进入子目录，该方法模仿了 UNIX 的同名命令：

```scala
// inside class Dir
def cdPath(path: List[String]): Dir = path match
    case Nil => this
    case dirname :: more =>
      nodes
        .find(_.name == dirname)
        .getOrElse(throw FileSystemException(dirname, "cannot change: no such dir"))
        .cdPath(more)
def cd(name: String, names: String*): Dir = cdPath(name :: names.toList)

// inside class File
def cdPath(path: List[String]): Dir =
    throw FileSystemException(name, "cannot change: not a directory")
```

与前面使用 mkFile、mkDir 和 rm 所做的一样，方法 cd 是通过辅助方法 cdPath 实现的，该方法遍历由名称指定的目录列表。如果名称列表为空，则返回当前目录，否则使用 find 查找具有指定名称的子目录(如果有的话)。使用 getOrElse 从生成的选项中提取目录；如果该选项为空，则抛出异常，然后将路径的其余部分递归地应用到子目录中。如果在任何时候，路径遇到的是文件而不是目录，则抛出异常。

11.7　树形拉链

可以通过方法 cd 沿着树向下走。如果要回过头来向上走，又应该怎么办呢？关键是要认识到，你并不是要在遍历封闭树时以某种方式保留对它们的引用。原因是树是不可变的，添加或删除文件或子目录的操作会生成一棵新树。在这样的修改之后，返回到一棵包含子树的树(与修改之前一样)是毫无意义的。需要实现的是 up 和 down 方法，以使下面的代码能够生成与图 11.1 相同的文件系统：

```scala
Dir("Root").nav
    .mkDir("Dir2")
```

```
.down("Dir2")
.mkFile("File3")
.up
.mkDir("Dir1")
.down("Dir1")
.mkDir("Dir3")
.mkFile("File2")
.up
.mkFile("File1")
.dir
```

注意，对方法 up 的第一次调用不能简单地返回到调用 down 的树("Dir2")，因为该树不包含 File3。换句话说，up 不一定会回到以前的树，但在某些情况下，还需要创建一棵新树。

一种可行的方案是将树类型修改为拉链。5.6 节实现了一个向左和向右导航列表的拉链。同样的道理也适用于在树中上下移动[1]。拉链是不可变的。树形拉链将子树与通向该子树的步骤(step)序列结合起来。这些步骤可以按照相反的顺序重新应用，以便向上执行。应用步骤时，不会返回到现有的树，而是会生成一棵新树，其中包含更新的子树，这些子树反映了对文件系统的修改。在前面的代码中，对 nav 的调用将文件系统的类型从树更改为树形拉链，后者通过其 up 和 down 方法实现导航。对 dir 的最后一次调用将回到常规树。

为了进入子目录，需要创建一个包含父目录名称的步骤，以及该目录中所有其他节点的列表。例如，若沿着图 11.1 的文件系统进入 Dir1，将返回以 Dir1 为根的子树，但也会创建一个步骤，其中包含名称 Root 和除 Dir1 以外的子树列表，如图 11.2 所示。

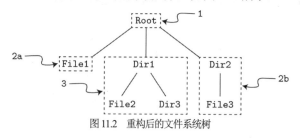

图 11.2 重构后的文件系统树

可以从子树(标记为 3)、步骤名称(标记为 1)和步骤树(标记为 2a 和 2b)中看到，之前的树经过重构后，允许向上移动。如果子树被改变了，也就是说，被另一棵树取代了，那么，若通过重组以向上移动，将产生一棵不同的树(1 和 2 部分相同，但子树 3 不同)。

拉链在 DirNav 类中实现：

```
                                                          ─── Scala ───
final class DirNav (val dir: Dir, steps: List[(String, List[Node])]):
  ...
```

拉链由当前目录(dir)和指向该目录的下行步骤列表组成。每个步骤都是一个对组，其中包含类型为 String 的父节点名称，以及与当前目录同级且类型为 List [Node]的列表。如果当前目

---

1 本节仅考虑上下运动。可以编写一个更复杂的拉链，以便向左和向右移动。

录是文件系统的根目录，步骤列表则为空。

拉链实现 up 和 down 方法。若要下移到子目录，方法 down 将与之前的 cd 方法一样生成子目录，但会在步骤列表中添加一个步骤，因此向下移动可以通过 up 方法反转以实现向上移动：

Scala

```scala
// inside class DirNav
def down(dirname: String): DirNav =
    dir.removeByName(dirname) match
        case None =>
            throw FileSystemException(dirname, "cannot change: no such directory")
        case Some((file: File, _)) =>
            throw FileSystemException(dirname, "cannot change: not a directory")
        case Some((subdir: Dir, otherNodes)) =>
            DirNav(subdir, (dir.name, otherNodes) :: steps)

def up: DirNav = steps match
    case Nil                    => this
    case (name, nodes) :: more => DirNav(Dir(name, dir :: nodes), more)
```

代码清单 11.8 树拉链中的导航方法(1)

若要向下查找，应按名称搜索目标子目录，并将其从节点列表中删除。如果找不到它，或者找到了同名文件，则抛出异常。相反，如果存在子目录(subdir)，则通过添加新步骤来创建一个拉链。此步骤包含父目录的名称(dir.name)和子目录的所有同级目录(otherNodes)。将新步骤添加到步骤列表前，该列表的使用方式如同堆栈。若要返回，方法 up 会从堆栈中弹出第一个步骤，并使用其名称和节点列表来构建一棵新树 Dir(name, dir :: nodes)，该树与其余步骤一起包在拉链中。

为方便起见，还可以实现一个多次向下的方法和一个返回树根的方法：

Scala

```scala
// inside class DirNav
def down(dirname1: String, dirname2: String, dirnames: String*): DirNav =
    (dirname1 :: dirname2 :: dirnames.toList).foldLeft(this)(_.down(_))

@tailrec
def top: DirNav = if steps.isEmpty then this else up.top
```

代码清单 11.9 树拉链中的导航方法(2)

若要沿着由多个子目录组成的路径前进，可以使用 foldLeft，将当前目录作为初始值，逐个调用路径中所有名称的 down 方法的单名变体。若要一直移到树顶，方法 top 会重复向上应用，直至到达树根为止。

DirNav 类的所有其他方法都是通过将调用转发到 Dir 类中相应的方法来实现的，只有创建方法(添加和删除文件和子目录)时需要返回可导航目录(而非普通目录)：

```scala
// inside class DirNav
override def toString = dir.toString

def mkFile(name: String, names: String*): DirNav =
    DirNav(dir.mkFile(name, names*), steps)

def mkDir(name: String, names: String*): DirNav =
    DirNav(dir.mkDir(name, names*), steps)

def rm(name: String, names: String*): DirNav =
    DirNav(dir.rm(name, names*), steps)

export dir.{
    mkString, ls, lsFiles,
    dirCount, dirExists, dirFold, dirFind, fileCount, fileExists, fileFold, fileFind
}
```
Scala

最后，在类 Dir 中添加一个方法 nav，使普通目录可导航:

```scala
// inside class Dir
def nav: DirNav = DirNav(this, List.empty)
```
Scala

11.8 小结

在本章中，文件系统表示为文件和目录树。目录的内容存储为节点列表，并使用列表的高阶方法来有效地处理这些节点。该树还定义了自己的高阶方法: 它们是递归实现的，对子目录的递归调用是使用目录内容列表的高阶方法执行的。最后，将树扩展为可导航的拉链，通过适当的方法沿着子目录向下，然后返回到父目录。总体而言(包括许多脚注)，这个文件系统案例研究使用和/或重新实现了标准的高阶方法 exists、find、flatMap、foldLeft、foreach、filter、map、maxBy 和 partition。

第12章
延 迟 计 算

通过将函数用作值，可以将数据替换为计算该数据的函数。通过这种方式，可以将参数的求值延迟到需要时进行，如此一来，可以将未求值的代码传递给方法和函数。在语法的帮助下，可以在编程语言中定义额外的控制结构，从而定义内部领域特定的语言。函数也可以存储在数据结构中，以延迟该结构的部分求值。流是一种实现延迟求值序列的经典函数式编程结构。除了未赋值的参数和惰性数据结构外，延迟求值还可以采取其他一些形式，例如延迟高阶函数求值的视图和延迟初始化变量的机制。

12.1 延迟求值的参数

如前所述，高阶函数可以接受本身就是函数的参数。通过将显式参数(如字符串)替换为计算此参数的函数，可以延迟字符串的计算，直到需要其值时为止。

函数有时会因为性能原因而选择此方式。例如，来自 java.util.logging 的 Logger 类型定义了一个 info 方法来记录 INFO 级别的消息：

Scala
```scala
val logger: Logger = ...

logger.info(s"incoming request from ${ip.getHostName} (${ip.getHostAddress})")
```

该方法的一个缺点是总是会生成字符串参数，即使在禁用 INFO 级别的日志记录时也是如此。在本例中，如果将日志记录设置为 WARNING 级别，则仍需要进行成本可能很高的主机名查找，以创建将被立即丢弃的字符串。

Java 8 为 Logger 类引入了第二种 info 方法，它将字符串参数替换为一个返回字符串的函数：

Scala
```scala
logger.info(() => s"incoming request from ${ip.getHostName} (${ip.getHostAddress})")
```

通过为函数参数使用 lambda 表达式，可以像前一种方法一样轻松地调用此 info 方法。前面的表达式不执行主机名查找，只有当日志记录被设置为包含 INFO 消息的级别时，才会在日志记录器中进行查找。

你可以定义自己的方法，并使用函数参数来替换可能不需要的显式值。例如，Java Properties

类定义了一个用于属性查找的方法,该方法的第二个参数用于在未找到值的情况下指定默认值:

Scala

```scala
val properties: Properties = System.getProperties

properties.getProperty("hostname", "unknown")
```

当默认值是常量(如"unknown")时，这就足够了。但是，如果计算默认值的成本很高，且属性键(key)已经与某个值相关联，则此计算没有意义。此处没有使用以函数作为第二个参数的 getProperty 方法，但是，可以很容易地添加一个方法(作为扩展)，此方案依赖于在找不到键时返回 null 的单参数 getProperty 方法:

Scala

```scala
extension (properties: Properties)
  def getProperty(key: String, fallback: () => String): String =
    val prop = properties.getProperty(key)
    if prop ne null then prop else fallback()
```

默认值被指定为回退函数，该函数仅在未找到该属性时调用。在这个扩展范围内，可以编写如下代码:

Scala

```scala
properties.getProperty("hostname", () => InetAddress.getLocalHost.getHostName)
```

如果已经定义了 hostname 属性，则不会产生任何额外的成本。

12.2　按名称参数

在任何具有高阶函数的编程语言(包括所有函数式编程语言)中，都可以使用产生值的函数来替换值，从而实现参数的延迟求值。那些用于延迟求值的无参数函数有时被称为形实转换程序(thunk)。如果所使用的语言支持 lambda 表达式，那么它们通常是生成 thunk 最便捷的方式。

有些语言以按名称传递参数的形式提供了一种额外的机制。例如，以下代码会生成一个伪随机数列表:

Scala

```scala
val rand = Random(42)
List.fill(5)(rand.nextInt(100)) // List(30, 63, 48, 84, 70)
```

如果你之前使用的是 Java 或 C 等语言，那么你可能会对此感到惊讶。实际上，来自 java.util.Collections 的方法 fill 的行为有所不同:

Java

```java
List<Integer> numbers = ...
Collections.fill(numbers, rand.nextInt(100)); // sets the list to 30, 30, 30, 30, ...
```

在 Java 变体中，表达式 rand.nextInt(100)生成值 30，并用这个值填充列表。然而，在 Scala 代码中，fill 表现得就好像 thunk() => rand.nextInt(100)已作为参数传递。这是因为 Scala 的 fill 参数是按名称传递的，没有赋值。你可以按如下方式实现自己的 fill 函数：

```scala
                                                                    Scala
def fill[A](len: Int)(value: => A): List[A] =
  val buffer = List.newBuilder[A]
  var i = 0
  while i < len do
    buffer += value
    i += 1
  buffer.result()
```

代码清单 12.1　重新实现 List.fill

"神奇的力量"来自在参数类型前面添加的一个箭头：value: => A 而非 value:A。这会触发按名称参数的传递。如果没有箭头，fill 函数的行为将与 Java 中的一样，使用重复的相同值来填充列表。但是，由于参数是按名称传递的，因此表达式 rand.nextInt(100)在每次 while 循环迭代时都会重新求值，从而产生不同的数字。与常规参数传递不同，按名称参数实现了一种延迟求值形式，而常规参数传递有时被称为急切求值。它们可以通过避免显式地创建 thunk 来增强代码的可读性。

Scala 标准库中的许多函数和方法都使用按名称参数。例如，Option 类型定义了方法 orElse 和 getOrElse，以将空选项替换为替代选项。它们在 Option 类中的定义如下：

```scala
                                                                    Scala
// inside class Option:
def orElse[B >: A](alternative: => Option[B]): Option[B] =
  if isEmpty then alternative else this

def getOrElse[B >: A](default: => B): B =
  if isEmpty then default else this.get
```

可选参数和默认参数是按名称传递的，并且只在选项为空时才进行计算。

getProperty 扩展可依赖 getOrElse 来实现：

```scala
                                                                    Scala
def getProperty(key: String, fallback: () => String): String =
  Option(properties.getProperty(key)).getOrElse(fallback())
```

预定义函数 Option 将值封装在选项中，并将 null 映射为 None。(有关分支算法中 orElse 的示例，参见 12.11 节。)

与 orElse 和 getOrElse 类似，可变映射具有 getOrElseUpdate(k, v)。该方法用于检索与键 k 相关联的值，或者，如果键 k 不存在，则使用新对组(k, v)更新映射。参数 v 通过名称传递：如果键存在，则不需要 v，也不会求值。可以使用 getOrElseUpdate 来简化代码清单 9.6 中高阶函数 memo 的实现：

Scala

```scala
def memo[A, B](f: A => B): A => B =
  val store = mutable.Map.empty[A, B]
  x => store.getOrElseUpdate(x, f(x))
```

代码清单 12.2　使用按名称参数进行备忘(基于代码清单 9.6 改进而得)

同以前一样，函数从映射中的查找开始。如果在映射中找到 x，则 getOrElseUpdate 不会计算其第二个参数。只有在找不到键的情况下，才会对 x 调用函数 f。

12.3　控制抽象

fill 函数嵌入了 while 循环，而 getOrElseUpdate 嵌入了一个条件。第 10 章中讨论的许多高阶函数也实现了一种控制抽象：在 map、filter 和 find 的实现中，有一个循环或递归函数用于执行必要的迭代。使用延迟求值，可以在用户定义的高阶结构中抽象出各种形式的流控制(如循环、条件和异常处理)。

例如，Java 的 try-with-resources 用于确保在计算结束时释放资源：

Java

```java
<A> void writeToFile(Path file, Iterable<A> values) throws IOException {
  try (var out = new ObjectOutputStream(Files.newOutputStream(file))) {
    for (var item : values) out.writeObject(item);
  }
}
```

此函数将对象集合写入一个文件中。try 构造保证文件在写入后关闭，即使在出现异常的情况下，也是如此。也可以在 Scala 中编写类似的方法：

Scala

```scala
def writeToFile[A](file: Path, values: Iterable[A]): Unit =
  Using.resource(ObjectOutputStream(Files.newOutputStream(file))) { out =>
    for item <- values do out.writeObject(item)
  }
```

然而，一个关键的区别是，Java 的 try-with-resources 是该语言的一种构造，而 Scala 的 Using.resource 是一个在标准库中定义的常规函数，可以按照如下方式以最简单的形式实现：

Scala

```scala
def resource[R <: AutoCloseable, A](res: R)(use: R => A): A =
  try use(res) finally res.close()
```

函数 resource 是柯里化的和高阶的。它由资源的类型 R(必须是 Java 的 AutoCloseable[1]的子

---

1 Scala 中使用运算符 "<" 来指定类型绑定。详细讨论参见 15.9 节。

类型)和使用给定函数 use 从资源产生的值的类型 A 参数化。该实现在 try-finally 构造中调用 use 函数,以保证资源关闭,也就是说,resource(r)(f)为值 f(r),并且在应用 f 后使 r 关闭。

函数 resource 需要将给定的资源绑定至使用它的代码,因此将代码作为资源函数传递是合理的。当不需要这样的绑定时,要执行的代码将变成无参数函数,可以替换为按名称的值。结果是一个控件抽象,它隐藏了一个事实:参数实际上是函数。例如,可以编写一个结构来计算任意代码片段的执行时长:

Scala

```scala
def timeOf[U](code: => U): Double =
  val startTime = System.nanoTime()
  code
  val endTime = System.nanoTime()
  (endTime - startTime) / 1E9
```

代码清单 12.3 控件抽象示例——函数 timeOf

该函数接受一个按名称参数,跟踪计算该参数所需的时间,并以秒为单位返回计算持续的时间。可以在不显式创建 thunk 的情况下使用它:

Scala

```scala
val seconds: Double = timeOf {
  InetAddress.getLocalHost.getHostName // or any code for which you want the duration
}
```

流行的 Scala 库 Scalactic 定义了一个 times 构造,用法如下:

Scala

```scala
3 times {
  println("Beetlejuice!")
}
```

虽然 times 看起来像一个关键字和一种构造,但它实际上被定义为一个正则函数。可以将其实现为一种扩展方法:

Scala

```scala
extension (count: Int)
  infix def times[U](code: => U): Unit =
    var n = count
    while n > 0 do
      code
      n -= 1
```

代码清单 12.4 控件抽象示例——函数 times

该方法被定义为一个扩展,因此可在正则整数上调用。它使用一个按名称参数来重复执行代码:传递代码时不求值,并根据需要由 times 方法求值多次。

以下是一个更详细的例子，将定义一个新的循环结构 repeat-until：

```scala
class Repeat[U](code: => U):
  infix def until(test: => Boolean): Unit =
    code
    while !test do code


def repeat[U](code: => U) = Repeat(code)
```

代码清单 12.5　控件抽象示例——repeat-until

类 Repeat 在其构造器中使用按名称参数。构造器使用同样按名称传递的终止测试，生成一个对象，该对象在其 until 方法中实现重复。可以参照如下方式使用这个新结构：

```scala
var n = 3
repeat {
  println("Beetlejuice!")
  n -= 1
} until (n == 0)
```

在本例中，println("Beetlejuice!"); n－=1 被传递(未求值)给函数 repeat，然后传递给类 Repeat 的构造器。最后，使用(未求值)参数 n＝0 对结果对象调用方法 until。

12.4　内部领域特定语言

正如前面的示例所示，通过巧妙地使用按名称参数，可以产生看起来非常像编程语言结构的抽象。可以应用此技术来定义领域特定语言(DSL)，这种语言是小型语言，通常用于特定领域的建模或架构。内部 DSL 不是作为独立语言实现的，而是被嵌入像 Scala 这样的通用编程语言中。例如，测试框架 Scalatest 定义了用于编写单元测试的 DSL[1]：

```scala
class ExampleSpec extends AnyFlatSpec with should.Matchers:

  "A Stack" should "pop values in last-in-first-out order" in {
    val stack = Stack[Int]()
    stack.push(1)
    stack.push(2)
    stack.pop() should be (2)
    stack.pop() should be (1)
  }
```

---

1 这个例子几乎是逐字逐句地取自 Scalatest 网站。

```
it should "throw NoSuchElementException if an empty stack is popped" in {
    val emptyStack = Stack[Int]()
    a [NoSuchElementException] should be thrownBy {
        emptyStack.pop()
    }
}
```

方法和对象被精心地命名为 it、should、in、a、be 和 thrownBy，以便测试代码自然流动，并在测试失败时生成适当的错误信息。

12.5　作为延迟求值列表的流

假设有一个这样的场景：一个组件在应用程序的另一个组件以某种方式生成的数据中搜索特定值。一种可能的方案是使用具有以下签名的搜索方法：

———————————————————————————— *Scala* ———

```
def searchData(data: List[Data]): Option[Data] = ...
```

该方法的一个缺点是，必须先生成整个数据列表，然后才能进行搜索。当列表很大，但只需要搜索前几个元素时，该方法的缺点就显而易见了。一种替代方法是使用延迟求值参数：

———————————————————————————— *Scala* ———

```
def searchData(data: => List[Data]): Option[Data] = ...
```

但这丝毫没有帮助，因为在搜索开始之前，仍然需要对整个列表进行求值。而你想要的是延迟对每个列表元素的求值，因此可用 thunk 进行：

———————————————————————————— *Scala* ———

```
def searchData(data: List[() => Data]): Option[Data] = ...
```

然而，这还远远不够，因为所有的 thunk 都需要在搜索开始之前创建。在这种方案下，可能不必生成所有实际数据，但由于存在潜在的数据片段，仍然需要创建尽可能多的 thunk。

你真正想要的是，避免创建除完成搜索所需的数据元素之外的任何内容。在 Scala 中，可以通过具有以下签名的搜索方法来实现这一点：

———————————————————————————— *Scala* ———

```
def searchData(data: LazyList[Data]): Option[Data] = ...
```

LazyList 是一种线性序列(类似于列表)，其中的元素需要进行延迟求值。这样的序列通常被称为流。Scala 流是不可变的，也需要被存储[1]：一旦被计算出来，每个元素都会被存储在流中。可以像使用常规列表一样使用流。例如，若要搜索第一个值大于 10 的数据，可以定义一

---

1 这意味着突变实际上发生在流中，用实际值替换未求值的元素。然而，作为一个序列，流在概念上是不可变的，并且流总是代表相同的序列。

个尾递归函数：

Scala

```scala
def searchData(data: LazyList[Data]): Option[Data] =
  if data.isEmpty then None
  else if data.head.value > 10 then Some(data.head)
  else searchData(data.tail)
```

　　除了方法的签名之外，此代码与使用列表的变体完全相同。注意，由于此处采用的是内存存储，即使 data.head 在代码中使用了两次，流头部数据也只计算一次。此外，如果第一段数据的值大于 10，则不计算其他流元素。

　　LazyList 支持模式匹配，还可以编写如下递归搜索函数：

Scala

```scala
def searchData(data: LazyList[Data]): Option[Data] = data match
  case LazyList() => None
  case head #:: tail => if head.value > 10 then Some(head) else searchData(tail)
```

　　这个实现类似于列表上的模式匹配和递归。唯一的区别是空流模式(LazyList())而非 Nil)，以及流上的 "cons" 运算符(流上的 "#::" 而非列表上的 "::")。然而，对于这个简单的搜索任务，最佳策略是使用在 LazyList 类型上定义的标准高阶方法：

Scala

```scala
def searchData(data: LazyList[Data]): Option[Data] = data.find(_.value > 10)
```

　　通常，可以很容易地修改创建列表的代码以生成流。例如，第 6 章中为演示递归而编写的 hanoi 函数，只需要将每次移动作为字符串输出。若要以图形方式显示移动，不宜将图形代码直接合并求解函数中，因为这可能会很不方便。相反，可以将移动方法的创建和显示分开，具体做法是使用求解函数创建一个移动方法列表并使用显示函数消费该列表：

Scala

```scala
def hanoi[A](n: Int, from: A, mid: A, to: A): List[(A, A)] =
  if n == 0 then List.empty
  else hanoi(n - 1, from, to, mid) ::: (from, to) :: hanoi(n - 1, mid, from, to)
```

代码清单 12.6　汉诺塔作为列表移动；对比代码清单 12.7

　　此函数不打印它们，而是以对组(from, to)的列表形式返回移动。如果想要一个流而非一个列表，那么几乎不需要对代码进行更改：

Scala

```scala
def hanoi[A](n: Int, from: A, mid: A, to: A): LazyList[(A, A)] =
  if n == 0 then LazyList.empty
  else hanoi(n - 1, from, to, mid) #::: (from, to) #:: hanoi(n - 1, mid, from, to)
```

代码清单 12.7　汉诺塔作为流移动

　　这个函数看起来几乎没有变化，但它不计算任何实际的移动，只返回一个流，并在查询流时按需创建移动：

```scala
val allMoves = hanoi(100, 'L', 'M', 'R')
val oneMove = allMoves(999)      // ('M', 'L')
val anotherMove = allMoves(49)   // ('L', 'R')
```

注意，allMoves 是一个由 2^{100}-1 个元素组成的流，数量级为 10^{30}。显然，这样的集合不适合基于列表实现的存储量。oneMove 的计算会触发对流的前 1000 个元素的求值。对 anotherMove 的求值不涉及任何额外的计算：仅检索流中已经存在的第 50 步移动。

12.6 管道流

因为流是延迟求值的，所以流是管道转换的绝佳结构。例如，假设需要在文件中搜索长单词。函数 longWords(lines, min)包含一个行列表和最小单词长度。该函数将行拆分为单词，删除非字母字符，并选择长度至少等于指定最小值的所有单词。为此，可以使用以下代码：

```scala
def clean(str: String): String = str.filter(_.isLetter) // remove non-letters

def longWords(lines: List[String], min: Int): List[String] =
  lines
    .flatMap(_.split(' '))
    .map(clean)
    .filter(_.length >= min)
```

由于函数的第一个参数是一个行列表，而每一行都是一个单词列表，因此要用 flatMap 来避免嵌套列表，然后清除单词，使最终结果仅包含长单词。

这段代码产生了所需的输出，但效率很低，计算的每个阶段都会产生一个列表：首先是单词列表，然后是净词(经筛选的单词)列表，最后是所需的长单词列表。要对这些中间列表进行内存分配和垃圾收集，成本并不低。

10.4 节讨论过避免这个问题的一种可能方式：用单一的 fold 函数替换高阶函数的管道。你可能还记得，这个更改并没有提高代码的可读性。就 longWords 而言，情况甚至更糟：

```scala
def longWords(lines: List[String], min: Int): List[String] =
  lines.foldRight(List.empty[String]) { (line, words) =>
    line.split(' ').foldRight(words) { (word, moreWords) =>
      val cleanWord = clean(word)
      if cleanWord.length >= min then cleanWord :: moreWords else moreWords
    }
  }
```

不要费劲去理解这个函数。这里旨在说明确实可以使用 foldRight 解决这个问题，但生成的代码比较晦涩，且肯定比 flatMap/map/filter 变体难得多。

避免中间列表的更佳策略是继续使用 flatMap、map 和 filter，但需要在流上(而非列表上)使用：

```scala
def longWords(lines: List[String], min: Int): List[String] =
  lines.to(LazyList)
    .flatMap(_.split(' '))
    .map(clean)
    .filter(_.length >= min)
    .toList
```

初始行列表被转换为流。由于流是延迟求值的，因此对 flatMap、map 和 filter 的调用不会触发任何计算，尤其是不会创建中间列表。对 toList 的最后一次调用会强制对最后一个流进行求值，并在不分配任何中间列表的情况下生成所需的列表。

这种方法在 Java 中特别流行，Stream 类实现了所有必要的高阶方法，而 List 这样的集合则没有。可以用 Java 编写 longWords 函数，如下所示：

```java
List<String> longWords(List<String> lines, int min) {
  return lines.stream()
    .flatMap(line -> line.replace(' ', '\n').lines())
    .map(word -> clean(word))
    .filter(word -> word.length() >= min)
    .toList();
}
```

12.7　无限数据结构流

代码清单 12.7 中的函数 hanoi 通过使用 "#::" 和 "#:::" 构建其结果流。这些操作是延迟实现的，并且可以构建流而不触发对其流参数的求值。特别是，它们可以用来定义概念上的无限流：

```scala
def countUp(n: Int): LazyList[Int] = n #:: countUp(n + 1)

val naturals = countUp(0) // 0, 1, 2, 3, ...
```

乍一看，函数 countUp 毫无意义。这似乎违反了良好递归函数的一个原则，也就是说，函数应始终定义至少一个非递归分支以便终止计算。这里，countUp 总是调用 countUp。实际上，如果使用列表编写这个函数，它将永远不会终止。然而，在流上，这个定义是有效的。它产生了一个永无止境的数字流。当然，任何计算整个流的尝试(如 naturals.toList)都将导致无法终止的计算。

有时可以使用无限流将可变数据替换为更具函数性的值。例如，一个(可变的)伪随机数生成器可以被无限的伪随机数流代替：

Scala

```scala
def randomNumbers: LazyList[Float] = Random.nextFloat() #:: randomNumbers
```

无限流通常使用生成式高阶函数创建。例如，naturals 和 randomNumbers 流可以按如下方式创建：

Scala

```scala
val naturals        = LazyList.iterate(0)(_ + 1)
val randomNumbers   = LazyList.continually(Random.nextFloat())
```

12.8 迭代

"3*n*+1" 问题定义了以下序列：如果自然数 *n* 是偶数，那么其后继数是 *n*÷2；如果 *n* 是奇数，则其后继数是 3*n*+1。假设不管这一序列(有时也称为 Collatz 序列)的起始自然数是什么，最终都会出现 1。譬如，从 27 开始，序列在第一次出现 1 之前会生成 111 个数字(然后永无止境地按照 4、2、1、4、2、1……继续下去)：

```
27 82 41 124 62 31 94 47 142 71 214 107 322 161 484 242 121 364 182 91 274 137
412 206 103 310 155 466 233 700 350 175 526 263 790 395 1186 593 1780 890 445
1336 668 334 167 502 251 754 377 1132 566 283 850 425 1276 638 319 958 479 1438
719 2158 1079 3238 1619 4858 2429 7288 3644 1822 911 2734 1367 4102 2051 6154
3077 9232 4616 2308 1154 577 1732 866 433 1300 650 325 976 488 244 122 61 184
92 46 23 70 35 106 53 160 80 40 20 10 5 16 8 4 2 1
```

可以编写一个函数来计算生成 1 所需的步骤数。命令式实现如下：

Scala

```scala
def collatz(start: BigInt): Int =
    var count = 0
    var n = start
    while n != 1 do
        n = if n % 2 == 0 then n / 2 else 3 * n + 1
        count += 1
    count

collatz(27) // 111
collatz(BigInt("9927745071052606638932498077818326168220161436501347 30933270")) // 2632
```

代码清单 12.8 3*n*+1 序列的命令式实现

这个迭代程序的函数等价式是什么？乍一看，它可以表示为实际数字序列的长度：

Scala

```
// DON'T DO THIS!
def collatz(start: BigInt): Int =
  LazyList
    .iterate(start)(n => if n % 2 == 0 then n / 2 else 3 * n + 1)
    .takeWhile(_ != 1)
    .length
```

该实现将序列显式地构建为无限流，然后使用 takeWhile 查找数字 1 第一次出现的地方。从起始数到 1 的序列长度是该函数的期望输出。

虽然它为前面的两个示例产生了正确的输出，但这个函数效率很低，并且无法完成较大数字的处理。原因是该函数在计算长度之前，会为整个数字列表(第 2 次测试中的 2 632 个数字)分配内存。幸运的是，有一个简单的修复方法：用迭代器替换延迟列表。Scala 的 Iterator 类型实现了许多标准的高阶方法，包括 iterate 和 takeWhile：

Scala

```
def collatz(start: BigInt): Int =
  Iterator
    .iterate(start)(n => if n % 2 == 0 then n / 2 else 3 * n + 1)
    .takeWhile(_ != 1)
    .length
```

代码清单 12.9　3n+1 序列的函数实现

此变体不会为任何显式序列分配内存，其性能与迭代版本相当。

当使用管道计算时，在延迟求值的类型(如流或迭代器)上堆叠转换常常是有益的(而且通常是简便的)。有些迭代器很容易直接构建，如 collatz 函数。其他的则可能更棘手，有时可以将流用作中间阶段。

例如，编写一个生成汉诺塔移动步骤的迭代器就不容易[1]。相反，可以使用代码清单 12.7 中基于流的 hanoi 函数创建一个流，然后从该流中派生一个迭代器：

Scala

```
def hanoiIterator[A](n: Int, from: A, mid: A, to: A): Iterator[(A, A)] =
  hanoi(n, from, mid, to).iterator

val moves = hanoiIterator(100, 'L', 'M', 'R')
```

moves 值是一个迭代器，可用于逐一检索移动，而不需要在内存中扩展实际的移动序列。若 iterator 方法在 LazyList 类中正确实现，就不会保留对流的头部的引用，从而避免内存泄漏。

下面展示了通过迭代器引入延迟的最后一个示例，用于在文本文件中搜索符合给定条件的行。先考虑一下(不实用的)命令式实现：

---

1 至少在使用 hanoi 函数的递归算法时是这样。还有一种替代的非递归算法，可以轻松地从这个替代的算法中派生出迭代器。

```scala
                                                            Scala
def read(file: Path): List[String] = ...

def searchFiles(files: List[Path], lineTest: String => Boolean): Option[String] =
  val fileArray = files.toIndexedSeq
  var fileIndex = 0
  while fileIndex < fileArray.length do
    val lineArray = read(fileArray(fileIndex)).toIndexedSeq
    var lineIndex = 0
    while lineIndex < lineArray.length do
      val line = lineArray(lineIndex)
      if lineTest(line) then return Some(line)
      lineIndex += 1
    end while
    fileIndex += 1
  end while
  None
```

函数 read 用于将文件的内容加载到行数组中。外部循环遍历所有文件。对于每个文件，内部循环检查任意文件中的所有行，直到找到合适的行为止。

等效的函数要简单得多。首先使用 flatMap 将所有文件展平为一个单行序列，然后在该序列上应用 find 来搜索所需的行：

```scala
                                                            Scala
// DON'T DO THIS!
def searchFiles(files: List[Path], lineTest: String => Boolean): Option[String] =
  files.flatMap(read).find(lineTest)
```

该实现看似不错，但实际上打开并读取了所有文件。相比之下，命令式程序在找到合适的行之前不会打开文件，因而不会读取其余的文件。若要在函数式编程风格中实现这一点，需要使用延迟求值：

```scala
                                                            Scala
def searchFiles(files: List[Path], lineTest: String => Boolean): Option[String] =
  files.iterator.flatMap(read).find(lineTest)
```

在迭代器上调用 flatMap 方法时会产生一个迭代器，但不会打开任何文件。方法 find 通过逐一打开文件来搜索此迭代器，直到找到一行为止。目前，该函数执行与命令式程序相同的计算。

12.9 列表、流、迭代程序和视图

流为列表带来了延迟。然而，由于流是被存储的，因此当对其元素进行求值时，它们会变成常规列表。这可能会导致内存的浪费。例如，将汉诺塔流传递至显示函数的做法就十分危险，因为随着移动步骤的显示，移动流会增长，最终可能会占据整个内存。相反，可以使用一个消费 move 迭代器的 display 函数，就像前面定义的那样。

然而，使用迭代器的主要难题在于，大多数方法具有破坏性，高阶方法也不例外：

```scala
val iter1 = List(1, 2, 3).iterator
iter1.find(_ > 1) // Some(2)
iter1.next()     // invalid call

val iter2 = List(1, 2, 3).iterator
iter2.map(_ + 1) // a new iterator
iter2.next()     // invalid call
```

调用 find 会导致迭代器失效，以至于之后不能在迭代器上调用任何方法。类似地，在使用 map 方法之后，需要依赖返回的新迭代器；而被应用了 map 的旧迭代器将恢复有效性。

因此，迭代器非常适合管道计算，如函数 collatz 和 searchFiles 所示。对于其他用途，则应该格外小心。如果想避免因采用内存存储而浪费内存，但又需要使用比迭代器更便于重用的资源，有时也可以使用其他类型。例如，在 Scala 中，视图的行为类似于非内存存储流，而且没有迭代器的缺点[1]。

接下来用一个简单的例子来说明列表、流和视图之间的区别。假设函数 times10 会将其输入乘以 10，但每次调用它时都会在终端上打印乘法，以便跟踪哪些操作是延迟执行的。先考虑纯列表的情况：

```scala
val list = List(1, 2, 3).map(times10)
println(list)
println(list.head)
println(list.last)
println(list.head)
```

如预期的那样，这将产生以下输出：

```
multiplying
multiplying
multiplying
List(10, 20, 30)
10
30
10
```

在列表显示之前，对 map 方法的调用就已急切地将函数 times10 应用于所有列表元素之上了。在查询列表时，没有进行进一步的计算。

---

1 细节因语言而异。例如，Java 的 Stream 类型不采用内存存储，而是定义了许多使用流的方法，并且比 Scala 的 LazyList 更接近 Scala 的 Iterator。

如果使用流，则输出有所不同：

——————————————— Scala ———

```scala
val stream = LazyList(1, 2, 3).map(times10)
println(stream)
println(stream.head)
println(stream.last)
println(stream.head)
```

```
LazyList(<not computed>)
multiplying
10
multiplying
multiplying
30
10
```

流起初显示为尚未计算。调用 map 方法时，根本不会调用函数 times10。当需要流的第一个元素时，将调用一次 times10，并打印值 10。查询流的最后一个值时会触发对其所有剩余元素的求值，导致在显示 30 之前两次调用 times10。在此之后，如果再次查询流的头部，则由于内存存储的原因，不再进行进一步的计算。

视图的行为与流有所不同：

——————————————— Scala ———

```scala
val view = List(1, 2, 3).view.map(times10)
println(view)
println(view.head)
println(view.last)
println(view.head)
```

```
SeqView(<not computed>)
multiplying
10
multiplying
multiplying
multiplying
30
multiplying
10
```

与流一样，对 map 的调用根本不会触发对 times10 的调用，并且视图一开始显示为未赋值。显示第一个元素时会触发对 times10 的一次调用。显示最后一个元素时会触发对 times10 的三次调用，而非对流的两次调用，因为视图的头部会被重新求值(未采用内存存储)。出于同样的原因，再次显示头部时需要再次调用函数 times10。

12.10 字段和局部变量的延迟求值

本章介绍了几种形式的"延迟"(希望大家未感到厌倦)。我还想讨论一个你可能已经非常熟悉的问题:延迟初始化。这种技术适用于对象的创建成本较高的情况,因为它虽不必创建对象,但需要访问网络或处理大数据。典型的模式如下:

```scala
                                                          ── Scala ──
class SomeClass:
  private var theValue: ExpensiveType = null
  def value: ExpensiveType =
    if theValue eq null then theValue = ExpensiveType.create()
    theValue
```

用户通过方法 value 检索对象。第一次调用此方法时,会创建对象并将其存储在字段 theValue 中。进一步的调用只返回存储的对象。如果从未调用过方法 value,则永远不会创建对象。

一些语言定义了有助于实现此模式的机制。例如,在 Scala 中,可以将一个 val 字段声明为延迟(lazy)字段:

```scala
                                                          ── Scala ──
class SomeClass:
  lazy val value: ExpensiveType = ExpensiveType.create()
```

这将在第一次访问 value 时触发对 ExpensiveType.create 的单次求值(如果有的话)。如果从未使用过该字段,则不会创建该对象。这相当于,lazy val 的行为就像一个单值流——延迟求值并采用内存存储[1]。

尽管这种情况不太常见,但延迟初始化也可应用于局部变量。例如,对于代码清单 12.7 中的 hanoi 函数,此处将其重写以便引入局部变量 before 和 after:

```scala
                                                          ── Scala ──
def hanoi[A](n: Int, from: A, mid: A, to: A): LazyList[(A, A)] =
  if n == 0 then LazyList.empty
  else
    lazy val before = hanoi(n - 1, from, to, mid)
    lazy val after = hanoi(n - 1, mid, from, to)
    before #::: (from, to) #:: after
```

如果没有 lazy,那么在"#:::"和"#::"发挥效用之前,before 和 after 流都会完成求值,导致延迟性完全消失。

---

1 一个额外的收获是,lazy val 是线程安全的:即使多个线程同时访问 value,也能保证只创建一次代价高昂的对象。众所周知,以前的变体并非如此。如果不需要它,可以关闭此线程的安全性以提高性能。

12.11 示例: 子集和

子集和(subset-sum)是理论计算机科学中的一个经典问题。它可以被定义为: 给定一个包含多个整数的多集, 找到一个内部元素加起来等于给定目标的子集。多集是一个可能重复的集合, 在本节中表示为列表, 简称为集合。有些问题有一个或多个解决方案, 而另一些问题则一个也没有。例如, 给定一组数字(-1、3、-6、-6、11、7 和 3), 目标 18 是可达到的(11+7=18), 而目标 19 则不可达。

子集和是 NP 完备的。然而, 可以使用简单(但无效)的分而治之的方式来解决这个问题。要达到目标 T, 需要从集合中选择一个元素 x, 并尝试用剩余的数字达到 T-x。如果可以做到这一点, 就可以把 x 添加到能做到这一点的集合中, 得到一个内部元素加起来等于 T 的集合。如果不能达到 T-x, 就不能使用 x。剩下的唯一可能性是尝试用剩下的数字达到 T。

这个算法是自然递归的: 子集和是基于一个较小集合的两个子问题来解决的——一个试图达到 T-x, 另一个试图达到 T。与前面讨论的一些递归算法(如汉诺塔、快速排序和合并排序)的关键区别在于, 此处可能不需要解决这两个子问题: 如果第一次递归计算成功, 则不必解决另一个问题。可以编写一个递归函数来求解子集和:

```scala
                                                                    Scala
def findSum(target: Int, numbers: List[Int]): Option[List[Int]] =
  if target == 0 then Some(List.empty) // target is zero: trivial solution
  else
    numbers match
      case Nil => None // target is non-zero and set is empty: no solution
      case first :: others =>
       (findSum(target - first, others).map(first :: _) // first rec call succeeds
        orElse findSum(target, others)) // otherwise, try second rec call
```

代码清单 12.10   子集和的递归实现;另请参见代码清单 12.11

为了处理无解的问题, 该函数会返回一个选项。变量 target 对应前面算法中的 T, first 则对应 x。第一次递归调用, 即 findSum(target-first, others), 试图求解 T-x 问题。如果成功, 则使用 map 将 first 添加到选项内的列表中。如果第一个递归调用没有生成列表, 那么第二次调用, 即 findSum(target, others), 将尝试在不使用 first 的情况下求解问题。重要的是, 只有在第一次递归调用未能生成解时, 才会进行第二次递归调用。这种行为由以下事实保证: orElse 的参数是按名称传递的, 并且只有在第一个选项为空时才计算。

补充一点, 注意, 由于列表是不可变的, 因此实现已被简化。特别是, 尽管递归调用已在概念上"浸入"数字列表, 但在两个递归调用中都将列表 others 用作参数。如果列表发生了变化, 为了在第二次调用中重用列表, 将需要先"撤消"第一次计算中的更改。

子集和问题可能有多个解。例如, 18 也可以使用示例集中的数字通过 3-6+11+7+3=18 得出。若要计算所有的解, 可以修改 findSum, 使其始终进行第二次递归调用, 而不管第一次调用是否成功:

```scala
                                                        ─── Scala ───
def findAllSums(target: Int, numbers: List[Int]): Set[List[Int]] =
  if target == 0 then Set(List.empty)
  else
    numbers match
      case Nil => Set.empty
      case first :: others =>
        (findAllSums(target - first, others).map(first :: _)
          union findAllSums(target, others))
```

代码清单 12.11　子集和的所有解；对比代码清单 12.10 和代码清单 12.12

findSum 和 findAllSums 之间的差异很小。选项被替换为集合，而 orElse 被替换为 union。与 orElse 相反，union 方法总是对它的两个参数求值。

考虑到其相似性，是否可通过一种方案来避免编写两个函数？如果手上有一个问题的所有解，则总是可以选择一个，因此可能会尝试用 findAllSums 来实现 findSum：

```scala
                                                        ─── Scala ───
// DON'T DO THIS!
def findSum(target: Int, numbers: List[Int]): Option[List[Int]] =
  findAllSums(target, numbers).headOption
```

这种方案的问题在于，即使只需要一个解，findSum 也会计算所有的解。相比之下，一旦找到解，代码清单 12.10 中的函数就会停止计算。这可以通过编写 findAllSums 的延迟求值变体来补救：

```scala
                                                        ─── Scala ───
def lazyFindAllSums(target: Int, numbers: List[Int]): LazyList[List[Int]] =
  if target == 0 then LazyList(List.empty)
  else
    numbers match
      case Nil => LazyList.empty
      case first :: others =>
        lazyFindAllSums(target - first, others).map(first :: _)
          #::: lazyFindAllSums(target, others)
```

代码清单 12.12　子集和解的延迟推导；对比代码清单 12.11

同样，此处的代码更改量也很小。集合被替换为流，union 被替换为延迟求值的"#:::"。之后，便可将此函数用作各种子集和函数的基础：

```scala
                                                        ─── Scala ───
def findSum(target: Int, numbers: List[Int]): Option[List[Int]] =
  lazyFindAllSums(target, numbers).headOption

def findAllSums(target: Int, numbers: List[Int]): Set[List[Int]] =
  lazyFindAllSums(target, numbers.sorted).toSet
```

```
def findShortestSum(target: Int, numbers: List[Int]): Option[List[Int]] =
  lazyFindAllSums(target, numbers).minByOption(_.length)
```

findSum 函数只计算流的第一个元素，并会在找到一个解时停止计算，如代码清单 12.10 所示。在 findAllSums 中，对 toSet 的调用会强制对整个流进行求值来计算所有的解[1]。函数 findShortest 还会计算整个流，以找到最小长度的解。它使用 minByOption(minBy 的一个变体，同样适用于空集合)通过长度对比所有解。

12.12 小结

- 在支持高阶函数的语言中，可以用计算显式参数的函数替换显式参数，从而将参数的计算延迟到需要其值的时候。特别是，如果永远不需要参数的值，则可能永远都不会计算它。
- 一些编程语言添加语法来确保在不显式创建函数的情况下传递未赋值的参数。通常，函数由编译器创建，并对用户不可见。有一段时间，一些函数式编程语言(如 Miranda 和 Haskell)甚至试验了传递所有未求值参数的想法。
- 有时可以使用未求值的参数来创建已嵌入可重用模式且类似于标准编程语言结构的抽象。这样的结构可以设计成一种内部领域特定语言———类语言中的微语言。
- 流是延迟求值和(通常)采用内存存储的序列。它们的值只在需要时才进行计算，如果流采用内存存储，则会被存储起来供后续检索。
- 流非常适合数据的管道转换。通过延迟求值，它们不需要为管道的每个阶段分配单独的数据结构。
- 只要不尝试对整个序列求值，流也可以用来实现概念上的无限序列。无限流通常可以用函数式的替代方案(如迭代器和状态生成器)替换可变对象。
- 由于采用内存存储，流在内存中增长时存在泄漏的风险。语言可以定义只引入延迟的非内存存储变体。它有时被称为视图(但也称为迭代器，甚至流，这很容易让人混淆)。
- 除了延迟参数和延迟求值的数据结构外，语言还支持字段和局部变量的延迟初始化。这可以用来延迟成本较大的代码计算，直到首次使用 value 时为止，如果从未使用过 value，则可能避免整个计算。

---

1 数字列表是预先排序的，因此解总是以有序的数字列表的形式生成。否则，集合可能包含"重复项"，如 List(3, 7)和 List(7, 3)。

第 13 章
故 障 处 理

函数式编程以使用由函数产生和消费的值为中心。因此，在进行函数式编程时，一种自然的做法是将故障视为特殊值而非使用异常。一些标准类型通常用于表示故障，最常用的是 Option、Try(也称为 Result)和 Either。这些类型可以由高阶函数操作，以处理有效值并通知错误或从中恢复。因为高阶函数嵌入了自己的控制流，所以这种错误处理方式特别适合那些难以捕获异常的管道计算。

13.1 例外情况和特殊值

通常，软件应用程序的组件无法针对意外作出充分的反应，这是因为处理这种情况所需的数据和逻辑仅存于另一个组件中。一旦出现非预期情形，便会将故障信息传播到系统内部可以正确处理该问题的其他地方。

一种方案是使用表示故障的"特殊"值，但这极易引发其他错误。一个著名且使用最广泛的特殊值为 null。它也是无数故障的来源。另一个常见的错误值是-1，用于表示缺失的整数。5.3 节曾简要地提到，使用选项比使用 null 更可取。本章对这一论点进行了补充阐释，并介绍了除选项外适用于错误处理的其他类型。

在支持异常的语言中，可以将异常用作特殊值的替代项。异常的一个主要好处是，不存在将它们当作有效输出(如 null 或-1)来使用的风险。然而，异常的危险在于，当异常未得到处理时，它们可能会在很大程度上扰乱应用程序，甚至导致应用程序突然终止。

为了对比这些不同的方案，先来看如下示例。函数在列表中搜索指定的元素，并返回该元素的位置(作为索引)。其签名如下：

Scala

```scala
def search[A](values: List[A], target: A): Int = ... // returns -1 when not found
```

即使未在列表中找到目标，此函数也需要返回一个整数。例如，Scala 的 indexWhere 函数通常将-1 作为表示搜索失败的特殊值返回。

现在假设使用此 search 函数从列表中提取两个给定目标之间的所有值：

Scala

```scala
// DON'T DO THIS!
def between[A](values: List[A], from: A, to: A): List[A] =
  val i = search(values, from)
  val j = search(values, to)
  values.slice(i min j, (i max j) + 1)
```

只要在列表中找到了这两个目标，一切便相安无事：

Scala

```scala
val words = List("one", "two", "three", "four")

between(words, "two", "four") // List("two", "three", "four")
between(words, "four", "two") // List("two", "three", "four")
```

但凡其中一个目标缺失，该函数都会崩溃：

Scala

```scala
between(words, "two", "five") // List("one", "two")
between(words, "ten", "four") // List("one", "two", "three", "four")
```

虽然没有报错，但输出没有意义。当然，问题在于 between 函数的实现缺少用于检查目标是否确实存在于列表中的代码。编译器也不能帮助查明到底缺少了什么。像-1 这种可以被用作实际值的特殊值特别危险。在某些语言中，-1 实际上是一个有效的索引，它指向序列的最后一个元素。

另一个经常用于表示故障的值为 null[1]：

Scala

```scala
def search[A](values: List[A], target: A): Integer = ... // returns null when not found
```

null 不能用作数字，当找不到目标时，相同的 between 实现不会产生无意义的值：

Scala

```scala
between(words, "two", "four") // List("two", "three", "four")
between(words, "four", "two") // List("two", "three", "four")
between(words, "two", "five") // throws NullPointerException
between(words, "ten", "four") // throws NullPointerException
```

这一切喜忧参半。一方面，消除了使用错误列表继续计算的风险。另一方面，如果不处理异常，则有可能造成很大的损害，例如，全面停止服务器，而非只让一个事务失败。

函数 search 可以依靠异常而非使用特殊值来标识元素的缺失：

Scala

```scala
// throws NoSuchElementException when not found
def search[A](values: List[A], target: A): Int = ...
```

---

1 返回类型从 Int 改为 Integer，因为在 Scala 中类型 Int 不包含 null。

不过，并没有任何规则强制 between 函数处理异常。没有检查缺失目标的实现当下抛出 NoSuchElementException(而不是 NullPointerException)，这同样有可能造成大范围的破坏[1]。

13.2   使用 Option

选项(option)是处理可能无法产生值的计算的主要机制。之前已经在 find(见 9.1 节)和 findSum(见 12.11 节)等搜索函数的上下文中讨论过选项。实际上，代码清单 6.9 中自定义的二进制搜索函数就使用了一个选项来返回索引。

搜索可以生成 Option[Int]类型的值，而不是返回-1 或 null，并使用 None 表示搜索不成功：

Scala
```
def search[A](values: List[A], target: A): Option[Int] = ...
```

此定义的好处是，以前的 between 函数实现缺少错误处理代码，因此不能再进行编译。相反，需要显式解决搜索失败这一问题：

Scala
```
def between[A](values: List[A], from: A, to: A): List[A] =
    (search(values, from), search(values, to)) match
      case (Some(i), Some(j)) => values.slice(i min j, (i max j) + 1)
      case _ => List.empty
```

故障情况可以用任何方式处理。这里选择的语义是返回一个空列表。

13.3   使用 Try

通过使用选项，可以在没有异常的情况下处理错误，同时避免在同一类型中使用特殊值的危险。然而，选项完全没有提到故障的起因。当需要关于错误性质的更多信息时，可以使用 Try 类型(在某些语言中也称为 Result)。它是一个有两个备选项的类型，和 Option 相似。第一个选项——Success(value)表示一个可用的值，类似于 Some(value)。第二个选项——Failure(error)表示错误，可用于提供比 None 选项更多的信息。

例如，between 函数搜索的列表可能来自一个文件，对该文件的读取可能会因为以下几个原因而失败：未找到文件，文件为空，权限不允许读取，等等。返回一个选项的 readFile 函数将完全隐藏失败的原因。或者，可以定义 readFile 来返回 Try：

---

1 Java 使用已检查(checked)异常的概念，这迫使调用代码要么处理异常，要么显式地将其声明为正在重新抛出。该机制旨在防止开发人员忽略可能的异常，但它很难处理，尤其是在使用 lambda 表达式时。该机制对此处的论述毫无助力，因为如果能确定目标在列表中，开发人员可能更愿意忽略异常。事实上，NoSuchElementException 在 Java 中是一个未检查的异常。我不知道如今还有哪种语言使用已检查异常。

```scala
def readFile(file: Path): Try[List[String]] = ...
```

与 Option 一样，Try 类型也支持高阶方法。可以使用 map 将字符串列表(如果有的话)填充至 between 函数中。在 Try 中，函数 map 转换了一个有效值，而失败值保持不变：

```scala
readFile(wordFile).map(between(_, "two", "three")) // Success(List("two", "three"))
readFile(notFound).map(between(_, "two", "three")) // Failure(...)
```

这两个表达式的类型都为 Try[List[String]]。如果文件 wordFile 包含前面使用的单词序列，则第一个表达式为成功值。如果文件 notFound 不存在，则第二个表达式是 readFile 返回的失败值，它未被 map 改变，并包含相关的 NoSuchFileException。

10.3 节曾提及如何使用 flatMap 通过自身产生选项的计算来转换可选值。Try 也是如此：

```scala
def compute(list: List[String]): Int = ...
def computeOrFail(list: List[String]): Try[Int] = ...

readFile(...).map(compute) // of type Try[Int]
readFile(...).flatMap(computeOrFail) // of type Try[Int]
```

如果文件读取失败，两个表达式都会产生一个失败值，并出现导致 readFile 失败的异常。如果文件可以读取，则第一个表达式是成功值。第二个表达式仍然可以是成功值或失败值，这取决于 computeOrFail 返回的内容。

如果倾向于忽略失败的原因，可以将 Try 类型改为选项：

```scala
readFile(...).toOption // of type Option[List[String]]
```

Try 类型在并发编程中被大量使用，用于将异常从一个线程传递到另一个线程(本书第 II 部分提供了几个示例)。先来看一下 Java 中 future 的使用：

```java
future.whenComplete((value, error) -> {
  if (error == null) ... // use value
  else ... // handle error
});
```

接下来看一下 Scala 中的相同程序：

```scala
future.onComplete {
  case Success(value) => ... // use value
  case Failure(error) => ... // handle error
}
```

使用 Try 比处理一个元素始终为 null 的对组(value, error)更方便、更安全。

13.4　使用 Either

Try 类型主要用于处理故障。与 Option 不同的是，它还可以用于其他目的。另一种标准的通用类型——Either 有两个备选值，有时也用于错误处理。

Option 是一个值或者没有值，Try 是一个值或者一个异常，而 Either 是一个值或者另一个值(这两个值可能是不同的类型)。类型为 Either[A, B]的值要么是 Left[A]，要么是 Right[B]。从概念上讲，可以将 Option[A]视为 Either [None.type, A]，并将 Try[A]视为 Either[Throwable, A]。习惯上用 Right 表示成功的路径，并用 Left 表示替代的路径。因此，像 contains、map 和 filter 这样的方法只对右侧部分起作用[1]。

可以定义一个 readFile 函数，以列表的形式返回文件的内容，或者在文件无法读取时返回错误信息：

Scala

```scala
def readFile(file: Path): Either[String, List[String]] = ...
```

然后，像使用 Option 或 Try 时一样，通过 map 和 flatMap 使用返回值：

Scala

```scala
readFile(wordFile).map(between(_, "two", "three")) // Right(List("two", "three"))
readFile(notFound).map(between(_, "two", "three")) // Left("not found: ...")
```

Either 类型是通用的。如果 Either 值的左侧部分有异常，则可以使用 toTry 将 Either 改为 Try。也可以使用 toOption 完全忽略左侧部分。相反，可以通过指定额外的左侧或右侧部分将选项转换为类型为 Either 的值，并在 Scala 中进行延迟求值：

Scala

```scala
Some(42).toRight("no number") // Right(42)
None.toRight("no number") // Left("no number")
```

还可使用 fold 将类型为 Either[A, B]的值的内容提取为类型为 C 的值，为此，可提供两个函数，一个用于 A => C 类型的左侧，另一个用于 B => C 类型的右侧：

Scala

```scala
def mkString(stringOrNumber: Either[String, Int]): String =
  stringOrNumber.fold(identity, n => if n < 0 then s"($n)" else s"$n")

mkString(Right(-42)) // "(-42)"
mkString(Left("no number")) // "no number"
```

当需要返回与常规值类型相同的特殊值时(例如，字符串函数中的错误信息)，可以在左右

---

1 这可以通过 left 方法进行更改：either.left.map(...)可转换 either 值的左侧部分。

两侧使用相同类型的 Either。例如，Java 库函数 binarySearch 搜索一个排序数组。如果找到该元素，则返回相应的索引。否则，该函数返回一个负数 n，使得$-n-1$ 为该元素在数组中所处位置的索引。通过这种方式，可以轻松地访问位于缺失元素之前或之后的元素。

为了消除将这个负值用作索引的风险，可以使 binarySearch 返回 Either[Int, Int]类型的值，在找到元素时使用 Right，在找不到元素时则使用 Left 返回有用的信息。对于给定的数字 x，Left(x) 和 Right(x)的值是不同的，调用代码可以用不同的方式处理它们。

13.5 高阶函数和管道

除了遗漏了必要的处理外，异常还给函数式编程带来了另一个难题：高阶函数。抛出和捕获异常是控制流的一种形式：通过抛出异常，可以"跳转"到可处理这种情况的代码。相比之下，高阶函数倾向于嵌入自己的控制流，并且无法承受异常对其的干扰。

例如，假设有一些按如图 13.1 所示格式编写城市名和华氏温度的文件。

```
Austin: 101
Chicago: 88
Big Spring: 92
```

图 13.1 城市名和华氏温度

应用程序需要从文件中读取位置和温度，关注 Texas(得克萨斯州)记录的温度，将华氏温度转换为摄氏温度，并生成一个格式与输入文件类似的字符串列表。可以将其实现为高阶函数的管道：

Scala

```scala
@throws[IOException]
def readFile(file: Path): List[String] = ...

@throws[ParseException] @throws[NumberFormatException]
def parse(line: String): (String, Int) = ...

@throws[NoSuchElementException]
def stateOf(city: String): String = ...

def convert(input: Path): List[String] =
  readFile(input).view
    .map(parse)
    .filter((city, _) => stateOf(city) == "TX")
    .map((city, temp) => (city, ((temp - 32) / 1.8f).round))
    .map((city, temp) => s"$city: $temp")
    .toList
```

代码清单 13.1 没有处理故障的管道示例；对比代码清单 13.2

可以使用 map 将行解析成对组，使用 filter 过滤掉不在 Texas 内的城市，再使用 map 将华氏温度转换为摄氏温度，最后使用 map 生成最终字符串。这里的 view/toList 并不是必需的，但可用于避免创建中间列表。在示例文件中，convert 函数生成列表["Austin: 38", "Big Spring : 33"]。

此计算中可能出现许多问题：无法读取文件，无法在数据库中找到城市，或者无法将某行解析为城市名称和数字。

代码会针对上述每种情况抛出一个异常。如果不处理，任何异常都可能终止整个管道。一种替代方案是，标记不正确的行，跳过未知的城市，或者用默认值替换缺失的温度值。但问题是，在管道中处理异常并不容易。函数 map 和 filter 实现了通用行为，如果不修改用作其参数的函数，就不可能在发生异常时告诉它们跳过或替换某个值。

你需要的是可返回特殊值的 readFile、parse 和 stateOf 的变体，而不是抛出异常，为此，可以使用 Option、Try 和 Either 等类型。作为练习，接下来可以尝试修改代码清单 13.1，以便按照以下方式处理前面提到的可能的故障：

- 读取输入文件时的 I/O 错误会转发给用户；
- 无法解析为城市名和温度值的行保持不变，但需要用中括号括起来；
- 忽略不在 Texas 内或函数 stateOf 未知的城市；
- 无法解析为整数值的温度被替换为单词 unknown。

函数 readFile、stateOf 和 parse 被改为不使用异常，然后管道依赖 Option、Try 和 Either 方法执行所需的错误处理：

Scala

```scala
def readFile(file: Path): Try[List[String]] = ...

def parse(line: String): Either[String, (String, Option[Int])] = ...

def stateOf(city: String): Option[String] = ...

def convert(input: Path): Try[List[String]] =
  readFile(input).map { lines =>
    lines.view
      .map(parse)
      .filter(_.forall((city, _) => stateOf(city).contains("TX")))
      .map { badLineOrPair =>
        badLineOrPair
          .map((city, temp) => (city, temp.map(t => ((t - 32) / 1.8f).round)))
          .fold(
          line => s"[$line]",
           (city, temp) => s"""$city: ${temp.getOrElse("unknown")}"""
        )
    }
    .toList
}
```

代码清单 13.2　具有故障处理的管道示例；对比代码清单 13.1

接下来将此展开来说明。函数 readFile 返回一个包含一个行列表或一个 I/O 异常的 Try。函数 parse 返回一个 Either 值。当代码行可以被解析(右)或保持不变(左)时，便会产生对组。每个对组都包含一个城市名和一个温度值，但温度值被放入一个选项中，以便处理不能转换为整数值的字符串。最后，函数 stateOf 将城市映射到州，而选项被用来处理未在数据库中列出的城市。

convert 所做的第一件事就是将 map 应用于 readFile 返回的 Try 值。如果它是一个异常，map 就保持不变，而 convert 返回一个带有 I/O 异常的失败值。否则要处理一个行列表：将 view 设置为延迟，并使用 map 对每行应用 parse。然后将函数 filter 应用于当下的 Either 值列表。每个值要么是无法解析的一行，要么是包含城市名和可选温度值的一个对组。使用 forall 对这些值进行测试——因为所有 Left 值的测试结果都为 true，所以只需要对 Right 值进行测试[1]。因此，未解析的行保留原样，但可能会消除对组。用于消除它们的测试调用城市名的 stateOf，并检查返回的选项是否包含字符串"TX"。该测试用于 None(未知城市)和不带字符串"TX"的选项(不在 Texas 内的城市)时的结果都为 false。

管道的下一阶段使用 map 来转换各个剩余的 Either 值(代码中的变量 badLineOrPair)。第一次转换将华氏温度转换为摄氏温度。未解析的行仍然保持不变，因为 map 只转换 Right 值。转换本身是通过在包含温度值的选项上使用 map 来实现的。第二次(也是最后一次)转换通过向未解析的行添加中括号或用温度值格式化城市名，以基于每个 Either 值创建一个字符串。温度值(现在以摄氏度为单位)是从其选项中提取的，getOrElse 可用于将缺失的温度值替换为字符串"unknown"。

convert 的这个变体会在示例文件上产生与之前相同的输出。图 13.2 展示了一个格式不规范的文件。

```
Austin: hot
Chicago: 88
Big
Spring: 92
```

图 13.2　格式不规范的文件

图 13.2 所示的文件会产生列表["Austin: unknown", "[Big]"]。Chicago 因不在 Texas 内而被淘汰，Spring 则因不在数据库中而被淘汰。

注意，在这种编程风格中，错误倾向于以空 Option、失败的 Try 或左 Either 值的形式沿着管道传播。相比之下，抛出的异常将上升到管道的顶部，上面的高阶函数不会对其进行处理，且会忽略其之下的所有状况。

与以前的版本相比，函数 convert 更新后的代码可能看起来很复杂(在那些不熟悉函数式编程的人眼中更是如此)，而且错误也不容易处理。没有 Option、Try、Either 及其高阶方法的替代方案更是难上加难。

---

1 这一行很棘手：filter 被应用于一个序列，forall 被应用于类型为 Either 的值，而 contains 被应用于选项。

13.6　小结

- 函数可以通过返回特殊值来处理故障。但是，在相同的返回类型(对象为null，整数为-1)中选择这些值时很容易出错。这使得调用端的代码很容易忘记检查这些值。特别是空值，众所周知，它已经被滥用为一种廉价的错误报告形式。

- 为了产生错误值，函数式程序通常会以备选的形式依赖于特定的类型。这些类型中最简单的是 Option，它既可以表示值，也可以表示没有值。当需要更多与故障相关的信息时，可以使用其他类型，包括 Try(存储异常)和 Either(包含替代值)。

- 那些允许在出现故障时继续进行计算的高阶函数往往支持 Option、Try 和 Either 等类型。高阶函数用于转换有效值、通知错误或从错误中恢复，而不需要显式的错误检查。

- 一般来说，异常不太适合函数式编程风格，因为它们偏离了返回值的函数的核心原理，并且经常破坏嵌入高阶函数中的控制流。

第 14 章
案例研究：蹦床

Scala 编译器会优化(大多数)尾递归函数，并生成将它们实现为循环的代码。其他语言(如 Java)则没有这样的函数。即使在 Scala 中，尾递归函数之外的尾调用也不会被优化。本案例研究将实现蹦床——一种用于尾调用优化的经典策略。整个案例展示了如何在不使执行堆栈增长的情况下(甚至在 Java 中)使用蹦床策略来实现尾递归调用。然后对策略进行细化，以处理非尾调用。

14.1 尾调用优化

6.5 节曾讨论过尾递归函数。一些编译器(包括 Scala 编译器)会优化函数的实现，使单个递归调用成为最后一个操作[1]：

Scala

```scala
@tailrec
def zero(x: Int): Int = if x == 0 then 0 else zero(x - 1)

zero(1_000_000) // 0
```

函数 zero 被实现为一个循环，可以处理大的输入值。

然而，目前的 Scala 编译器并没有优化所有的尾调用。特别是，相互递归函数中的尾调用会使执行堆栈增长：

Scala

```scala
def isEven(n: Int): Boolean = if n == 0 then true else isOdd(n - 1)
def isOdd(n: Int): Boolean = if n == 0 then false else isEven(n - 1)

isEven(42)      // true
isOdd(42)       // false
isEven(1_000_000) // throws StackOverflowError
```

代码清单 14.1　未优化的尾调用示例；对比代码清单 14.3

---

1 在整章中，整数参数在所有示例中都被假设为非负的。

即使对 isOdd 的调用是函数 isEven 内部的最后一个表达式(反之亦然)，编译器也不会进行优化，而且，如果对足够大的数字调用 isEven，将导致堆栈溢出。

14.2　用于尾调用的蹦床函数

第 6 章末尾曾提到，蹦床[1]函数或许可以用作一种优化尾调用的技术。可以使用 thunk 实现蹦床函数，thunk 是在延迟求值上下文中已经讨论过的无参数函数。其核心思想是将函数调用替换为延迟该调用的 thunk。求值时，该 thunk 产生另一个 thunk，其中包含下一个函数调用，以此类推。这条 thunk 链是延迟构建的，只需要很少的内存。此外，可以在尾递归函数(或循环)中逐个求值，而不受堆栈大小的限制。

蹦床可以实现为一种 Computation 类型，通过计算的返回类型进行参数化。与之前的案例研究一样，此处省略了访问修改器，并且本章中的所有类都是公有的[2]：

Scala

```scala
trait Computation[A]:
  @tailrec
  final def result: A = this match
    case Done(value) => value
    case Call(thunk) => thunk().result

case class Done[A](value: A)                   extends Computation[A]
case class Call[A](thunk: () => Computation[A]) extends Computation[A]
```

代码清单 14.2　Scala 中用于尾调用优化的蹦床函数

计算有两种形式：Done 表示已完成的具有最终值的计算，Call 表示正在进行的未求值的 thunk 计算。result 方法通过逐一运行所有 thunk 来计算值。这便是尾递归，且由 Scala 编译器优化成循环。

可以定义两个附加组件以构建更好的语法结构(从现在起，假设它们均在范围内)：

Scala

```scala
implicit def done[A](value: A): Computation[A] = Done(value)
def call[A](comp: => Computation[A]): Computation[A] = Call(() => comp)
```

done 函数将一个值封装在 Done 类的实例中，以创建一个完整的计算。将该函数定义为隐式函数，以便编译器根据类型分析自动触发转换。函数 call 使用按名称参数(参见 12.2 节)来隐藏蹦床函数用户的 thunk。

之后，便可以按如下方式重写奇偶示例：

---

1 蹦床这个术语来源于这样一个执行过程：从一个计算"弹跳"至另一个计算，而不依赖嵌套的函数调用。蹦床可以用连续体来描述，不过本书没有介绍连续体，这是因为在本案例研究中，若将蹦床和连续体放在一起讲解，将很容易混淆。相反，在本章中，蹦床被视为一种延迟计算的形式。

2 应密封 Computation 特性，以防止添加 Done 和 Call 以外的子类型。

```scala
                                                                    — Scala —
def isEven(n: Int): Computation[Boolean] = if n == 0 then true else call(isOdd(n - 1))
def isOdd(n: Int): Computation[Boolean] = if n == 0 then false else call(isEven(n - 1))

isEven(1_000_000).result // true
```

代码清单 14.3　使用蹦床函数优化过的尾调用；对比代码清单 14.1

求值时，表达式 isEven(1_000_000) 会创建一个计算对象 Call(() => isOdd(999_999))，并在此结束。调用 result 触发实际的计算，并且如前所述，将其实现为循环。整个过程完全没有使执行堆栈增长。实际上，执行堆栈已经被一个延迟计算的 thunk 序列所取代。如果没有附加组件，这两个函数看起来便有些不尽如人意。必须这样写 isEven：

```scala
                                                                    — Scala —
def isEven(n: Int): Computation[Boolean] =
  if n == 0 then Done(true) else Call(() => isOdd(n - 1))
```

14.3　Java 中的尾调用优化

14.2 节中使用尾递归函数对蹦床进行求值，Scala 编译器将其实现为循环。你也可以自己写一个循环，使蹦床函数可以将尾调用优化引入一种不支持任何形式的语言中。蹦床函数已经被用于将支持尾调用优化的函数式语言编译成不支持尾调用优化的语言，如 C 语言。

下面将蹦床函数重新应用至 Java。Java 是一种完全(仍旧)没有尾调用优化的语言[1]：

```java
                                                                    — Java —
interface Computation<A> {
  A result();

  static <T> Computation<T> done(T value) {
    return new Done<>(value);
  }

  static <T> Computation<T> call(Supplier<Computation<T>> thunk) {
    return new Call<>(thunk);
  }
}

record Done<A>(A value) implements Computation<A> {
  public A result() {
  return value;
}
```

---

1 record 类用于提升 Java 代码的紧凑性及其与 Scala 的相似性。

```
}

record Call<A>(Supplier<Computation<A>> thunk) implements Computation<A> {
   public A result() {
      Computation<A> calc = this;
      while (calc instanceof Call<A> call)
         calc = call.thunk().get();
      return calc.result();
   }
}
```

代码清单 14.4　Java 中用于尾调用优化的蹦床函数

该方案与代码清单 14.2 相同。Java 类型 Supplier<T>对应于一个没有参数且返回类型 T
的函数。为了帮助构建蹦床函数，这里与前面一样定义了辅助函数 done 和 call。由于 Java 不支
持任何尾递归优化，因此在 result 方法中对蹦床函数的求值使用了常规的 while 循环，执行与
Scala 变体相同的计算。

现在可以用 Java 重写奇偶示例：

Java

```
Computation<Boolean> isEven(int n) {
   if (n == 0) return done(true);
   else return call(() -> isOdd(n - 1));
}
Computation<Boolean> isOdd(int n) {
   if (n == 0) return done(false);
   else return call(() -> isEven(n - 1));
}

isEven(1_000_000).result() // true
```

代码清单 14.5　使用了蹦床函数以及 Java 变体的优化尾调用

Scala 变体的主要区别在于，需要显式调用函数 done(而非依赖 Scala 中的隐式转换)，而且
必须以 lambda 表达式作为函数 call 的参数(而非 Scala 中按名称调用的参数)。

14.4　处理非尾调用

代码清单 14.2 和代码清单 14.4 中实现的蹦床函数只能处理尾调用。那么，可以做什么来处
理非尾调用，从而在不使执行堆栈增长的情况下处理一般递归呢？如果调用不在尾部位置，则
需要采取措施在持续运行的代码中使用调用产生的值。常见思路是使用 map(和 flatMap)根据一
些额外的计算来转换函数调用的结果。本节使用 map 和 flatMap 方法扩展 Computation 类型，

以处理非尾调用。

先来看一个非尾递归 factorial 函数示例：

```scala
                                                                    ─ Scala ─
def factorial(n: Int): BigInt = if n == 0 then BigInt(1) else factorial(n - 1) * n

factorial(1_000_000) // throws StackOverflowError
```

该函数非尾递归，因为在递归调用之后需要进行计算(乘以 n)。为此，在计算 factorial(n-1)时，需要在执行堆栈上保留 n，并且堆栈会增长。若输入过大，堆栈内存不足，则函数会显示 StackOverflowError，表示执行失败。

如果使用代码清单 14.2 中的 Computation 类型，递归调用 factorial(n-1)将生成 Computation[BigInt]类型的值。然后，需要将此计算中(尚未计算)的 BigInt 乘以 n，以生成另一个 Computation [BigInt]。这表明将计算视为之前在 10.9 节中讨论 map 时谈到的一个"框"。实际上，计算 n 的阶乘的计算是 factorial(n - 1).map(x => x*n)。因此，只需要在 Computation 类型中添加一个 map 方法。它可以简单地按如下方式实现：

```scala
                                                                    ─ Scala ─
// DON'T DO THIS!
trait Computation[A]:
   @tailrec
   final def result: A = this match
      case Done(value) => value
      case Call(thunk) => thunk().result

   def map[B](function: A => B): Computation[B]

case class Done[A](value: A) extends Computation[A]:
   def map[B](f: A => B): Computation[B] = Done(f(value))

case class Call[A](thunk: () => Computation[A]) extends Computation[A]:
   def map[B](f: A => B): Computation[B] = Call(() => Done(f(thunk().result)))
```

若要对 Done 对象调用 map(f)，只需要将 f 应用于内部的值。在 Call 对象上，map 会生成一个新的计算，该计算将 f 应用于当前计算的结果。

这种方案的问题是，当计算结果时，执行堆栈会变长。如果 c2=c1.map(f)，那么 c2.result 的求值将涉及计算 f(c1.result).result。换句话说，在对 result 进行尾调用之前(它仍会被优化为循环)，执行会重新输入 result 以应用 f。如果调用 map 的求值链足够长，那么堆栈的空间仍旧会被耗尽。

为了避免这种情况，需要更新 Computation 的实现。本节的其余部分将重点介绍 flatMap(而非 map)的实现。原因是需要 flatMap 来处理具有多个递归调用的函数，并且 map 始终可以从 flatMap 衍生而来。

注意

这里开发的实现遵循了 Rúnar Óli Bjarnason 在其文章 "Stackless Scala with Free Monads" 中定义的策略。在标准 Scala 库中，该策略被更稳健地实现为 scala.util.control.TailCalls。

因为 Call 类中的 map 方法使用 result 为函数 f 生成合适的输入，所以刚刚给出的 Computation 实现遇到了问题。该问题可以通过延迟创建使用 f 的计算来避免，直到实现 result 为止。在此，可以显式地处理对 flatMap 的链式调用，以免执行堆栈增长：

Scala

```scala
trait Computation[A]:
  @tailrec
  final def result: A = this match
    case Done(value) => value
    case Call(thunk) => thunk().result
    case FlatMap(f, arg) => arg match
      case Done(v)         => f(v).result
      case Call(thunk)     => thunk().flatMap(f).result
      case FlatMap(g, arg2) => arg2.flatMap(x => g(x).flatMap(f)).result

  def flatMap[B](f: A => Computation[B]): Computation[B] = FlatMap(f, this)

  def map[B](f: A => B): Computation[B] = flatMap(x => Done(f(x)))

case class Done[A](value: A)                    extends Computation[A]
case class Call[A](thunk: () => Computation[A]) extends Computation[A]

case class FlatMap[A, B](f: A => Computation[B], arg: Computation[A])
  extends Computation[B]
```

代码清单 14.6 使用 map 和 flatMap 扩展蹦床函数

代码清单 14.6 引入了第三个类：FlatMap。flatMap 的调用只会创建此类的一个示例。

result 的实现更为棘手。可以像以前一样处理前两种情况(Done 和 Call)。但是，当需要计算实例 FlatMap(f, arg) 时，则需要对 arg 本身是 FlatMap 的情况进行特殊处理，以处理对 flatMap 的调用链。FlatMap(f, arg) 的求值，即 arg.flatMap(f)，根据 arg 的性质进行：

- Done(v).flatMap(f) 为 f(v)。
- Call(thunk).flatMap(f) 的计算结果为 thunk().flatMap(f)，该计算结果以递归方式进行处理。
- 最后一种情况表示对 flatMap 的链式调用。要计算的表达式是 FlatMap(g, arg2).flatMap(f)，即 arg2.flatMap(g).flatMap(f)。它被替换为等效表达式：arg2.flatMap(x => g(x).flatMap(f))[1]。该表达式将两个 flatMap 链减少为单个 flatMap，并进行递归计算。这避免了任何嵌套的 result 调用，而这正是前面实现中遇到麻烦的根源。

一旦实现了 flatMap，就可以用它来写 map：comp.map(f) 与 comp.flatMap(x => Done(f(x)))

---

[1] 这种等价性是 flatMap 的基本特征之一，10.3 节末尾关于单子的补充知识对此进行了讨论。

等价。有了这个 Computation 实现，便可以使用 map 来处理 factorial 函数内部的非尾递归调用：

```scala
def factorial(n: Int): Computation[BigInt] =
  if n == 0 then BigInt(1) else call(factorial(n - 1)).map(_ * n)

factorial(1_000_000).result // a number with 5,565,709 digits
```

代码清单 14.7　作为蹦床函数的非尾递归 factorial；另请参见代码清单 14.10

鉴于 factorial 函数只进行一次递归调用，map 足以满足需求。当一个函数进行多次递归调用时，这些递归调用便可以与 flatMap 搭配使用。例如，可以使用蹦床策略在二叉树上重写先前的函数 size：

```scala
def size[A](tree: BinTree[A]): Computation[Int] = tree match
  case Empty => 0
  case Node(_, left, right) =>
    call(size(left)).flatMap(ls => call(size(right)).map(rs => 1 + ls + rs))
```

代码清单 14.8　作为蹦床函数的非尾递归 size；另请参见代码清单 14.10

第一个递归调用——size(left)生成左子树的大小(作为值 ls)。此值使用 flatMap(而非 map)进行转换，因为转换中应用的函数生成的是 Computation[Int]，而非 Int。为获得此计算，可通过递归调用 size(right)来获得正确的大小(rs)，然后使用 map 将 rs 转换为 1+ls+rs。

代码清单 12.6 中的 hanoi 函数可以转换为类似的蹦床函数：

```scala
def hanoi[A](n: Int, from: A, middle: A, to: A): Computation[List[(A, A)]] =
  if n == 0 then List.empty
  else
    val call1 = call(hanoi(n - 1, from, to, middle))
    val call2 = call(hanoi(n - 1, middle, from, to))
    call1.flatMap(moves1 => call2.map(moves2 => moves1 ::: (from, to) :: moves2))
```

代码清单 14.9　作为蹦床函数的非尾递归 hanoi；另请参见代码清单 14.10

10.9 节中，Scala 的 for-yield 构造在编译时被转换为对高阶方法的适当调用。与其直接使用 flatMap，不如编写 factorial、size 和 hanoi 函数，如下所示：

```scala
def factorial(n: Int): Computation[BigInt] =
  if n == 0 then BigInt(1) else for f <- call(factorial(n - 1)) yield f * n

def size[A](tree: BinTree[A]): Computation[Int] = tree match
  case Empty => 0
  case Node(_, left, right) =>
    for
```

```
              ls <- call(size(left))
              rs <- call(size(right))
          yield 1 + ls + rs

def hanoi[A](n: Int, from: A, middle: A, to: A): Computation[List[(A, A)]] =
  if n == 0 then List.empty
  else
      for
          moves1 <- call(hanoi(n - 1, from, to, middle))
          moves2 <- call(hanoi(n - 1, middle, from, to))
      yield moves1 ::: (from, to) :: moves2
```

代码清单 14.10　蹦床函数中的 for-yield；对比代码清单 14.7 至代码清单 14.9

这些函数被编译成与前面所用方案相似的 map 和 flatMap 组合。

14.5　小结

第 12 章探讨了使用 thunk 来延迟参数计算的想法，这种想法也可以用于延迟递归尾调用的计算，这种技术有时被称为蹦床。每个调用都被表示为一个 thunk，执行堆栈被替换为一系列延迟构建的 thunk，这只需要很少的内存。可以使用循环(或者在将其优化为循环的语言中使用尾递归函数)对 thunk 逐个求值。当递归调用不在尾部位置时，其值将用于调用后的进一步计算。为了持续延迟求值，使用该值的计算需要作为转换嵌入蹦床函数中，为此，可以使用 map(对于使用执行堆栈的常规函数调用)或使用 flatMap(对于需要进一步递规调用的转换)。flatMap 的实现很微妙，因为它必须确保长调用链的求值在不使执行堆栈增长的情况下进行。一旦有效地实现了 flatMap 方法，就可以从其衍生出 map。

第 15 章
类型(及相关概念)

与现代语言(如 Scala 或 Rust)或早期语言(如 Java)的更新版本相关的大部分功能(也包括学习曲线)都与类型有关。前面的章节探索了函数式编程,接下来在讨论并发编程语言特性之前,先来看一段插曲,从开发人员的角度讨论几个与类型相关的概念(不包括类型理论)。读者可能很熟悉常见的特性,如静态和动态类型检查、抽象数据类型、子类型和多态性,但不熟悉其他特性,例如,并非所有编程语言都支持的类型推断、类型变换、类型边界和类型类。

15.1 类型策略

主流观点认为不同的编程语言倾向于以不同的方式对待类型。若想彻底讨论每一个与类型相关的概念,就算不涉及实现问题(如类型推断算法),也至少要使用与本书相当的篇幅。这并不是本"插曲"部分的目的。相反,本章旨在简要介绍一些基本思想,以帮助读者在编程语言领域中清晰地定位并过渡到新的语言。

尽管类型理论严格建立在坚实的数学基础上,但如果只是随意地讨论类型或以用户为中心进行讨论,那么情况将变得更加含糊不清。造成此困局的部分原因是无统一的常规术语释义。例如,类型体系经常分为动态(dynamic)与静态(static)以及强(strong)与弱(weak)来讨论。这些术语经常让人感到困惑。一些人认为静态/动态和强/弱分类是等价的,而另一些人则认为它们完全不同。此外,虽然人们对静态类型检查和动态类型检查之间的差异几乎已达成了一致的认知,但是对强和弱的确切含义却颇有争议。对此,不妨先忽略术语问题,下面将通过代码示例介绍足够多的重要观点。

在大多数情况下,静态类型意味着类型检查和类型推断皆作为对源代码分析的一部分由编译器执行。相比之下,动态类型检查是在运行时使用编译器生成的附加代码执行的。

例如,在使用了 Scala(静态类型)和 Python(动态类型)的场景中,假设已经定义了一个包含 title 属性的 Book 类。应用程序创建了一个图书列表并显示了所有的图书标题,但在图书列表中误填入了一个数字:

Scala

```
val books: List[Book] = List(book1, book2, 42) // rejected by the compiler
for book <- books do println(book.title)
```

Scala 编译器拒绝编译该代码：

```Scala
Found: (42 : Int)
Required: Book
```

错误信息写得很清楚：Int 类型的数字 42 不能作为图书列表的一部分。

如果让编译器推断列表的类型，如下所示：

```Scala
val books = List(book1, book2, 42)
for book <- books do println(book.title) // rejected by the compiler
```

则会得到一个不同的错误：

```
value title is not a member of Matchable
```

你想把 book1、book2 和 42 放在同一个列表中，而编译器尝试让此意图变得合情合理。因为 Matchable 是最窄的类型，既适合整数也适合图书(参见 15.5 节)，所以，为了编译第一行，编译器推断变量 books 的类型为 List[Matchable]。然后在第二行编译时失败，毕竟并非所有 Matchable 类型的值都定义了 title 属性。(Matchable 是一种非常广泛的类型：字符串、列表和选项都是"可匹配的"，并且没有标题。)

在类型声明或类型推断两种情况下，程序员的错误都会导致编译中断，并且该错误必须在执行程序之前处理完。将这些编译时出现的错误与如下所示的 Python 程序行为进行对比：

```Python
books = [book1, book2, 42]
for book in books:
    print(book.title)
```

编译并运行以上代码，会出现执行失败的情况，并显示以下错误：

```
AttributeError: 'int' object has no attribute 'title'
```

需要关注这种行为的以下两种可能性。
- 编译成功，并且正在生成代码。程序的某些部分确实运行了。该程序甚至在失败之前显示了 book1 和 book2 的标题。错误发生在运行时。如果错误代码存在于未执行的程序分支中，则仍旧无法发现错误。
- 对于这个错误，与其说数字 42 具有错误的类型(不是一本书)，不如说数字 42 缺少 title 属性(有点像第二个 Scala 程序)。这表明，运行时系统将满足于非 book 值，但前提是该值有标题(参见 15.6 节中关于结构类型的讨论)。

静态类型语言和动态类型语言之间的区别非常明显：一种(大多)在编译时检查类型；另一种(大多)在运行时检查类型。然而，强类型和弱类型之间的区别就不那么明显了。这通常围绕编译器对类型的严格程度或宽松程度展开，但很难明确地将一种语言归于"强"或"弱"阵营。

例如，许多人认为 Python 是一种强类型(尽管是动态类型)语言。但是，如下有效的 Python 代码：

Python

```
book_or_string = book
... # use variable book_or_string as a book
book_or_string = "Le Comte de Monte-Cristo"
... # use variable book_or_string as a string
```

却没有等价的可执行的 Scala 程序：

Scala

```
var bookOrString = book
bookOrString = "Le Comte de Monte-Cristo" // rejected by the compiler
... // use variable bookOrString as a book
```

在 Scala 中，变量 bookOrString 由编译器指定 Book 类型，所以第二次赋值被拒绝了。相比之下，Python 不会为变量 book_or_string 分配类型，而是允许在不同时间为其分配不同类型的值。同样，Scala 的类型也有比 Python "强" 的时候。

如果 price 被定义为一个数字，则如下表达式：

$$book.title + ": " + price$$

在 Scala 中是合法的，但在 Python 里却不合法：

```
TypeError: can only concatenate str (not "float") to str
```

在此例中，Python 是一种更挑剔的语言，拒绝将数字附加到字符串中。因此，一种语言并不一定总是更 "强" 或更 "弱"。此外，可接受的内容不仅会因语言而异，而且会随着时间的推移而有所不同。截至今天，以下变体：

$$price + ": " + book.title$$

在 Python 中已被弃用，在 Scala 中会触发弃用警告，而在 Java 中却完全没问题。在得出 Python 类型比 Scala 强(或 Scala 类型比 Java 强)的结论之前，来看一个不同的场景：

Python

```
if book.pagecount:
    print(book.title)
```

在这个程序中，一本书的页数(表面上是一个整数)在测试中被用作布尔值。这在 Python 中有效，但在 Scala 和 Java 中都会触发类型错误。

你可能会认为在测试中使用数字很方便(前面测试中的 pagecount 代表 pagecount !=0)，但这会因为布尔类型严格程度低而引发错误。不妨先来看下面这个 Java 程序：

Java

```
Set<Book> books = ... // a set of books

if (books.add(book))
    added += 1;
```

如果实际添加了一个元素(也就是说,假设它原先不在集合中),则方法 add 返回 true。因此,此代码正确地计算了添加的图书。但是,不要用 Python 编写相同的内容:

Python

```python
books = ... # a set of books

# DON'T DO THIS!
if books.add(book):
    added += 1
```

Python 中的 add 方法是 "void":它返回 None[1],并且在布尔测试中,None 的值为 false。Python 的类型检查不会捕获错误;程序可以执行,但是变量 added 不会增长。

为了深入讨论,还可以使用语言为自己的类型系统定义后门,在语言严格程度高的地方人为引入弱点。

Python

```python
def print_title(book):
    print(book.title)
```

以上 Python 函数会显示图书标题,但也可在整数上调用,在这种情况下,该函数将因为找不到合适的 title 属性而失败(如前所述)。为了更好地处理此错误,可以重写函数以显式测试其参数的类型:

Python

```python
def print_title(book):
    if isinstance(book, Book):
        print(book.title)
    else:
        raise TypeError("not a book")
```

Scala 中不需要添加这些代码,因为可以委托编译器检查参数是否具有所需的类型。然而,你仍然可以编写一个与 Python 函数等效的函数:

Scala

```scala
// DON'T DO THIS!
def printTitle(item: Any) =
    if item.isInstanceOf[Book] then
        val book = item.asInstanceOf[Book]
        println(book.title)
    else throw IllegalArgumentException("not a book")
```

该函数将绕过编译器的类型检查,并依赖运行时的动态检查,这会削弱语言的整体类型安全性。

像 isInstanceOf/asInstanceOf 这样的方法构成了类型系统的后门。它们有时是必要的,但不应被滥用,因为有些语言没有这样的漏洞。例如,函数 printTitle 中使用的运行时类型检查和强

---

1 这是 Python 中的 None,而不是 Scala 中的 None 选项。Python 中的 None 更接近 Scala 中的单元(unit)。

制转换在 SML 或 Haskell 这样的语言中不存在。(这意味着其类型体系偏静态？更强？)

尽管编译器有时可以使用类型信息来提高性能，但类型的主要目的是帮助程序员发现错误并进行修复。从开发人员的角度来看，一个有用的类型系统有助于实现这一目的，无论它是更"强"还是偏"静态"。

对于程序员来说，类型的 3 个特征往往比静态/动态或强/弱的对立更重要。首先是类型的安全性，即类型在运行时错误被触发之前高效捕捉错误的能力。其次是类型系统的灵活性：灵活的类型体系不会妨碍开发人员的设计。第三是类型系统的简单性：有些类型系统更容易理解，而另一些则更复杂。

通常，在安全性、灵活性和简单性方面，编程语言倾向于选择其中的两种，而牺牲第三种。15.8 节中关于语言如何处理类型变换的讨论就是一个很好的例子。一种语言可以使所有的数据结构协变，这样做既简单又灵活，但不安全；或者可以让所有的数据结构都不变，这既简单又安全，但缺乏灵活性；或者为用户定义一个通过注释指定变型的机制，这种方法既安全又灵活，但更复杂。在存有变型的情况下，早期的语言(Java、C++)倾向于简单性和安全性，但较新的语言(C#、Scala、Kotlin)以增加复杂性为代价提高了灵活性。本章的其余部分将讨论几个有助于区分安全性、灵活性和复杂性的概念。

15.2　类型集合

理解类型的一个简单方式是将它们视为值的集合[1]。例如，String 类型是所有字符串值的集合，Int 类型是所有(32 位)整数的集合，例如，"foo"∈String 和 42∈Int[2]。如果一个程序声明变量 x 的类型为 S，那么在程序执行过程中，x∈S 应始终为 true；否则，类型系统不合理。类似地，如果函数 f 指定其参数为 T 类型，则调用 f(x)仅在 x∈T 时有效。最重要的是，如果类型 S 是 T 的子类型，则 S⊆T。子类型将在 15.6 节中讨论。

作为集合的类型可以使用标准的集合并和集合交来组合。类型 S|T 是类型 S 和 T 的并集，换句话说，它是属于 S 或 T 的一组值。类型 S & T 是类型 S 与 T 的交集。例如，类型 Book & Serializable 包含那些可以被序列化的书籍对象。

有些类型是非常小的集合。例如，Scala 定义了一个只包含整数 42 的类型 42，以及一个只包含字符串"foo"的类型"foo"。类型 Unit 也只有一个元素——值 unit，表示为()，此外，Null 类型只包含 null。类型 Boolean 只包含两个值，类型 0|1 也是如此。以下函数会将 0 翻转为 1，将 1 翻转为 0，并且只能对这两个值进行调用：

Scala

```scala
def flip(x: 0 | 1): 0 | 1 = if x == 0 then 1 else 0
```

1　包括 Scala 在内的一些语言也将种类(kind)定义为类型集合。例如，List 是一个包含类型 List[String]和 List[Int]等的种类。本章不讨论种类。

2　"x∈S"表示值 x 是集合 S 的元素。"S⊆T"表示 S 是 T 的子集：S 的所有元素也都是 T 的元素。

较小的类型更精确，传递的信息也更多。List(1, 2, 3)值属于类型 List[Int]，但也属于类型 Seq[Int]、List[Any]和 Any。其中，类型 List[Int]的信息量最大，Seq[Int]包含非列表序列，List[Any] 包含非整数值列表，而 Any 甚至包含根本不是列表的对象。

在 Scala 中，每个变量 x 都定义了一个小类型 x.type，它只包含 x(以集合的形式表示的单例 {x})。例如：

Scala

```scala
def doSomethingWithBook(book: Book): book.type = ...
```

以上函数在返回图书之前会对其执行某些操作。以 Book 作为返回类型，将允许函数返回不同的 book 对象(可能是输入的副本)。特定的类型 book.type 保证函数返回与输入相同的 book 对象。

这种方案经常在"构建器"类中用于链接方法调用。例如，可以使用 append 方法定义缓冲区：

Scala

```scala
class Buffer[A]:
  def append(value: A): Buffer[A] = ...
  ...

// used as:
val buffer = Buffer[String]()
buffer.append("foo").append("bar");
```

append 方法的目的是向缓冲区添加一个元素，并返回缓冲区本身，以便应用进一步的操作。但是，Buffer[A]返回类型允许实现返回不同的缓冲区。可以使用更具体的类型来明确缓冲区本身：

Scala

```scala
class Buffer[A]:
  def append(value: A): this.type = ...
  ...
```

最后，一些语言定义了一个不包含值的类型 Nothing(空集)。例如，在 Scala 中，空列表 Nil 的类型为 List[Nothing]。将 Nothing 指定为返回类型的函数(如 Nil.head)不可能返回值，因为 Nothing 类型为空。它所能做的就是永远运行，或者抛出异常。因为空集是所有集合的子集，所以 Nothing 是所有类型的子类型。

15.3 类型服务

理解类型的另一种方式是关注如何使用型值。在此视角下，类型是可以利用的操作或服务的集合。书是一个具有标题、作者和页数的对象。可以创建 Book 类型来指定书本上可用的操作。在面向对象语言中，这通常是通过定义一个类(或特性/接口)来实现的：

```scala
                                                                    ─── Scala ───
case class Book(title: String, author: String, pageCount: Int)
```

以上代码定义了具有 3 个函数的 Book 类，这些函数分别为 title、author 和 pageCount。这个类将书籍实现为带两个字符串和一个整数的简单记录[1]，但当然也可以采用其他实现：

```scala
                                                                    ─── Scala ───
class Book(pages: Seq[String]):
  def title: String = pages(0)
  def author: String = pages(1)
  def pageCount: Int = pages.length
```

在这个变体中，书籍被实现为一系列页面——第一页是标题(title)，第二页是作者(author)。实现已经更改，但类型与以前相同。也可通过独立于书籍的实现方式来定义 Book 类型：

```scala
                                                                    ─── Scala ───
trait Book:
  def title: String
  def author: String
  def pageCount: Int
```

Book 类型提供的函数已指定，但尚未实现。

当被视为服务的集合时，不需要的类型与其说是像 Any 这样的大集合，不如说是未能包含必要信息的接口，或者是包含了太多方法的臃肿接口，甚至是泄漏特定于实现的无关细节的接口。

15.4　抽象数据类型

集合和服务的观点构成了被称为抽象数据类型(abstract data types，ADT)的正式类型定义的基础。抽象数据类型被定义为一组值，以及对这些值的操作[2]。这些操作的行为被指定了，但没有给出任何实现(因此命名为抽象)。

ADT 使用各种机制来定义其操作，但一种常见的做法是将语义指定为一组公理，例如，在3.7 节中介绍并在本书第 I 部分中使用的函数列表。可以通过为每个值 x 和每个列表 L(empty 表示空列表)指定如下公理，将函数列表定义为 ADT：

$$head(cons(x, L)) = x$$
$$tail(cons(x, L)) = L$$
$$length(empty) = 0$$
$$length(cons(x, L)) = length(L) + 1$$

第一条公理指出，如果使用 cons 在列表 L 前面加上 x，那么新列表的头就是 x。第二条公

---

1 在 Scala 中，case 类的构造器参数都可以作为公共服务使用。为了紧凑起见，本章使用了 case 类，但也可以使用正则类。

2 类似地，在数学中，集合通过其元素遵守的定律扩充，以成为代数结构，如群和域。例如，对于所有 x、y 和 z，整数集必须满足 $x+y=y+x$、$x+(y+z)=(x+y)+z$、$x+0=x$ 和 $x+(-x)=0$ 的定律，使其成为阿贝尔群。

理说的是，在列表 L 的前面加上 x，然后取新列表的尾部，会返回列表 L。最后两条公理递归地定义了列表的长度。通过这些公理，可以推导出其他列表属性：

$$head(tail(cons(y; cons(x, L)))) = head(cons(x, L)) = x$$

这个推导表明，如果按这个顺序在列表前面加上 x 和 y，然后取结果列表的尾部，其头就是 x。这个列表 ADT 对应于 Scala 中的一个抽象类：

```scala
abstract class ListADT[A]:
  type List
  val empty: List
  def cons(x: A, list: List): List
  def head(list: List): A
  def tail(list: List): List
  def length(list: List): Int
```

Scala 类只是 ADT 的一个近似值。它没有指定列表操作的行为，正如 ADT 的公理所定义的那样。这种语义通常在类型系统之外通过注释和其他形式的文档来表达。

15.5 类型推断

在本书中，代码示例依赖于 Scala(偶尔也依赖于其他语言)的功能来推断变量的类型或推断方法和函数的返回类型。编译器使用的类型推断算法的细节通常不为程序员所知，甚至可能随着语言的发展而改变。尽管如此，对于开发人员来说，理解所有类型推断策略背后的普遍原则还是很有帮助的：在推断类型时，编译器倾向于计算符合给定的一系列约束条件的最小集(通常是最小上限)。

例如，以下表达式：

```scala
if x > 0 then List(1, 2, 3) else List.empty
```

由编译器指定为类型 List[Int]，同时，以下表达式：

```scala
if x > 0 then List(1, 2, 3) else Vector(1, 2, 3)
```

被指定为 Seq[Int]类型，因为 List 和 Vector 都是 Seq 的子类型。相反，以下表达式：

```scala
if x > 0 then List(1, 2, 3) else "123"
```

被指定为 AnyRef 类型，这是 Scala 中所有对象的常见类型，因为没有一个较小的类型同时包含 List[Int]和 String。类似地，表达式：

Scala

```scala
List(Some(42), Some(31))
```

被指定为 List[Some[Int]]类型，同时，表达式：

Scala

```scala
List(Some(42), None)
```

被指定为更大的类型 List[Option[Int]]，它也可以容纳值 None。

严格地说，编译器推断的类型并不总是指定约束的绝对最小集合。相反，需要考虑用户的意图。例如：

Scala

```scala
var n = 0
```

推断变量 n 为类型 Int(而非类型 0)。同样，给定以下定义：

Scala

```scala
val book1, book2: Book = ...
val books = List(book1, book2)
```

变量 books 的类型是 List[Book]，而非 List[book1.type | book2.type]。

有时，"最佳"推断类型的构成并不明显。给定以下表达式：

Scala

```scala
List(book1, book2, "book")
```

类型 List[book1.type | book2.type | "book"]不太可能是理想的结果。但是，List[Book | String] 与 List[AnyRef]之间的选择更具争议性，因为当前的 Scala 编译器推断出了 List[AnyRef]。

在一些情况下，编译器还可以推断出复杂的类型：

Scala

```scala
val v = if x > 0 then List(1, 2, 3) else Set(4)
```

在当前的 Scala 编译器中，变量 v 的类型被指定为：

Scala

```scala
scala.collection.immutable.Iterable[Int] & (Int => Int | Boolean) & Equals
```

回想一下，"&"是类型交集。因此，变量 v 被赋予了 3 种类型。首先，它是一个可迭代、不可变的整数集合(List[Int]和 Set[Int]都是整数集合)。但列表和集合也是函数: List[A]是 Int => A 的子类型，set[A]是 A => Boolean 的子类型。因此，表达式也可以看作 Int => Int | Boolean 类型的函数。最后，List 和 Set 都支持相等比较，但并非所有可迭代对象和函数都支持这一点，因此有了 Equals 类型。

由于这种类型复杂，因此可以将 v 用作可迭代集合：

Scala

```scala
v.iterator.next() // 1 or 4, of type Int
```

或者用作一个函数：

```scala
                                                               Scala
v(1) // 2 or false, of type Int | Boolean
```

它还支持相等比较：

```scala
                                                               Scala
v == List(1, 2, 3) || v == Set(4) // true
```

有时，所推断的类型甚至无法用编程语言表示：

```java
                                                               Java
var task = new Runnable() {
  public int result;

  public void run() {
    result = 42;
  }
};

task.run();
int r = task.result; // 42
```

变量 task 使用 var 定义，没有显式类型。Java 编译器推断的类型不是 Runnable(如果是 Runnable 的话，那么最后一行的 task.result 将被拒绝)，而是 Runnable 的一种形式，它还定义了公共字段 result。此类型不能用 Java 语言表达[1]。

当编译器做出的决定不适合你的需求时，有时可以显式指定所需的类型，只要所选类型包含该值即可。例如，无法编译以下代码：

```scala
                                                               Scala
var books = List.empty
books ::= book1 // rejected by the compiler
```

此代码的目的是让 books 从一个空列表开始，然后可以向其中添加书籍。但是，编译器推断变量 books 的类型为 List[Nothing]，并拒绝用图书列表对其重新赋值。一种替代方式是，用显式的类型声明来表达你的意图：

```scala
                                                               Scala
var books: List[Book] = List.empty
books ::= book1 // adds book1 to the list
```

也可使用变体 var books = List.empty[Book](函数 empty 的一个显式类型参数)和 var books = List.empty: List[Book](值 List.empty 的类型归属)。但是，不能采用以下代码：

---

1 它可以在 Scala 中表示为 Runnable {def-result:Int}。

```scala
                                                                    ── Scala ──
var solution = None
if solutionIsFound then solution = Some(value) // rejected by the compiler
```

因为编译器指定变量 solution 的类型为 None.type。一种替代方式是，使用 Option.empty[...] 显式指定类型。注意，由于编译器倾向于将类型的范围推断为尽可能小的类型，因此显式类型声明的目的通常是将类型扩展为更大的集合，而非指定更小的类型[1]。

15.6 子类型

从集合的角度思考类型有助于理解子类型的概念。如果类型是集合，那么子类型基本上是子集。如果类型 S 是类型 T 的子类型，则类型 S 中的所有值也都属于类型 T，因此(至少)实现了类型 T 定义的函数。当类型 S 是 T 的子类型时，类型 T 被称为 S 的超类型。与子集一样，子类型也是传递关系：如果 S 是 T 的子类型，T 是 U 的子类型，那么 S 也是 U 的子类型。

例如，Book 类型可以是类型层次结构的一部分：

```scala
                                                                    ── Scala ──
trait Publication:
   def title: String
   def pageCount: Int

case class Book(title: String, author: String, pageCount: Int) extends Publication
case class Magazine(title: String, number: Int, pageCount: Int) extends Publication
```

Publication 类型有两个函数：title 和 pageCount。Book 和 Magazine 类型都是 Publication 的子类型。自然，它们都是子集：每本书都是出版物，而每本杂志也都是出版物。因此，书籍和杂志必须实现出版函数：title 和 pageCount。除此之外，书籍有作者，但杂志没有，而杂志有期数，但书籍没有。Book 和 Magazine 类型互不相关：Book 不是 Magazine 的子类型，而 Magazine 也不是 Book 的子类型。

子类型最基本的特性是其值可以替换超类型的值。若从集合的角度重新思量，即可明白它们是超类型的值。这有时被称为利斯科夫替代原则(Liskov substitution principle)或行为子类型(behavioral subtyping)。例如，可以定义一个函数来打印出版物的标题：

```scala
                                                                    ── Scala ──
def printTitle(publication: Publication): Unit = println(publication.title)
```

---

1 在 Scala 中，类型声明也可触发隐式转换：String 不是 Seq[Char]的子类型，但仍然可以编写 val chars: Seq[Char] = "a string"。

因为类型 Book 和 Magazine 都是 Publication 的子类型，所以确保书籍或杂志都有标题，并且都可以用作函数 printTitle 的参数。这是由编程语言级别的类型系统强制执行的：

Scala

```
// rejected by the compiler
case class Book(author: String, pageCount: Int) extends Publication
```

这个定义不为 Scala 编译器所接受，因为这种 Book 类型的值没有标题，所以不能成为出版物集合的一部分。

一种替代方案是，通过将图书从 Publication 类型中删除来定义没有标题的图书。那么，当然，这些书籍不能用作 Publication 类型的参数：

Scala

```
case class Book(author: String, pageCount: Int) // OK
val book: Book = ...
printTitle(book) // rejected by the compiler
```

然而，从语义上讲，编程语言中没有什么可以强制子类型的值表现得像超类型的值，可以在 Book 类中实现 title 方法来执行任何操作，只要它返回一个字符串。如果类型 S 的值无法在期望类型 T 的值的代码中被合理地使用，那么类型 S 不应是类型 T 的子类型，并且必须小心，不要在无意中引入这样的子类型关系(参见"关于组合和继承")。

到目前为止，本节中讨论的子类型指的是名义子类型(nominal subtyping)：S 类型是超类型 T 的子类型，因为 S 的定义明确地通过名称提到了 T。有些编程语言使用的是不同的术语，如结构子类型(structural subtyping)或鸭子类型(duck typing[1])。例如，可以定义具有出版物所有特征的类型 Book，但它不是类型 Publication 的子类型：

Scala

```
case class Book(title: String, author: String, pageCount: Int)
```

即使此类型有返回字符串的 title 方法，其实例也不是 Publication，而且不能用作函数 printTitles 的参数。

将此与 Python 等使用结构子类型的语言进行对比：

Python

```
def print_title(book):
    print(book.title)

book = Book(title="Le Comte de Monte-Cristo", author="Alexandre Dumas", pagecount=1476)

print_title(book) # prints "Le Comte de Monte-Cristo"
```

函数 print_title 没有为其 book 参数指定类型。可以在任何定义了合适的 title 方法的对象上成功地使用它：

---

[1] 此术语来源于这样一句话：如果某个东西看起来像鸭子，声音像鸭子，走路也像鸭子，那么它很可能是鸭子，即使你把它称作其他东西。

Python

```
magazine = Magazine(title="Life", number=123, pagecount=45)
print_title(magazine) # prints "Life"
```

这种指定类型的方式提升了灵活性：只要对象定义了 title 方法，该对象就可以用作函数 print_title 的参数。这有助于程序员处理独立于函数 print_title 定义的类，包括那些早于函数的类。当然，灵活性常常伴随着风险：

Python

```
person = Noble(name="Edmond Dant_es", title="Comte de Monte-Cristo")
print_title(person) # prints "Comte de Monte-Cristo"
```

person 对象也可以被传递给函数 print_title，因为它恰好有一个 title 方法，但完全与出版物无关。拥有名义子类型的语言有时可以通过类型类以更可控的方式实现相同的灵活性，这将在 15.10 节中进行讨论。

关于组合和继承

利斯科夫替代原则是组合比继承更可取的主要原因。假设类型 T 可进行三类服务：

Scala

```
class T:
    def service1: Int = ...
    def service2(str: String): Int = ...
    def service3(n: Int): String = ...
```

假设需要一个 S 类型来使 service1 保持不变，修改 service3 的行为，并添加一个新的 service4，但不支持 service2。可以使用继承来定义 S：

Scala

```
class S extends T:
    override def service3(n: Int): String = super.service3(n + service1)
    def service4: Double = ...
```

在这种情况下，类型 S 的值可以在任何期望类型 T 的值的地方使用，包括调用 service2 的地方(而类型 S 不应该实现 service2)。现在假设使用以下组合：

Scala

```
class S:
    private val underlying: T = ...
    export underlying.service1

    def service3(n: Int): String = underlying.service3(n + service1)
    def service4: Double = ...
```

类型 S 现在独立于类型 T，并且在编译时期望 T 值的地方拒绝使用 S 值。类型 S 中没有 service2，因此没有被错误调用的风险。通过使用 export，方法 service1 在类型 S 中可用，并且被原封不动地转发到基础的(underlying)T 实例。相比之下，方法 service3 显式地使用基础实例来修改类 T 中定义的同名方法的行为。

15.7　多态性

《牛津词典》将多态性(polymorphism)定义为以几种不同形式出现的情况。编程语言中多态性背后的思想是服务参数的多种类型对应于服务的多种形态。多态性本身以不同的形式存在，而语言通常会实现三种变体的全部或部分。

第一种是通过重载方法或函数名来实现的特定多态性(ad hoc polymorphism)：

Scala

```scala
def displayBook(book: Book)      = println(s"${book.title} by ${book.author}")
def displayMagazine(mag: Magazine) = println(s"${mag.title} (${mag.pageCount} pages)")
```

这里实现了两种不同的服务：一种用于书籍，另一种用于杂志。服务使用不同的名称。书籍应该使用 displayBook 函数，而杂志则使用 displayMagazine 函数。然而，支持特定多态性的语言可以用相同的名称提供这两种服务：

Scala

```scala
def display(book: Book)      = println(s"${book.title} by ${book.author}")
def display(mag: Magazine)   = println(s"${mag.title} (${mag.pageCount} pages)")
```

代码清单 15.1　特定多态性的示例

可以将 display 函数视为统一访问的两个服务，也可将其视为对书籍和杂志采取不同形式的单个服务，即多态服务。

第二种多态性是参数多态性(parametric polymorphism)，它取决于由一种或多种类型参数化的函数和方法，如 Java 中的泛型或 C++中的模板：

Scala

```scala
def withHash[T](value: T): (T, Int) = (value, value.##)
```

代码清单 15.2　参数多态性的示例

此函数将一个值与它的哈希代码组合为一个对组。它由类型 T 参数化，并且呈多态性，因此它以多种形式存在，每个可能的类型参数都有一种对应的形式。此单个参数化函数表示一个特定类型函数的集合，例如：

Scala

```scala
def bookWithHash(book: Book): (Book, Int) = (book, book.##)
def magazineWithHash(magazine: Magazine): (Magazine, Int) = (magazine, magazine.##)
```

此处没有定义多个函数，而是在书籍和杂志上调用相同的 withHash，以根据需要获得类型为(Book, Int)或(Magazine, Int)的值：

Scala

```scala
val hashedBook: (Book, Int) = withHash(book)
val hashedMagazine: (Magazine, Int) = withHash(magazine)
```

第三种多态性是最有趣的多态性——子类型多态性(subtype polymorphism)。它基于这样一种思想：一个类型中的服务可以有多个形式，每个子类型对应一个。例如，可以定义一个函数来打印出版物列表的标题：

```scala
                                                                  ── Scala ──
def printTitles(pubs: List[Publication]) = for pub <- pubs do println(pub.title)
```

代码清单 15.3　子类型多态性示例；另请参见代码清单 15.4

出版物列表可能包含书籍或杂志。当处理图书时，调用来自 Book 类的方法 title，而处理杂志时，则调用来自 Magazine 类的方法 title。换句话说，代码片段 pub.title 会根据变量 pub 中对象的类型来采用多种形式。

这种现象被称为动态调度(dynamic dispatch)、动态绑定(dynamic binding)或后期绑定(late binding)。这些术语都反映了这样一个事实：pub.title 执行的代码不是在编译时执行的，而是在知晓 pub 中对象的类型后在运行时动态执行的。编译器通常采用一种称为虚拟方法表(virtual method table)的结构来存储对给定方法的不同实现的引用，而子类型多态性有时会使用虚拟方法。

在 Java 和 Scala 等语言中，子类型多态性的强大之处源于这样一个事实：方法调用 x.m(y) 可以根据 x 的运行时类型执行方法 m 的不同实现。一些语言(如 C#和一些 Lisp 变体)实现了多重调度(multiple dispatch)，以根据目标以外的参数动态选择调用哪种方法，例如使用前面示例中的 x 和 y 类型来决定方法 m 的实现。由于 Scala 只支持单一调度多态性，因此即使定义了代码清单 15.1 中的两个 display 函数，也无法编译以下代码：

```scala
                                                                  ── Scala ──
// rejected by the compiler
def displayCollection(pubs: List[Publication]) = for pub <- pubs do display(pub)
```

在编译时解析 display(pub)调用。这一执行失败的原因是没有为 Publication 类型的参数定义 display 函数，即使在运行时，pub 的类型也可以是 Book 或 Magazine，这样的函数是存在的。

当然，还可以在程序的运行时查询类型，以选择合适的函数：

```scala
                                                                  ── Scala ──
// DON'T DO THIS!
def displayCollection(pubs: List[Publication]) =
  for pub <- pubs do
    pub match
      case book: Book => display(book)
      case magazine: Magazine => display(magazine)
```

这种方案的主要缺点是冗长和僵化。不仅所有现有的子类型都需要显式枚举，而且以后添加的新子类型都要在使用此模式的所有地方调用更新。例如，如果创建了一个名为 Report 的新 Publication 子类型，并且在包含报告的列表上调用 displayCollection，那么此执行将失败，并出现 MatchError 异常，这是因为模式匹配代码没有处理报告的案例。

相反，应设计代码来利用子类型多态性。在 displayCollection 的情况下，这意味着使用在 Publication 类型的目标上调用的 display 方法替换代码清单 15.1 中的 display 函数：

```scala
                                                                            Scala
trait Publication:
    def title: String
    def pageCount: Int
    def display(): Unit

case class Book(title: String, author: String, pageCount: Int) extends Publication:
    def display() = println(s"$title by $author")

case class Magazine(title: String, number: Int, pageCount: Int) extends Publication:
    def display() = println(s"$title ($pageCount pages)")

def displayCollection(pubs: List[Publication]) = for pub <- pubs do pub.display()
```

代码清单 15.4　使用子类型多态性来处理异构集合

displayCollection 的实现更简单，而且更重要的是，在引入新类型的出版物后不需要更新：

```scala
                                                                            Scala
case class Report(title: String, pageCount: Int) extends Publication:
    def display() = println(s"Report: $title")

displayCollection(List(book, magazine, report)) // OK
```

大量使用显式运行时类型测试和类型转换(包括通过模式匹配)的设计通常是有缺陷的，应将其修改为依赖子类型多态性的设计。

15.8　类型变换

前面讨论的行为子类型的概念引发了一个有趣的问题。下面先结合 Java 来介绍这个问题，因为就此话题而言，相比于 C#、Scala 和 Kotlin 等较新的语言，Java 更易于处理。代码清单 15.3 中的 Java 版本如下：

```java
                                                                            Java
import java.util.List;

void printTitles(List<Publication> pubs) {
    for (Publication pub : pubs) System.out.println(pub.title());
}
```

List 类型在这里指的是 Java 的 List 接口。和以前一样，printTitles 依赖于子类型多态性，并调用与对象 pub 的运行时类型相对应的 title 方法。可在书籍和杂志的混合列表中对其进行调用：

```java
                                                                            Java
List<Publication> pubs = List.of(book, magazine);
printTitles(pubs); // prints both titles
```

但是，不能对 List<Book>值调用此 printTitles 函数:

```
                                                              Java
List<Book> books = List.of(book1, book2);
printTitles(books); // rejected by the compiler
```

Java 编译器拒绝调用，并出现错误:

```
                                                              Java
java: incompatible types:
   java.util.List<Book> cannot be converted to java.util.List<Publication>
```

换句话说，在 Java 中，尽管 Book 是 Publication 的子类型，但是，List<Book>不是 List<Publication>的子类型。

为了找出原因，接下来先看 printTitles 的一个变体，该变体会打印标题并将杂志添加到列表中:

```
                                                              Scala
void printTitlesAndAddMagazine(List<Publication> pubs) {
   for (Publication pub : pubs) System.out.println(pub.title());
   pubs.add(new Magazine(...));
}
```

如果 Java 编译器允许对 List<Book>值调用 printTitles，那么它还必须允许对同一值调用 printTitlesAndAddMagazine，这是因为两个函数有相同的签名，对其中一个函数有效的参数必须对另一个也有效。但是编译器不允许在 List<Book>值上调用 printTitlesAndAddMagazine，因为这会导致杂志被添加到书籍列表中，而类型 Magazine 不是类型 Book 的子类型，这在类型上是不合理的。因为 Java 编译器不遵循替换原则——不支持超类型的所有函数，所以类型 List<Book>不是类型 List<Publication>的子类型。特别是，可将杂志添加到 List<Publication>中，但不能添加到 List<Book>中。

Scala 的情况有所不同。可将代码清单 15.3 中的函数 printTitles 应用于 List[Book]值:

```
                                                              Scala
def printTitles(pubs: List[Publication]) = for pub <- pubs do println(pub.title)

val books: List[Book] = List(book1, book2)
printTitles(books) // prints both titles
```

为什么可以这样呢? 如果这样的调用在 Java 中是不合理的，那么为什么 Scala 允许呢? 关键的区别在于 Scala 列表是不可变的: 不可能编写出与 Java printTitlesAndAddMagazine 函数等效的 Scala 函数[1]。事实上，与 Java 一样，Scala 的可变类型也面临着相似的问题:

---

1 如果一本杂志通过 magazine :: books 被 "添加" 到图书列表中，则会创建一个类型为 List[Publication]的新列表。

```scala
                                                            ─── Scala ───
def printTitles(pubs: Array[Publication]) = for pub <- pubs do println(pub.title)

val books: Array[Book] = Array(book1, book2)
printTitles(books) // rejected by the compiler
```

杂志可以插入 Array[Publication]值，但不能插入 Array[Book]值，因此编译器的拒绝是合理的，毕竟 Array[Book]不是 Array[Publication]的子类型。

在 Scala 中，List 被称为协变量(covariant)：如果 S 是 T 的一个子类型，而 C 是协变的，那么 C[S]是 C[T]的一个子类型。然而，Java 的列表和 Scala 的数组是不可变型的：如果 C 是不可变型的，则类型 S 和 T 之间的任何子类型关系都不会延续到 C[S]和 C[T]。

在 Java 中，所有的数据结构都是不可变型的(后续讨论的数组除外)。在 Scala 中，可变结构是不可变型的，但大多数不可变的结构都是协变的。在定义类型时使用注释指定变型。例如，数组被定义为：

```scala
                                                            ─── Scala ───
class Array[A] extends ...
```

然而，列表使用：

```scala
                                                            ─── Scala ───
class List[+A] extends ...
```

这里的相关差异是[A]和[+A]之间的差异，前者表示不可变型，后者表示协变。Scala 中的许多不可变的类型都使用协变注释：

```scala
                                                            ─── Scala ───
class Tuple2[+T1, +T2] ...
class Option[+A] ...
class Vector[+A] ...
class HashMap[K, +V] ...    // inside package immutable
class HashMap[K, V] ...     // inside package mutable
class LazyList[+A] ...
```

因此，在 Scala 中，Option[Book]是 Option[Publication]的一个子类型，LazyList[Magazine]是 LazyList[Publication]的一子类型。但在 Java 中，Optional<Book>不是 Optional<Publication>的子类型，Stream<Magazine>也不是 Stream<Publication>的子类型。

在支持协变注释的语言中，可以自定义协变类型：

```scala
                                                            ─── Scala ───
class Ref[+A](contents: A):
  private var count = 0

  def get(): A =
    count += 1
    contents
```

```
  def accessCount: Int = count
  def reset(): Unit = count = 0
```

代码清单 15.5　一个用户定义的协变类型示例

Ref 类实现了一个封装器，用于跟踪某个值被访问的次数。得益于协变注释，Ref[Book]成为 Ref[Publication]的一个子类型。注意，Ref 类的实例是可变的，也就是说，get 和 reset 方法都可以修改对象的状态。但是，引用的内容不能更改。编译器拒绝将 contents 改为 var，也拒绝添加设置方法：

Scala

```
// rejected by the compiler
class Ref[+A](private var contents: A):
  private var count = 0

  def set(value: A): Unit =
    contents = value
    count = 0
  ...
```

Ref[+A]类所用的方法可以返回类型 A 的值，但任何声明类型 A 的参数的方法(如 set 方法)都不可用。如果想要一个可重置的引用，则需要将其声明为 class Ref[A]，并使其不可变型。

协变有一个对偶概念——逆变(contravariance)：如果 C 是逆变的，而 S 是 T 的一个子类型，那么 C[T]是 C[S]的一个子类型。Scala 中的逆变注释是一个减号：

Scala

```
class TrashCan[-A](log: Logger):
  def trash(x: A): Unit = log.info(s"trashing: $x")
```

代码清单 15.6　一个用户定义的逆变类型示例

因为逆变注释，TrashCan[Publication]成为 TrashCan[Book]的一个子类型，这是说得通的：TrashCan[Publication]类型的对象可以丢弃任何类型的出版物(包括书籍)，从而实现 TrashCan[Book]值的函数。

逆变类型的约束类似于协变类型的约束：在类 TrashCan[-A]中，可以将类型 A 用于方法参数，但不能用于返回值。协变和逆变约束反映在一些语言对其变型注释的选择上。例如，在 C#和 Kotlin 中，协变注释被命名为 out，逆变注释被命名为 in(而非 Scala 中的"+"和"-")。

逆变主要用于(在 Rust 和 SML 等语言中则是"只用于")函数类型中。单参数函数在 Scala 中定义如下：

Scala

```
trait Function1[-A, +B] extends ...
```

这是一种函数类型，具有类型 A 的单个参数和类型 B 的返回值，也表示为 A ⇒ B。如果 S 是 T 的子类型，则类型 A ⇒ S 是 A ⇒ T 的子类型。通过返回类型 S 的值，类型 A ⇒ S 的函数的确实现了类型 A ⇒ T 函数的功能：因为类型 S，类型 A⇒S 的函数消耗了类型 A 的值，并产生了类型 T 的值。但由于输入侧的逆变，通过用于类 TrashCan 的相同参数(类型 TrashCan 基本上是 A ⇒ Unit)，类型 T ⇒ B 也是类型 S ⇒ B 的一个子类型。有多个参数的函数遵循相同的模式：

Scala

```scala
trait Function2[-T1, -T2, +R] extends ...
trait Function3[-T1, -T2, -T3, +R] extends ...
...
```

在函数式编程风格中，若函数被用作高阶函数的参数，则需要判断一个函数是不是另一个函数的子类型。如图 15.1 所示，因为 Publication 是 Book 的超类型(函数的输入类型是逆变的)，并且 Magazine 是 Publication 类型的子类型(函数的输出类型是协变的)，所以 Publication ⇒ Magazine 类型是 Book ⇒ Publication 的一个子类型。

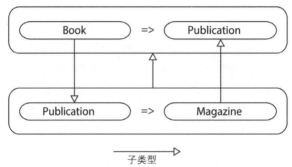

图 15.1   两个函数的子类型关系

事实上，如果高阶函数的定义如下：

Scala

```scala
def higherOrder(f: Book => Publication) = ...
```

则可以在 Publication ⇒ Magazine 类型的参数上安全地调用它。作为一个函数，这个参数可以应用于 Book 类型的值(它可以应用于任何出版物类型)，并产生 Publication 类型的值，因此它与参数 f 的类型要求一致。

考虑变量类型时，可能会出现特殊情况。这里有两个例子。首先，Scala 中的不可变集合是不可变型的。原因是 Set[A] 是 A ⇒ Boolean 的一个子类型。数据结构视图需要协变，但函数类型需要逆变。

其次，虽然 Java 中所有其他数据结构都是不可变型的，但数组是协变的。这种设计选择早于泛型的引入，对于提高灵活性是必要的。例如，可以定义一个带有签名 Object[] 的排序函数，并将其应用于 String[] 值，而 String[] 是 Object[] 的一个子类型。然而，既然数组是可变的，那么这种协变会导致类型安全性欠佳：

Java

```java
void printTitlesAndAddMagazine(Publication[] pubs) {
    for (Publication pub : pubs) System.out.println(pub.title());
    pubs[0] = new Magazine(...);
}

Book[] books = new Book[]{book1, book2};
printTitlesAndAddMagazine(books); // throws ArrayStoreException
```

类型系统允许对书籍数组调用函数 printTitlesAndAddMagazine，但若试图将杂志插入数组中，将导致运行时异常。C#的情况也是如此，其中数组也是协变的，可能会触发 ArrayTypeMismatchException。数组在 Scala 和 Kotlin 中则是不可变型的。

15.9　类型边界

许多类型(包括大多数可变集合)都不能被设为协变或逆变的。尽管如此，仍旧可以通过在使用这些类型的代码中指定变型需求来提高灵活性，为此，可以使用类型边界(type bound)，该技术有时也被称为使用端变型注释(use-site variance annotation)。

例如：

Scala

```scala
def printTitles(pubs: Set[Publication]): Unit = for pub <- pubs do println(pub.title)
```

以上的 printTitles 定义因 Set 而显得限制性太强，无论是可变的还是不可变的，该函数在 Scala 中都是不可变型的。例如，不能在 Set[Book]上调用此函数。但是，可以重写 printTitles，不指定集合元素类型，也就是说，它既可以是 Book，也可以是 Magazine，只要它是 Publication 的子类型即可。使用类型边界执行此操作：

Scala

```scala
def printTitles[A <: Publication](pubs: Set[A]): Unit =
    for pub <- pubs do println(pub.title)
```

代码清单 15.7　使用端变型的上类型边界示例

该函数现在由类型 A 进行参数化，其参数的类型为 Set[A]。然而，类型 A 不能是任意类型，它必须是 Publication 类型或 Publication 的子类型。Scala 类型运算符 "<:" 指定了这样一个约束：S <: T 意味着 S 是 T 的一个子类型，或者 T 类型本身。也可使用通配符(而非命名类型 A)来定义 printTitles：

Scala

```scala
def printTitles(pubs: Set[? <: Publication]): Unit =
    for pub <- pubs do println(pub.title)
```

printTitles 的最后两个变体可以对类型为 Set[Book]、Set[Magazine]或 Set[Publication]的值进行调用。

通常对未知类型使用显式名称 A，因为它有助于类型推断。例如，当前的 Scala 编译器会拒绝这里显示的(无用)函数 f 的第一个实现，但接受第二个[1]：

Scala

```scala
def f(pubs: Set[? <: Publication]) = pubs += pubs.head // cannot be compiled
def f[A <: Publication](pubs: Set[A]) = pubs += pubs.head // OK
```

可以使用 "<:" 来指定上类型边界，这意味着前提是一个类型变量必须是另一个类型的子类型。也可以使用相反的运算符 ">:" 来指定下类型边界，同时要求类型变量是另一类型的超类型：

Scala

```scala
def addMagazine[A >: Magazine](pubs: Set[A]): Unit = pubs += Magazine(...)
```

代码清单 15.8　使用端变型的下类型边界示例

函数 addMagazine 将杂志添加到可变集合，同时要求类型 A 是杂志的超类型。这个函数很灵活，可以在 Set[Magazine]、Set[Publication]或 Set[AnyRef]类型的值上调用它。

使用类型边界时，将面临与前面看到的协变和逆变类型相似的约束。例如，编译器会拒绝以下这些函数：

Scala

```scala
def printTitlesAndAddMagazine[A <: Publication](pubs: Set[A]): Unit =
  for pub <- pubs do println(pub.title)
  pubs += Magazine(...) // rejected by the compiler

def printTitlesAndAddMagazine[A >: Magazine](pubs: Set[A]): Unit =
  for pub <- pubs do println(pub.title) // rejected by the compiler
  pubs += Magazine(...)
```

第一个函数因试图将杂志添加到 Set[A]值而被拒绝，但你只知道类型 A 是 Publication 的一个子类型，无法保证类型 A 是类型 Magazine 的超类型，例如，它可能是 Book。第二个函数因试图对类型 A 的值调用 title 方法而失败，但你仅知 A 是 Magazine 的超类型，A 不一定是 Publication 的子类型，例如，类型 A 可以是 AnyRef。若要使函数成功运行，printTitlesAndAddMagazine 需要 A 既是 Publication 的子类型，也是 Magazine 的超类型。可以通过指定下边界和上边界来实现这一点：

---

[1] Set 类型在 Scala 中始终是不可变型的。本节中的一些示例使用了一个可变集合，它定义了方法 "+="。其他示例则未指定集合的可变性。

```scala
                                                                         Scala
def printTitlesAndAddMagazine[A >: Magazine <: Publication](pubs: Set[A]): Unit =
  for pub <- pubs do println(pub.title)
  pubs += Magazine(...)
```

代码清单 15.9　一个同时具有下边界和上边界的类型参数的示例

在更复杂的场景中,可以将类型边界与类型交集组合起来使用,以指定多个上边界或下边界:

```scala
                                                                         Scala
def printTitlesInOrder[A <: Publication & Ordered[A]](pubs: Set[A]): Unit =
  for pub <- SortedSet.from(pubs) do println(pub.title)
```

代码清单 15.10　组合上类型边界的示例;对比代码清单 15.14

可以将出版物放入一个有序集中,因为已知类型 A 不仅是 Publication 的子类型,还是一个有序类型。

本节中用作示例的大多数函数都可以用 Java 编写:

```java
                                                                          Java
<A extends Publication> void printTitles(Set<A> pubs) {
  for (Publication pub : pubs) System.out.println(pub.title());
}

void addMagazine(Set<? super Magazine> pubs) {
  pubs.add(new Magazine(...));
}

<A extends Publication & Comparable<A>> void printTitlesInOrder(Set<A> pubs) {
  for (Publication pub : new TreeSet<>(pubs)) System.out.println(pub.title());
}
```

Java 使用 S extends T 和? extends T 来表示上边界,同时使用? super T 来表示下边界。Java 没有 S super T 语法,因此有必要在函数 addMagazine 的定义中使用通配符。截至本书撰写之时,Java 中的下边界和上边界还不能组合起来使用,这使得无法编写与代码清单 15.9 中的函数 printTitlesAndAddMagazine 等效的函数。

当设计的库依赖于不可变型的类型时,不妨依靠类型边界来提升灵活性。接下来看一个并行执行任务并返回其输出列表的函数[1]。任务被指定为无参数函数:

```java
                                                                          Java
public <A> List<A> runInParallel(List<Function0<A>> tasks) {...}
```

因为列表在 Java 中是不可变型的,所以 runInParallel 的一个限制是不能在 List<T> 类型的值上调用,其中 T 是 Function0<Book> 的子类型。例如,假设 BookPublisher 是一个图书生成函数:

---

1 有关可能的实施策略,参见第 24 章中的案例研究。

```java
                                                                    ─── Java ───
class BookPublisher implements Function0<Book> { ... }
```

不能在 List<BookPublisher> 上调用 runInParallel。可以通过添加类型边界使函数变得更加灵活:

```java
                                                                    ─── Java ───
public <A> List<A> runInParallel(List<? extends Function0<A>> tasks) {...}
```

现在,可以在 List<BookPublisher> 上调用此函数。但是,它会特意返回一个类型为 List<Book> 的值:

```java
                                                                    ─── Java ───
List<BookPublisher> bookPublishers = ...
List<Book> books = runInParallel(bookPublishers); // OK
List<Publication> pubs = runInParallel(bookPublishers); // rejected by the compiler
```

最后一行若要执行,类型 A 就必须是 Publication。但是,BookPublisher 是 Function0<Book> 的一个子类型,而非 Function0<Publication> 的子类型,并且函数类型在 Java 中不是协变的: Function0<Book> 不是 Function0<Publication> 的子类型。

可以通过在函数类型内部使用第二个类型边界来进一步改进 runInParallel 函数:

```java
                                                                    ─── Java ───
public <A> List<A> runInParallel(List<? extends Function0<? extends A>> tasks) {...}
```

代码清单 15.11　在不可变型的类型上使用类型边界以提高灵活性

因为 BookPublisher 是 Function0<? extends Publication> 的子类型,所以第二个边界可以调用 runInParallel(bookPublishers),并使返回值的类型为 List<Publication>。可以在 Scala 中定义类似的函数[1]:

```scala
                                                                    ─── Scala ───
def runInParallel[A](tasks: List[() => A]): List[A] = ...

val bookPublishers: List[BookPublisher] = ...
val pubs: List[Publication] = runInParallel(bookPublishers) // OK
```

因为在 Scala 中,列表是协变的,函数的返回类型也是协变的,所以定义更简单且不需要类型边界。因为 BookPublisher 是 () => Book 的子类型,而 () => Book 是 () => Publication 的子类型,所以类型 A 可以是 Publication。

---

1 一个更灵活的函数将使用种类(高阶类型),从列表返回列表,从集合返回集合,以此类推。

15.10　类型类

早些时候，人们对通常在静态类型语言中使用的名义子类型和在动态类型语言中更不安全但更灵活且受欢迎的结构子类型进行了区分。有时，原本可以享受静态类型益处的程序员会因为需要更高的灵活性而决定不使用某种特定的语言。在为了使用结构子类型而选择 Python 或 JavaScript 之前，应当知道某些静态类型语言提供的机制可以实现相同的灵活性，而且可能以更安全的方式实现。

举例来说，假设类 Report 早于 Publication 类型定义：

Scala

```scala
case class Report(title: String, number: Int) // does not refer to Publication
```

即使报告有标题，也不能使用按如下方式定义的函数 printTitle：

Scala

```scala
def printTitle(pub: Publication): Unit = println(pub.title)
```

该函数无法显示报告的标题，因为 Report 不是 Publication 的子类型。

如前所述，这在依赖结构子类型(鸭子类型)的语言中不是问题：在这些语言中，只要运行时参数有 title 方法，调用就有效，而不管其名义类型是什么。尽管 Scala 的核心使用名义子类型，但该语言也支持定义结构子类型：

Scala

```scala
type Titled = { def title: String }

def printTitle(doc: Titled): Unit = println(doc.title)
```

代码清单 15.12　Scala 中的结构子类型示例

Titled 类型表示具有字符串值的 title 方法的对象。可以对任何具有标题的内容(包括报告)使用此 printTitle 函数：

Scala

```scala
val report = Report("Count to count: from Monte-Cristo to Mathias Sandorf", 123)
printTitle(report) // prints "Count to count: from Monte-Cristo to Mathias Sandorf"
```

当然，这种灵活性的提升带来了与 15.6 节讨论的 Python 的情况相同的风险[1]：

Scala

```scala
val person = Noble(name = "Edmond Dant_es", title = "Comte de Monte-Cristo")
printTitle(person) // prints "Comte de Monte-Cristo"
```

除了结构子类型，还有一种更好的选择，它起源于函数式编程：类型类。乍一看，这个概念似乎很复杂，但它非常强大，并在函数式编程库中广泛使用。

---

[1] 此外，Scala 中该机制的默认实现使用 Java 反射，运行时性能成本不容忽视。

与使用结构子类型的方案一样，该方案的起点是定义具有标题值的类型：

Scala

```scala
trait Titled[A]:
  def titleOf(document: A): String
```

Titled 表示一个类型类，即具有标题的所有类型的类。然后，可以使用 Titled[A]类型的对象来显示 A 类型值的标题：

Scala

```scala
def printTitle[A](doc: A, titledEvidence: Titled[A]): Unit =
  println(titledEvidence.titleOf(doc))
```

函数 printTitle 使用第二个参数来证明类型 A 是"有标题的"。只要有 Titled[Report]类型的对象可用，就可以在报告上应用 printTitle：

Scala

```scala
object ReportsAreTitled extends Titled[Report]:
  def titleOf(report: Report): String = report.title

printTitle(report, ReportsAreTitled) // prints the string returned by report.title
```

注意，可以为任何现有类型创建一个证据值(如 ReportsAreTitled)，包括早于函数 printTitle 定义的类型。在 Scala 中，证明类型属于类型类的值通常使用上下文边界(context bound)进行隐式传递：

Scala

```scala
def printTitle[A : Titled](doc: A): Unit =
  val titledEvidence = summon[Titled[A]]
  println(titledEvidence.titleOf(doc))
```

语法 A: Titled 表示，除了文档 doc 外，还必须向函数 printTitle 传递一个类型为 Titled[A]的隐式值。这个值可以通过 summon 函数来检索。一旦类似于对象 ReportsAreTitled 的值隐式可用，便可以显示报告标题，而不必提及证据：

Scala

```scala
given Titled[Report] with
  def titleOf(report: Report): String = report.title

printTitle(report) // prints the string returned by report.title
```

如果定义了 Titled[Book]和 Titled[Magazine]类型的"给定"值，则也可以显示书籍和杂志的标题。

为了方便起见，可以添加一个 apply 方法以便更容易地检索隐式参数：

Scala

```scala
object Titled:
  def apply[A : Titled]: Titled[A] = summon[Titled[A]]
```

还可以添加一个扩展名，使 "Titled" 值具有 title 方法：

```scala
extension [A : Titled](document: A) def title: String = Titled[A].titleOf(document)
```

接下来，试着将所有这些元素放在类型类的典型应用程序中：

```scala
// define a Titled type class, with convenience methods
trait Titled[A]:
  def titleOf(document: A): String

object Titled:
  def apply[A : Titled]: Titled[A] = summon[Titled[A]]

extension [A : Titled](document: A) def title: String = Titled[A].titleOf(document)

// use the type class in methods and classes, e.g.:
def printTitle[A : Titled](document: A): Unit = println(document.title)

// make books, magazines, and reports members of the type class:
given Titled[Report] = _.title
given Titled[Book] = _.title
given Titled[Magazine] = _.title

printTitle(report)     // OK
printTitle(book)       // OK
printTitle(magazine)   // OK
```

代码清单 15.13　使用类型类的多态性示例

将一个简短的语法 _.title 用于定义给定的值。由于 Titled 是 SAM 接口，因此可以使用函数定义 Titled 对象，以借助部分应用程序或 lambda 表达式。

当定义类型类时，可借助特定多态性(具有不同签名的各种 titleOf 方法)，而非子类型多态性(在不同的子类型中以不同的方式实现相同的 title 方法)。这提高了灵活性，因为现有类型可以很容易地添加到类型类中，而不需要修改：必要的代码(如方法 titleOf)位于类型之外。

例如，printTitlesInOrder 方法的定义比代码清单 15.10 中的定义更可取，代码清单 15.10 使用了 Publication & Ordered[A]边界：

```scala
def printTitlesInOrder[A <: Publication : Ordering](pubs: Set[A]): Unit =
  for pub <- SortedSet.from(pubs) do println(pub.title)
```

代码清单 15.14　组合类型边界和类型类以提高灵活性的示例

此函数变体之所以更灵活，是因为可以在任何定义了 Ordering[A]值的出版物类型 A(包括不是 Ordered 子类型的出版物类型)上使用它。例如，得益于标准库的隐式转换，现在已经可以在扩展 Java 的 Comparable 接口的出版物上调用 printTitlesInOrder。

使用类型类代替结构类型，可以获得不少好处。首先，打印 Noble 标题的操作现在被拒绝了：

Scala

```
no implicit argument of type Titled[Noble] was found for an implicit parameter
  of method printTitle
```

其次，可以在概念上有标题但没有定义 title 方法的文档上使用 printTitle，为此，只需要创建一个合适的证据对象：

Scala

```
case class Memo(header: String)
val memo = Memo("Famous Counts")

given Titled[Memo] = _.header

printTitle(memo) // prints "Famous Counts"
```

即使备忘录(memo)有页眉而非标题，也可以对备忘录调用 printTitle。

最后，值和方法可以与每个类型类相关联：

Scala

```
trait Titled[A]:
  def titleOf(document: A): String
  def logger: Logger = Logger.getAnonymousLogger

given Titled[Book] with
  def titleOf(book: Book) = book.title
  override def logger = Logger.getLogger("book_logger")
```

这个类型类将记录器(logger)与每个标题类型关联起来，因此，与书籍相关的活动等便会与其他出版物分开来记录。这是普通子类型多态性无法做到的。(另请参见下一个示例中的 zero 和 fromInt 的情况。)

在 Scala 中，类型类在库的设计中被广泛使用。标准库定义了几个类型类，如 Ordered(前面使用过)、Numeric(带加法和乘法的数字)和 Fractional(带除法的 Numeric 的子类)。接下来看最后一个例子——一个对数字列表求平均值的函数：

Scala

```
def average(numbers: Seq[Double]): Double =
  if numbers.isEmpty then 0.0 else numbers.sum / numbers.length.toDouble
```

如果数字序列为空，则此函数返回 0.0。否则，它将所有数字的总和除以序列的长度来计算平均值。可以将此函数推广到任何支持算术运算的类型 A：

Scala

```
def average[A : Fractional](numbers: Seq[A]): A =
  if numbers.isEmpty then Fractional[A].zero
  else Fractional[A].div(numbers.sum, Fractional[A].fromInt(numbers.length))
```

Fractional[A]证据值用于获取 0、除法运算以及从 Int 到 A 的转换。sum 方法也隐式地使用它来将所有数字相加。

可以使用一些精心选择的导入(import)语句来增强代码的易读性。在代码清单 15.15 中，infixFractionalOps 类似于代码清单 15.13 中的扩展 title 方法：

Scala

```scala
def average[A : Fractional](numbers: Seq[A]): A =
   val evidence = Fractional[A]
   import evidence.{ fromInt, zero }
   import math.Fractional.Implicits.infixFractionalOps

   if numbers.isEmpty then zero else numbers.sum / fromInt(numbers.length)
```

代码清单 15.15　一个基于类型类的 average 函数

可以对双精度浮点数值以及其他 Fractional 类型(如 BigDecimal[1])使用此 average 函数：

Scala

```scala
val doubles: List[Double]     = List(1.2, 2.4)
val decimals: List[BigDecimal] = List(1.2, 2.4)

average(doubles)                // 1.7999999999999998, as a Double
average(List.empty[Double])     // 0.0, as a Double
average(decimals)               // 1.8, as a BigDecimal
average(List.empty[BigDecimal]) // 0, as a BigDecimal
```

注意，即使 Double 和 BigDecimal 实现了一个常见的数字类型(如 Number)，也不能依靠子类型多态性来实现 average 函数，因为对于给定的子类型 A，无法获得 zero 值和 fromInt 函数。

15.11　小结

- 类型策略因编程语言而异。它们经常根据静态(编译时)与动态(运行时)，或者强(fussier)与弱(looser)进行比较。这些术语有些模棱两可，并未得到普遍认可。

- 类型系统的一个更重要的特征是，它们在安全性(有效捕捉错误的能力)、灵活性(便于实现首选设计的程度)和简单性(理解和练习的容易程度)方面各不相同。编程语言通常选择其中两种属性，而放弃第三种属性。

- 理解类型的一种可能的方式是将它们视为值的集合。有些集合(如 String 和 List[Int])比较大。而其他的集合，如 Unit 和 Boolean，则很小。如果变量具有给定类型，则其值始终属于相应的集合。类型越小，这些信息就越有价值。

---

1 创建 decimals 列表时会触发标准的隐式转换，将数字 1.2 和 2.4 转换为 BigDecimal 值。

- 另一种观点试图用定义的服务(如方法和属性)来识别类型。例如,在面向对象的语言中,当将类型定义为接口时,重点不在于该接口可以包含的值的集合,而在于可以应用于这些值的操作。
- 抽象数据类型(ADT)是一种基于集合和操作的正式类型模型。ADT 定义了类型上所有可用操作的语义,通常以公理的形式存在。编程语言类型只是 ADT 的近似值,因为它们通常指定其操作的签名,但不指定其语义。
- 除了源代码中的显式类型声明外,许多编程语言还依赖推断算法来计算尚未指定的类型。类型推断的一个首要原则是计算最小的类型,这通常是符合程序中表达的约束的最小上边界。有时候,推断的类型范围有可能太窄,不能满足程序员的要求,此时还需要使用显式声明或类型归属来扩展类型范围。(也可能会出现推断的类型过于宽泛而需要缩小范围的情况,但这种情况更为罕见。)
- 当类型被视为集合时,子类型对应于子集关系:如果 S(集合)是 T 的子集,则 S(类型)是 T 的子类型。因此,子类型 S 中的所有值也都位于超类型 T 内,并实现(至少)相同的函数。子类型满足替换属性:子类型的值可以用于任何需要超类型值的地方。
- 一些编程语言使用名义子类型的概念,凭借该概念,子类型通过名称链接到其超类型。其他语言使用结构子类型,其中子类型只需要实现超类型的函数,而不需要显式引用超类型。结构子类型往往更灵活,但不太安全:碰巧共享方法名称但语义独立的值可能会因为非预期的子类型关系而变得相关。
- 多态性基于采用多种形式的单一服务理念。编程语言通常实现部分或全部的多态性变体:特定多态性(同名的单独方法或函数)、参数多态性(由一个或多个类型参数化的方法或函数)和子类型多态性(在不同的子类型中以不同方式实现的方法)。
- 通常可以使用子类型多态性来统一处理来自共同超类型的不同子类型的值的异构集合。生成的代码简洁、健壮、灵活。特别是,即使以后创建超类型的新子类型,也不需要对其进行修改。
- 参数化类型可以保留其类型参数的子类型关系(协变),反转它(逆变),或者忽略它(不变)。也就是说,当 S 是 T 的子类型时,可能 C[S]是 C[T]的子类型(C 是协变的),或者 C[T]是 C[S]的子类型(C 是逆变的),此外,C[S]和 C[T]之间也可能没有子类型关系(C 是不可变型的)。
- 对类型变换的支持因编程语言而异。有些语言实施固定规则,例如,在 Java 中,除了数组之外的所有类型都是不变的。其他一些语言则提供了根据用户定义变型的机制,例如,C#、Scala 和 Kotlin 使用类似的变型注释。
- 通常,不可变数据结构可以安全地改为协变数据结构,而可变结构只有在不可变型时才是类型安全的。在支持函数式编程的语言中,函数类型的输出类型通常是协变的,而输入类型通常是逆变的。简单起见,编程语言可能会故意通过将一些可变结构改为协变结构来引入类型的不一致性,例如 Java 和 C#中的数组。

- 为了提高灵活性,不可变型的代码可以依赖于类型边界(也称为使用端变型注释)而非指定确切的类型。上边界用于将类型参数约束为另一类型的子类型;下边界则用于要求它是另一类型的超类型。
- 特定多态性和参数多态性有时会被归入类型类的概念中,在不支持子类型多态性的语言中,尤其如此。类型类可以用于统一访问不同类型值上的服务,即使这些服务未由公共超类型关联起来。特别是,独立于使用类型类的函数开发的类型可以被调整并用作该函数的参数。

第II部分
并发编程

第 16 章
并发编程的概念

本书第 I 部分始于函数式编程没有单一定义的观点。遗憾的是，并发编程也没有一个被普遍认可的定义，定义并发编程与定义函数式编程的难度不相上下。其中的问题是相似的：术语含糊不清，不同的人会选择强调不同的方面。不过，人们都认可并发程序不以纯顺序的方式执行这一点，因此，有关并发编程的几个关键概念出现了，它们分别是同步性、原子性、线程、同步和非确定性。

16.1　非顺序程序

一个可能的出发点是将并发程序视为非顺序程序。顺序程序采用从头到尾的方式一次执行一条指令。大多数程序员刚开始学习编程时都会先编写顺序程序。一个 "main" 函数会从其第一个编程语句开始，然后是条件、循环和函数调用，直到执行最后一条语句，然后终止。

程序的执行是否可以不按顺序进行？一种常见的回答是，一个程序可能涉及多个执行线程。每个线程按顺序执行程序，但同时执行几个线程。另一种回答则是，由于异步操作的存在，程序的某些部分被无序执行，因此不再按顺序执行。异步操作通常涉及线程，而线程主要通过异步操作来使用，因此这两种回答基本吻合。不过，异步代码不需要多线程，而线程也不一定使代码异步。

为了更清楚地阐释这一点，不妨来看以下程序：

pseudocode

```
println(A)
println(B)
println(C)
```

该程序是按顺序执行的，且会按顺序打印 A、B 和 C。可以通过让第二个打印语句无序执行来破坏顺序性。在 Scala 中，可以像下面这样编写代码：

Scala

```
println('A')
Future(println('B'))
println('C')
```

第二个打印语句被设置为无序执行,程序不再保证按顺序输出 A、B 和 C。无序执行也可以在 Kotlin 等其他语言中触发:

Kotlin

```
println('A')
launch { println('B') }
println('C')
```

或者在 JavaScript 中:

JavaScript

```
console.log('A');
Promise.resolve().then(() => console.log('B'));
console.log('C');
```

在初始伪代码中,println('B')是一个同步调用:它发生在此时此地,位于当前运行中,在 A 和 C 的打印操作之间。相比之下,Scala 代码行 Future(println('B'))、Kotlin 代码行 launch{println('B')} 和 JavaScript 代码行 Promise.resolve().then(() => console.log('B'))具有异步调用 B 的打印操作的类似效果,既不在此处,也不是当下,而是脱离当前的操作流程。

打一个非计算的比方,如果我站在柜台前点了一个三明治,如果店员当着我的面准备三明治,则说明售卖是同步的。相反,如果我在下订单时只是取了一个号,需要先离开柜台等候三明治的制作完成,那就意味着售卖是异步进行的[1]。

因此,刚才显示的 3 个程序不再是按顺序执行的。那它们是并发执行的吗?JavaScript 程序使用单个线程,并保证 B 将在 A 和 C 之后按 ACB 顺序打印。B 的打印并没有在"当下"发生,但在某种程度上,它仍然发生在"此处",即在同一个执行线程中。考虑到程序是单线程的,并且 ACB 的顺序是确定的,甚至可以认为程序仍然是按一定顺序执行的,只是顺序不同而已。

那么,并发是否与多个线程的使用有关?根据它们的配置方式,Scala 和 Kotlin 的示例程序可能依赖也可能不依赖于额外的线程来执行 B 的打印操作。基于外部配置,同一程序是否可以并发执行?即使假设 Scala 和 Kotlin 程序被配置为在调用 Future 或 launch 时使用多个线程,这是否一定会使它们并发执行?接下来先看以下这些变体:

Scala

```
println('A')
Await.ready(Future(println('B')), Duration.Inf)
println('C')
```

Kotlin

```
println('A')
launch { println('B') }.join()
println('C')
```

由于添加了同步性,这些程序即使使用多个线程,也会按 ABC 顺序依次打印 A、B 和 C。可以说,在当前的执行线程中,B 的打印操作没有在"此处"发生,但它仍然在 A 和 C 的打印

---

1 在这种情况下,它也是多线程的,除非我回到柜台取三明治时被要求自己制作。

操作之间发生，亦在"当下"发生。这使得程序按顺序进行，那么能否说它们仍然是并发执行的？有多线程顺序程序吗[1]？此外，即使在早期的非同步程序版本中，A、B 和 C 也必须按"某种"顺序一次一个地打印。这并不是说两个字母可以叠加在一起，甚至在同一行。那么，在这些名义上的非顺序程序中，什么是并发的呢？

接下来修改 Scala 程序，使用慢速打印函数：

Scala

```scala
def slowPrint(x: Any) =
  var n = BigInt("1000000000")
  while n > 0 do n -= 1
  println(x)

slowPrint('A')
Future(slowPrint('B'))
slowPrint('C')
```

现在打印每个字母都需要时间，因为该程序需要使用大整数从一个大数字开始倒计时。与 JavaScript 程序一样，在撰写本书的多核计算机上使用单线程配置时，该程序需要 7.6 秒才能完成运行并按 ACB 顺序打印字母。而使用多线程配置时，运行时间减少到 5.2 秒，约为单线程时间的三分之二。这是因为 B 的慢速打印和 C 的慢速打印是在两个独立的执行线程内同时运行的。时间从：

$$(printing\ of\ A) + (printing\ of\ B) + (printing\ of\ C)$$

变为：

$$(printing\ of\ A) + max((printing\ of\ B) + (printing\ of\ C))$$

计算机的两个核同时并行执行慢速倒计时，尽管终端上两个字母的实际打印仍然按顺序进行（B 在 C 之前或 C 在 B 之前）。换句话说，在两个核执行的大整数运算上存在并发性，但在共享终端上，打印仍然按顺序进行，即使涉及多个线程，也是如此。

注意

也许你希望针对并发性与并行性进行必要的讨论。在某些书籍和网络博客中，这通常被认为是一个需要尽早解决的基本问题，但我不这么认为。尽管许多解释的目的明确，但往往不尽相同。如果你像学生们一样刨根问底，坚持让我作出区分，那么我的观点是，并行就是我想要的并发（为了速度！），并发就是我需要处理的并行（所有这些事情在程序中同时发生）——参考美国计算机协会（Association for Computing Machinery，ACM）的 *Computer Science Curricula 2013*。不过，我的论点是，这并不重要。总体来说，无论是将它们归因于并行性还是并发性，都会面临同样的编程挑战。就本书而言，只要坚持基本的字典定义，并将并行性和并发性视为同义词就足够了，这两个概念都代表了同时发生的几个动作。在接下来的章节中，我将交替使用这两个术语。

---

1 你可能会争辩说，此处的最后两个例子过于愚蠢和刻意了。但还有更接近现实的阐释。例如，在 actor 中处理传入消息的代码（参见 27.5 节）通常由多个线程按顺序执行（一次执行一个）。

16.2　并发编程相关概念

16.1 节中的代码片段并没有明确定义什么是并发程序，但它们仍然可以用来说明有关并发编程的几个基本概念，这些概念将在接下来的章节中探讨。

- 异步性(asynchronicity)是触发无序执行的原因。并发程序涉及异步操作，这与所有开发人员熟悉的更简单的顺序程序不同：println('B')同步打印 B；Future(println('B'))异步执行，无论它是否引入了并行性。在编写并发程序时，需要考虑那些不在"此处"和"当下"发生的操作，这些操作在其他地方(另一个线程)或以后发生。

- 执行线程(thread of execution)，简称线程(thread)，是程序中常见的并发源，但它们并不是唯一的来源：进程(process)也倾向于并发运行，用户点击或传入服务器连接等外部事件也会引入并发性。此外，程序员通常在非线程级别处理并发性，例如，在任务、Future、actor 或协同程序方面。

- 原子性(atomicity)定义了基本程序单元——可以无序执行或"同时执行"的"部分"。例如，16.1 节的示例中，将 BigInt 减 1 是原子操作，但从 1 000 000 000 倒计时到 0 不是原子操作。类似地，可以在终端打印一封信或者不打印；但不能"部分打印"。同样，打印多个字母的操作不一定具有原子性。单线程 JavaScript 程序保证 A 和 C 代码行形成一个原子单元，中间不可能有 B，而 Scala 和 Kotlin 程序(当配置为使用多个线程时)则并非如此。作为一名程序员，你必须了解程序中需要被原子化的内容，以及编程所使用的语言和库能在多大程度上保证原子性。

- 通常需要同步(synchronization)机制来协调并发活动。可以使用锁和信号量之类的同步器(synchronizer)，将程序的并发性降低到不会危及程序正确性的水平。当同步器被滥用时——如我之前在 Scala 的 Await 和 Kotlin 的 join 中所做的那样，并发程序就会变成顺序程序，甚至阻止程序运行(参见 22.3 节中关于死锁的讨论)。

- 非确定性(nondeterminism)是并发的自然结果，也是并发编程的祸根。一方面，JavaScript 程序与 Scala 和 Kotlin 程序之间最显著的区别是，当配置为多线程时，没有额外的同步机制，前者只能以 ACB 的顺序产生 3 个字母，而其他程序可能在不同的运行中产生不同的序列。这种不确定性对测试和调试的影响是巨大的。

16.3　小结

在介绍有关并发编程的核心概念(如执行线程、异步调用、原子操作、同步和不确定性)时，不需要深入讨论并发编程的构成。并发编程的艺术在于编写能够适当平衡并发的多个方面的程序：线程过多(或不足)可能会影响性能；同步不足(或过多)可能会影响正确性；原子性是并发系统推理的关键，但不确定性使这种推理变得更加困难；接下来的章节将通过 Scala、Java 和 Kotlin 中的代码示例来探讨这些相互交错的概念。

注意

　　本书中的所有代码示例都基于编程语言的 JVM 实现。尽管本书第I部分中的大多数示例在不同的实现上表现相似(Scala 和 Kotlin 都定义了一个可替代的、基于 JavaScript 的实现)，但这在本书第II部分的代码示例中可能就大相径庭了。多线程通常涉及与操作系统(OS)的密切交互。特别是线程，通常作为轻量级进程由操作系统进行管理。在本书的其余部分中，对并发编程的讨论是基于在 UNIX 系统上运行的标准 JVM 进行的。如果代码是在不同的平台(如 Android)上编译和执行的，则需要调整一些注释和解释。

第17章
线程与不确定性

顺序程序只有一个执行线程。可以创建额外线程以使多个线程并行执行一个程序,从而将顺序程序改为并发程序。线程访问硬件计算资源的方式通常由调度器(通常在操作系统中)编排,不受控于程序员。因此,在没有额外同步的情况下,无法预测多个线程联合执行指令时的确切顺序。由此,多线程程序容易表现出不确定的行为,而这种不确定性大幅增加了测试和调试的难度。

17.1 执行线程

执行线程(或简称为线程)表示一系列指令的执行。程序通常始于一个线程[1],并在该线程结束时终止。试观察如下程序:

```scala
import tinyscalautils.text.{ println, threadTimeDemoMode }

println("START")
println("END")
```
Scala

以上程序生成如下输出:

```
main at XX:XX:14.216: START
main at XX:XX:14.217: END
```

该程序借助 println 函数,为显示的消息添加线程和计时信息[2]。此处,由 JVM 创建并启动的一个名为 "main" 的线程在几毫秒内依次执行两个语句。这时,程序结束,JVM 终止。

为了创建额外线程(除 main 以外),Java 定义了一个 Thread 类,且 JVM 语言基于 Java 的线程创建机制。为实例化 Thread 类,可以向其构造器传递一个 Runnable 类型的参数——具有单一方法 run 的接口。启动新创建的线程时,执行此 run 方法,然后终止:

---

1 更准确地说,是在一个执行线程内执行用户代码。通常,JVM 使用额外线程进行垃圾收集、即时编译等操作。

2 在接下来的章节中,许多代码示例都将使用这个经过修改的 println 函数(或其 printf 变体),但没有显式地导入它。

Scala

```scala
println("START")

class LetterPrinter(letter: Char) extends Runnable:
    def run(): Unit = println(letter)

val tA = Thread(LetterPrinter('A'))
val tB = Thread(LetterPrinter('B'))
val tC = Thread(LetterPrinter('C'))

tA.start()
tB.start()
tC.start()

println("END")
```

代码清单 17.1　多线程程序示例

该程序定义了一个可运行的 LetterPrinter 类，并将它实例化 3 次，以创建 3 个线程(tA、tB 和 tC)，然后启动它们。该程序生成的输出如下：

```
main at XX:XX:42.767: START
Thread-0 at XX:XX:42.789: A
Thread-2 at XX:XX:42.789: C
Thread-1 at XX:XX:42.789: B
main at XX:XX:42.789: END
```

和之前一样，START 和 END 消息由主线程打印。字母 A、B 和 C 分别由 3 个不同的线程 (Thread-0、Thread-1 和 Thread-2)打印。当在 tA、tB 和 tC 上调用 start 时，则有效地向系统引入了并行性。在启动 3 个新线程之后，程序中有 4 个正在运行的线程(main、Thread-0、Thread-1 和 Thread -2)，并且所有打印语句(A、B、C 和 END)几乎同时发生。

最好在创建线程时就为其命名，这样日志的读取和线程转储就更容易一些(参见 22.4 节)。为了给线程命名，可以按如下方式创建线程 tA、tB 和 tC：

Scala

```scala
val tA = Thread(LetterPrinter('A'), "printerA")
val tB = Thread(LetterPrinter('B'), "printerB")
val tC = Thread(LetterPrinter('C'), "printerC")
```

17.2　使用 lambda 表达式创建线程

9.5 节讨论了如何使用 lambda 表达式实现单一抽象方法(SAM)接口。因为 Runnable 是一个

SAM 接口，所以可以使用 lambda 表达式来生成线程。在不使用 LetterPrinter 类的情况下，也可以创建线程 tA、tB 和 tC，代码如下：

Scala

```
val tA = Thread(() => println('A'), "printerA")
val tB = Thread(() => println('B'), "printerB")
val tC = Thread(() => println('C'), "printerC")
```

代码清单 17.2　使用 lambda 表达式创建线程的示例

也可以使用 Java 的 lambda 表达式和方法引用：

Java

```
void printB() {
    println('B');
}

var tA = new Thread(() -> println('A'), "printerA");
var tB = new Thread(this::printB, "printerB");
```

17.3　多线程程序的不确定性

下面修改代码清单 17.1 中的程序：为其线程命名并连续运行 3 次。可能会观察到如下输出：

```
main at XX:XX:30.563: START
printerC at XX:XX:30.585: C
printerA at XX:XX:30.585: A
printerB at XX:XX:30.585: B
main at XX:XX:30.585: END
```

```
main at XX:XX:51.482: START
printerA at XX:XX:51.505: A
printerB at XX:XX:51.505: B
main at XX:XX:51.505: END
printerC at XX:XX:51.505: C
```

```
main at XX:XX:38.261: START
main at XX:XX:38.283: END
printerB at XX:XX:38.283: B
printerA at XX:XX:38.283: A
printerC at XX:XX:38.283: C
```

值得注意的是，这 3 个字母的打印顺序在第一次运行时是 CAB，而在后两次打印中分别是 ABC 和 BAC。这正是多线程程序不确定性的一个例子。

当在 Thread 对象上调用 start 方法时，运行时需要创建一个实际的线程(通常是由 OS 管理的轻量级进程)并调度线程的执行。运行时调度线程的方式不受程序员的控制。调度器将运行时分配给线程，其分配方式在应用程序这一层是未知的。当运行 demo 程序时，我的计算机报告有 2 985 个活跃线程(其中大多数在 JVM 之外)共享 8 个处理器内核。所有的运行线程在你不知道也无法选择的时候反复执行。因此，无法确切知道线程何时执行它们的指令，以及它们被 OS挂起多长时间后才能让其他线程运行。正因为无法预测示例程序打印字母的确切顺序，所以打印结果在每次运行时都有所不同。

还要注意，在最后两次运行中，主线程在打印完成之前就终止了。主线程在另一个线程上调用 start 后继续运行，之后在一个单独的线程中执行可运行目标。因为还有其他活跃线程，所以 JVM 在主线程完成后还会继续运行。在所有线程都终止后，JVM 才停止[1]。

17.4 线程终止

线程一旦启动，就会一直运行，直到在其可运行任务中指定的 run 方法结束为止。要终止线程，就必须完成 run 方法，要么正常完成，要么通过抛出异常突然完成。其他线程无法强制终止一个线程。相反，需要向线程发出结束运行的信号，使其在终止之前清理资源和共享数据。但是，请记住，选择忽略这些信号的线程将继续运行，这可能会阻止 JVM 终止。

常见的终止策略如下：

Scala

```scala
object task extends Runnable:
    @volatile private var continue = true

    def terminate() = continue = false

    def run() =
        while continue do
            // perform task
        end while
        // cleanup
end task

val runner = Thread(task, "Runner")
runner.start()
// other code while runner is running
task.terminate()
```

代码清单 17.3 使用 volatile 标志请求线程终止

---

1 Java 还有一个 "守护线程" (daemon thread)的概念，它不阻止 JVM 终止，但是很少使用。

runner 线程继续执行其任务中的代码，同时定期检查此处名为 continue 的标志。可将此标志设置为 false 以请求线程终止。

只要线程在循环中没有"阻塞"(即无法测试终止标志)的危险，就可以放心使用这种线程终止模式。上述危险可能因为同步(例如，线程阻塞在锁或其他同步器上)或 I/O(例如，线程阻止从空槽读取数据)而发生。在存在阻塞操作的情况下可能难以便利地处理终止，这是一个有待深入讨论的主题。

因为变量 continue 在线程之间共享，没有任何形式的同步，所以它必须被设置为 volatile(有关 Java 内存模型的内容，参见 22.5 节)。volatile 变量是一个高级概念，在更深入地研究并发编程之前，可以放心地忽略它。像 continue 这样的终止标志是 volatile 变量在高级编程模式之外最常见的用法。

调用 task.terminate()是一个终止请求，但是运行任务的线程将继续运行，直到它检查出 continue 标志，执行其清理代码，并完成 run 方法，此时才可以认为任务已经完成，处于可供主线程使用的状态。通常，一个线程需要等待另一个线程完成后，才可以开始，例如，一个管理线程需要等待一个作业线程完成其任务。对于这种情况，可以使用线程方法 join。

修改代码清单 17.1，使主线程暂停，直到 3 个打印线程完成为止：

Scala

```
...

tA.join()
tB.join()
tC.join()

println("END")
```

代码清单 17.4　在没有超时的情况下等待线程终止；另请参见代码清单 17.5

通过添加对 join 的调用，主线程在其他 3 个线程终止之前不会到达其最终的 print 语句，从而保证 END 消息最后出现，但 A、B 和 C 消息仍然以任意顺序出现。因此，通过额外的线程间同步，可以降低程序执行的不确定性，这个主题将在第 22 章进行更详细的讨论。

join 的一种变体也可以带超时时间。必须将其与 isAlive 搭配使用：

Scala

```
runner.join(500) // timeout in milliseconds
if runner.isAlive then
    // handle timeout case
else
    // runner is terminated
```

代码清单 17.5　等待线程超时终止

runner.join(500)会阻塞调用线程，直到线程 runner 终止或过去了 500 毫秒(以先到者为准)。

方法 join 通常用于实现一种称为 fork-join 或 scatter-gather 的模式，在这种模式中，一个线程会创建几个工作线程，启动它们的任务(scatter)，并等待它们终止来组装结果(gather)。这一基本模式的变体将在后面的章节中进行探讨,特别是在 22.2 节中,你将尝试等待任务而不是线程,此外,在第 26 章和第 27 章中,你将探讨如何在不等待任务完成的情况下对结果的收集进行调度。

17.5　测试和调试多线程程序

众所周知,多线程程序的测试和调试非常困难。这种困难主要源于不确定性行为。错误程序的多次运行可以令人满意地执行,并且可能需要重复数千(或数百万)次测试才会触发错误行为。这种情况给开发人员带来了以下困扰。

- **测试:** 可能成功地测试一个程序一百万次,但因为线程执行的时机不合适,结果却在下一次测试时(甚至在生产中)失败了。甚至可能是,这种不合适的时机所需的条件只存在于部署应用程序的环境中,可能是由于特定的数据(影响运行时)或在同一硬件上运行的其他活动。
- **调试:** (在测试或生产中)观察到故障后,可能很难再现它——相同运行的下一次执行现在可能看起来毫无问题,这使调试变得非常复杂。即使你可以重现故障,故障场景也往往涉及高级别的并发(例如,数百个线程),这使你难以跟踪错误。更糟糕的是,你在调试过程中应用的任何步骤(断点、日志记录等)都会影响线程的同步和定时,并可能使错误无法被检测到(参见 18.3 节末尾关于海森堡的内容)。

虽然多线程程序的测试和调试没有妙招,但牢记以下几个基本原则仍有助于解决问题。

- **避免过早优化。** 这个建议通常对单线程代码有效,但对于多线程程序,更重要的是从易于理解、安全且直接的策略开始。这将降低推理、维护和修改代码的难度。需要记住的一件事是,并发程序比顺序程序更难测试,而且不能过于依赖测试的安全网来捕捉破坏性的更改。
- **测试时最大限度地提高并发性。** 在测试并发应用程序时,仅尝试"合理"的场景是不够的。错误很可能是由不寻常甚至极端的时机触发的,例如,任务非常短或非常长。为了生成各种交织的操作,应该努力测试具有高并发级别的程序。一种常见的情况是,测试在十几个线程中成功运行,但在一百个线程时失败了[1]。同样重要的是,要确保更大的线程数确实会提高并发性。一个常见的错误是引入人工瓶颈(例如,日志数据结构,伪随机生成器)来序列化操作,并阻止线程同时运行。

Thread 类定义了一个静态方法 yield[2],根据其文档,这是"向调度程序发出的一个提示,表明当前线程愿意放弃其当前对处理器的使用"。在测试时,可以在程序中插入 yield 调用,以增加运行中操作的交织方式。(18.3 节讨论了适当使用 yield 的示例。)由于线程总是可以在任何时候被调度程序挂起,yield 的使用不会产生不可能发生的场景,因此添加对 yield 的调用绝不

1　这并不意味着程序在十几个线程中是正确的,而在一百个线程中则是不正确的,只能说在一百线程中更容易触发和观察故障。

2　这个方法与 Scala 的 for-yield 构造无关。然而,由于 yield 是 Scala 中的一个关键字,因此 Thread.yield 方法需要作为 Thread.'yield'()调用。

会在正确的程序中导致故障。

- **命名线程并记录细粒度活动。** 你很难通过测试使错误的并发程序出现故障。而弄清楚导致故障的步骤则更难,特别是在涉及许多线程的情况下。遗憾的是,会随着线程数量增加而增加的详细的日志记录信息通常是确定同步错误所必需的。在进行日志记录时,可以使用 Java 静态方法 Thread.currentThread 访问正在执行代码片段的线程的信息。
- **用静态分析工具补充测试。** 静态分析技术可以应用于源代码或编译代码级别的设计,许多此类技术主要关注并发问题。因为它们不依赖于一系列特定运行时步骤的不确定性事件,所以通常可以发现其他形式的测试发现不了的错误。(参见 23.4 节末尾关于模型检查的内容。)

17.6 小结

- 默认情况下,许多程序都是单线程的。并发或并行是通过创建额外的执行线程来引入的。之后,线程可以在同一程序中并发运行,并进行交互。
- JVM 语言依赖 Java 的 Thread 类来创建线程。该类的实例是一个常规对象,包含方法和字段。然而,当调用其 start 方法时,会创建一个新的(实际的)执行线程。这个线程通常被实现为操作系统的轻量级进程,但也可以由 JVM 直接处理。
- 新线程的行为由一个无参数的 run 方法的对象指定,该方法包含要由线程执行的代码。这个对象通常可以用 lambda 表达式语法实现为一个函数。
- 线程在到达代码末尾时终止(可以是正常终止,也可以是异常终止)。线程可以通过方法 join 等待其他线程终止,方法 join 通常由管理线程用来等待作业线程完成。JVM 在其所有应用程序线程完成时终止。
- 线程需要与其他计算机活动(包括 JVM 之外其他进程的线程)共享计算资源。调度机制通常是操作系统的一部分,负责将计算时间分配给所有线程。因此,为了让其他线程运行,一些线程会被挂起,然后以不受应用程序控制的方式恢复。这种不可预测的线程调度倾向于提高多线程程序的不确定性:即使是相同的程序,在相同的输入上,也可能在连续的运行中表现出不同的行为。
- 不确定性通常会使多线程程序的测试和调试变得非常棘手。指定的测试可能会不可预测地成功或失败,并且在调试时很难重现错误的场景。当存在许多线程时,很少出现的错误可能很难跟踪。

第 18 章
原子性和锁

在由线程执行由多个步骤组成的复合操作期间,其他线程可以观察并干扰存在于这些步骤之间的应用程序的状态。相比之下,原子操作由单个步骤组成,且该步骤中不存在中断的可能性。锁是一种机制,可以用来使一个线程的复合操作在其他线程看来是原子性的,从而防止其他线程在执行过程中以不利于正确性的方式进行干扰。不同的系统定义了各自的锁机制。特别是,Java 定义了一种可以与任何 JVM 语言一起使用的锁的基本形式。

18.1 原子性

在第 17 章讨论的一个程序中,3 个线程共享 1 个终端来输出字母 A、B 和 C。在不同的运行中,这 3 个字母可能以不同的顺序出现,这种不确定性源于线程调度的不可预测性。

假设这个程序变体中的两个线程(除了主线程之外)共享一个整数值,而不是共享一个终端[1]:

```scala
// DON'T DO THIS!
var shared = 0

def add(n: Int): Unit = n times (shared += 1)

val t1 = Thread(() => add(5), "T1")
val t2 = Thread(() => add(5), "T2")

t1.start(); t2.start()
t1.join(); t2.join()

println(shared)
```

代码清单 18.1 多个线程不安全地共享一个整数

两个线程由主线程启动。每个线程使一个共享的整数递增 5 次。主线程等待所有增量操作完成,然后打印共享整数的值。

---

1 函数 times 用于将代码重复 n 次。它在代码清单 12.4 中定义。

在第一次运行时，程序的输出如下：

```
main at XX:XX:19.251: 10
```

在我的实验中，下一次运行的输出与此类似，在接下来的 3 189 次运行中，使用循环重复执行。然而，第 3 190 次运行产生了以下输出：

```
main at XX:XX:26.180: 7
```

剩下的 96 810 次运行都产生了值 10。换句话说，两个执行 5 次增量操作的线程在大多数情况下都会将共享整数的值增加 10，但情况并非总是如此。

查看由 shared += 1 编译产生的字节码，可以得到以下信息[1]：

```
                                                              bytecode
0: aload 1
1: getfield       #92            // Field scala/runtime/IntRef.elem:I
4: iconst_1
5: iadd
6: istore 2
7: aload 1
8: iload 2
9: putfield       #92            // Field scala/runtime/IntRef.elem:I
```

字段 92 对应于代码清单 18.1 中的 shared 变量。字节码显示该字段是从内存中读取的 (getfield)，递增 1(iconst_1/iadd)，而且新值存储在内存中(putfield)。

当线程 T1 和 T2 同时执行此代码时，可能会出现图 18.1 所示的场景。在这种情况下，T2 与 T1 读取相同的 shared 值(如 3)，都将其递增到 4，并将 4 写回 shared。在两个线程都完成了 shared += 1 的执行之后，值从 3 变为 4，并且丢失了一次增量操作。由于在运行过程中不同线程的读/写序列重叠，最终 shared 值可能小于 10，正如在第 3 190 次运行中观察到的值 7。

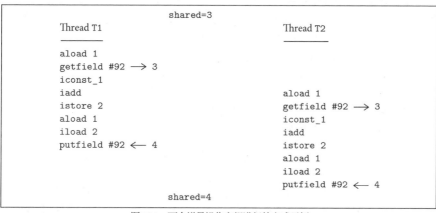

图 18.1　两个增量操作交织进行的方式示例

---

1 当然，字节码可能因编译器不同而不同，并且通常由 JVM 的即时编译器重新编译为机器代码。尽管如此，对它的探讨有助于强调整数增量操作的非原子性。

此示例说明了递增整数变量不是原子操作，而是使用多条指令(至少有读取、递增和写回指令)实现的，这些步骤最终可能以任意方式在多个线程之间交织进行。

18.2　非原子操作

如果连整数递增这样的基本操作都不是原子性的，那么在由多个线程执行时，很少有函数和方法可以如期执行原子操作。这对使用单个线程设计的代码的多线程行为有着重要的影响：一言以蔽之，它不起作用。

例如，可以修改上一个程序以共享 Java 列表而非整数：

Scala

```scala
// DON'T DO THIS!
val shared = ArrayList[String]()

def addStrings(n: Int, str: String): Unit = n times shared.add(str)

val t1 = Thread(() => addStrings(5, "T1"), "T1")
val t2 = Thread(() => addStrings(5, "T2"), "T2")

t1.start(); t2.start()
t1.join(); t2.join()

println(shared.size)
```

代码清单 18.2　多个线程不安全地共享一个列表；代码清单 18.5 将对此进行更正

和前面一样，有些运行在结束时显示列表的大小为 10，而其他运行则显示列表中的元素少于 10 个。这说明，在 ArrayList 实现的某个地方，需要增加索引来填充数组中的下一个槽。由于整数增量操作不是原子性的，并且可能在多线程上下文中产生不正确的值，因此同时调用方法 add 的多个线程可能相互覆盖，进而导致值丢失。

如果运行这个程序的次数足够多，该程序还会表现出另一种有趣的行为。在我的实验中，第 6 402 829 次运行在线程 T1 中产生了一个异常：

```
Exception in thread "T1" java.lang.ArrayIndexOutOfBoundsException:
  Index 3 out of bounds for length 0
    at java.base/java.util.ArrayList.add(ArrayList.java:455)
    ...
```

若对测试中使用的类 ArrayList 的源代码进行检查，可以得出一个解释：列表是使用零容量的空数组创建的。当第一个元素被添加到列表中时，该数组将被新分配的(容量为 10 的)数组所取代。在这里显示的失败运行中，线程 T2 创建了这个新数组，并使用它将 3 个值插入列表中。由于类 ArrayList 不包含任何同步机制，线程 T1 尝试将其第一个值(第四个列表元素，位于索引

3)插入前一个数组中，但它的容量为零。

函数通常由多个语句组成，大多数语句由机器代码级别的更基本的指令组成。这些指令可以通过独立的线程以任意方式交织在一起。因此，当实例在线程之间共享时，不处理这种交织情形的代码可能会中断。特别是，除了极少数特例(Random 就是其中之一)，java.util 中的大多数类对于没有同步的多线程的使用是不安全的。如果在线程之间不正确地共享 HashMap 和 PriorityQueue 等类的实例，它们将表现出类似于使用 ArrayList 时所展示的不可预测的行为。

注意，本实验中的测试程序用于发现故障，并且在经历了数千次连续的运行后仍然可以正常运行。在这些程序中，线程以不切实际的方式交互，尽可能频繁地修改共享数据，这提升了发生意外交互的可能性。在实际应用程序中，线程将执行独立的工作，并且仅偶尔同时访问共享数据结构。失败的频次更低，发生的可能性也更小，但仍有潜在的破坏性。

18.3 原子操作和非原子复合操作

某些操作必须是原子性的。例如，在 JVM 上读取或写入基元 int 的操作是原子性的：线程永远看不到整数的"一半"，也看不到两个独立整数的混合位。然而，正如我们所看到的，将多个原子操作(如读取和写入以实现增量)组合在一起的代码在默认情况下不是原子性的。

假设需要在用户注册服务时为其分配唯一序列：第一个用户获得序列 1，下一个用户获得序列 2，以此类推。可以通过增大每个传入用户的 userCount 值来实现注册。但是，若希望它在线程之间共享服务时正常工作，则不能将增量操作写为 userCount += 1，因为这不是原子性的。相反，需要依赖一种不同的类型——一种实现原子增量的类型。Java 为此定义了类 AtomicInteger：

```scala
private val userCount = AtomicInteger(0)

// DON'T DO THIS!
def getRank(): Int =
   userCount.increment()
   userCount.get
```

单原子整数被创建并初始化为零。getRank 函数使用 increment 方法来递增这个整数，按照设计，该方法在被多个线程调用时是安全的。这样就可以保证记录所有的注册，而不会像之前发生的那样丢失增量——并且在 10 个用户注册后，userCount 的值将为 10。

然而，该程序仍然不正确。所有用户都被分配了唯一的序列，这并不能满足所需的属性。以下场景是可能的：两个用户(例如第三个和第四个)大约在同一时间注册。两个线程都执行 userCount.increment()，这会使计数器值变为 3，然后变为 4。然后，两个线程都执行 userCount.get，它对两个用户都返回值 4，两个用户最终得到相同的序列(见图 18.2)。

```
                      userCount=2
Thread T1                               Thread T2
---------                               ---------
userCount.increment()
                                        userCount.increment()
                                        userCount.get --> 4
                                        return 4
userCount.get --> 4
return 4
                      userCount=4
```

图 18.2　两种非原子复合操作交织进行的方式示例

使用常规整数执行多个步骤的增量操作已经变成了原子操作，但是在 getRank 中，递增和获取增量值仍然是两个独立的步骤。事实上，Java 的 AtomicInteger 类并没有定义 increment 方法；此处添加它，只是为了说明该示例。相反，该类定义了方法 incrementAndGet，该方法先对整数加 1，然后返回加 1 后的值，所有这些都在一个原子步骤中完成。这正是实现 getRank 所需要的：

Scala

```scala
sprivate val userCount = AtomicInteger(0)

def getRank(): Int = userCount.incrementAndGet()
```

代码清单 18.3　使用 AtomicInteger 生成唯一的值

接下来考虑这个问题的变体：只允许前 5 个用户注册。通过返回一个选项来指示注册成功或失败：

Scala

```scala
// DON'T DO THIS!
def getRank(): Option[Int] =
  if userCount.get < 5 then Some(userCount.incrementAndGet()) else None
```

代码清单 18.4　非原子先检查再执行操作示例；代码清单 18.7 将对此进行更正

这个变体是不正确的。incrementAndGet 的使用可以保证序列是唯一的。但是，此代码允许 5 个以上的用户进行注册。一种可能的情况如图 18.3 所示。故障是由两个同时检查条件 userCount.get < 5 的线程引起的。这里的问题在于测试的非原子性和随后的操作，这仍然需要两个步骤：第一步是检查值是否小于 5，第二步是对其进行增量操作并返回增量值。类 AtomicInteger 没有定义能在一个原子步骤中执行整个计算(检查、递增和获取)的方法[1]。

1 AtomicInteger 确实定义了一个方法，该方法可用于检查当前值，然后在单个原子步骤中对其进行修改。它是为高级使用而保留的，详见第 27 章。

```
                        userCount=4
Thread T1                                    Thread T2

─────────                                    ─────────

userCount.get < 5 ──→ true

                                             userCount.get < 5 ──→ true
                                             userCount.incrementAndGet() ──→ 5
                                             return Some(5)

userCount.incrementAndGet() ──→ 6
return Some(6)
                        userCount=6
```

图 18.3   两个非原子先检查再执行的操作交织进行的方式示例

　　非原子先检查再执行的操作是并发错误的常见原因。在多线程程序中编写条件时须慎之又慎。通过实践，可知还要在 if 之后、then 或 else 代码之前停止执行的线程。

　　可以通过编写多个线程同时调用函数的测试来表明这两个有缺陷的 getRank 实现是不正确的。测试有时成功，有时失败。当另一个线程在 increment 和 get 之间(第一个示例)或在 if 和 then 之间(第二个示例)访问原子性整数时，将会失败。可以通过在函数 getRank 的代码中插入对 Thread.yield 的调用(参见 17.5 节)来提高这些故障发生的可能性：

Scala

```scala
def getRank(): Int =
   userCount.increment()
   Thread.'yield' ()
   userCount.get()

def getRank(): Option[Int] =
   if userCount.get() < 5 then
      Thread. 'yield' ()
      Some(userCount.incrementAndGet())
   else None
```

　　由于添加了对 Thread.yield 的调用，测试失败的频率激增。相比之下，若在正确的程序中添加对 Thread.yield 的调用，将永远不会破坏它。通常情况下，一个很好的测试策略是在线程失去对 CPU 的控制且被认为可能不安全的地方插入这样的调用；正确的代码应该继续正确地运行。

海森堡错误示例

假设代码清单 18.2 的一个变体如下：

Scala

```scala
val shared = ArrayList[String]()

def addStrings(n: Int, str: String): Unit =
   var added = 0
   while added < n do
      if shared.size >= 2 * added then
         shared.add(str)
```

```
        added += 1

val t1 = Thread(() => addStrings(5, "T1"), "T1")
val t2 = Thread(() => addStrings(5, "T2"), "T2")

t1.start(); t2.start()
t1.join(); t2.join()

println(shared.size)
```

在这个变体中，每个线程在向共享列表中添加值之前，都会检查自己是否领先于另一个线程。只有当列表的长度至少是该线程已添加项目数的两倍时，线程才会向列表中添加新项目。当在我的计算机上运行时，这个程序不会打印任何内容，而是继续运行。

为了帮助调试问题，可以使用简单的 print 语句记录 added 变量值：

```
                                                              Scala
...
while added < n do
  println(added)
  if shared.size >= 2 * added then
...
```

值得注意的是，这个修改后的程序确实终止了，并产生了预期的输出：

```
T1 at XX:XX:28.543: 0
T2 at XX:XX:28.543: 0
T1 at XX:XX:28.543: 1
T2 at XX:XX:28.543: 1
T1 at XX:XX:28.544: 2
T2 at XX:XX:28.544: 2
T1 at XX:XX:28.544: 3
T2 at XX:XX:28.544: 3
T2 at XX:XX:28.544: 4
T1 at XX:XX:28.544: 4
main at XX:XX:28.544: 10
```

注意，这个程序仍然是不正确的：java.util.ArrayList 不是线程安全的结构，它在没有同步的情况下在线程之间共享。然而，这个错误不会再发生。注释掉 print 语句后再运行程序，仍旧没出现预期的终止。这种错误在观察时会消失，因此有时会被戏称为*海森堡(Heisenbug)*。

18.4 锁

到目前为止，本章中错误的代码示例都犯了同样的错误：线程在没有正确同步的情况下共享可变数据。解决这一问题的方案很多，其中一些将在后面的章节中讨论，但锁仍然是同步共享数据的线程操作最常用的一种技术。

　　锁的基本原理是：需要在运行代码之前获取锁来保护部分代码(如函数和方法)。最常见的锁形式是独占锁(一次只能由一个线程获取)。当一个线程获取了一个独占锁时，就称该线程拥有该锁。当线程释放锁时，其所有权终止。当一个线程拥有独占锁时，该锁对其他线程不可用。其他线程获取锁的任何尝试都会被拒绝，通常请求线程会被阻塞，直到锁可用为止。

　　在代码清单 18.2 中，两个线程将字符串添加到共享列表中，导致出现了不良行为和不正确的输出。为了解决这个问题，一种策略是让每个线程在向列表中添加字符串之前获得一个独占锁：

pseudocode

```
exclusiveLock.lock()
shared.add(str)
exclusiveLock.unlock()
```

　　因为锁是排他性的，所以列表的 add 方法中不能同时有两个线程。相反，一个线程必须完成要添加的整个调用的执行，然后才能释放锁，而后其他线程才能再次启动该方法。实际上，方法 add 现在看起来是原子性的：一个线程不可能部分运行该方法并让另一个线程加入。特别是，当线程执行 add 时，假如该列表没在应用程序的其他地方使用，那么列表可能具有的中间状态对其他线程是不可见的。

18.5　内部锁

　　JVM 定义了自用的基本形式的独占锁，此类锁被称为内部锁。(其他类型锁的相关介绍参见 23.1 节。)在 Scala 中，内部锁是通过 synchronized 方法获取和释放的，该方法按名称获取其代码参数，但未进行赋值(参见 12.2 节)：

Scala

```
lock.synchronized(shared.add(str))
```

　　或者：

Scala

```
lock.synchronized {
   shared.add(str)
}
```

　　回想一下，Scala 支持使用大括号(而非小括号)来调用单参数函数。锁是在进入指定的代码片段时获取的，并在线程退出该代码时释放(正常退出或通过抛出异常退出)。当线程在 synchronized 方法中时，锁不可用，其他试图获取它的线程将被阻止。lock 值必须是对象的引用。任何 Java 对象都可以作为锁使用[1]。

---

　　1 使用锁时，应该坚持使用已分配的对象。有些对象是由 JVM 隐式创建的(例如，针对装箱基元值创建的对象)，不能可靠地用作锁。

代码清单 18.2 中错误的列表共享程序可以使用内部锁进行修复：

```scala
val shared = ArrayList[String]()

def addStrings(n: Int, str: String): Unit =
  n times {
      shared.synchronized(shared.add(str))
  }

val t1 = Thread(() => addStrings(5, "T1"), "T1")
val t2 = Thread(() => addStrings(5, "T2"), "T2")

t1.start(); t2.start()
t1.join(); t2.join()

println(shared.size)
```

代码清单 18.5　多个线程安全地共享一个列表；对比代码清单 18.2

两个线程都需要锁定 shared 对象，然后才能调用其 add 方法。由于在任意给定时间只有一个线程可以拥有锁，因此现在不可能有多个线程同时位于 add 方法内部。程序末尾显示的列表的大小现在保证为 10。

在代码清单 18.5 中，每次添加调用之前和之后都会获取并释放锁。一种替代方案是，使线程获取一次锁，并在多次调用 add 时保留它：

```scala
def addStrings(n: Int, str: String): Unit = shared.synchronized {
  n times shared.add(str)
}
```

在这种情况下，锁使整个 addStrings 函数看起来像原子性的：一个线程将其所有字符串添加到列表中，然后添加另一个线程的所有字符串。列表中不会出现 T1 和 T2 交织在一起的情况。

哪个 addStrings 函数是正确的？这取决于应用程序的需要。例如，如果为了日志记录而共享一个字符串列表，并且线程调用 add 方法来添加日志记录信息，那么分别锁定 add 的每次调用可能是正确的选择。相反，如果使用方法 add 来添加多行日志信息中的一行，则可能必须在多个 add 调用周围同步单个块，因为包含来自不同信息的交错行的日志是不可取的。

```scala
def addStrings(n: Int, str: String): Unit =
  n times {
      shared.synchronized(shared.add(str))
  }

def addAllStrings(n: Int, str: String): Unit = shared.synchronized(addStrings(n, str))
```

代码清单 18.6　锁的可重入性示例

根据需要,用户现在可以调用 addStrings 进行细粒度并行操作,或者调用 addAllStrings 进行粗粒度并行操作。注意,从 addAllStrings 内部发起的 addStrings 调用在到达 shared.synchronized (shared.add(str))时便已经拥有 shared 锁。这一点是很好的。JVM 内部锁是可重入的,拥有锁的线程可以在同一个锁上进入同步的其他代码块。线程只有在退出外部块时才会释放锁,而在本例中,线程只在完成对 addAllStrings 的调用时释放锁。

需要明智地使用锁来引入足够的原子性,从而产生正确的程序。如果通过锁实现原子化的代码块很小,就可以通过许多不同的方式随机地交织在一起,而在断言正确性时需要考虑所有可能性。如果代码块太小(例如用 3 个原子步骤来增大一个整数),那么实例的正确性可能会降低。相反,大的原子步骤则会降低并行性,因为这些步骤必须按顺序执行,并且一次只执行一个线程。这会对性能产生负面影响。

18.6 选择锁目标

通过让线程在向列表中添加字符串之前锁定列表 shared 本身,可以修复列表共享示例。锁是必需的,但锁不一定是列表。唯一重要的是锁对象在线程之间共享,并且所有线程都通过锁定同一对象来同步。

假设上述程序的一个变体为如下独立的应用程序:

Scala

```scala
object SharedListApplication:
  @main def run(msg: String, count: Int) =

    val msg1 = msg + "1"
    val msg2 = msg + "2"

    val shared = ArrayList[String]()
  class Adder(str: String):
    def addStrings(n: Int): Unit =
    n times {
          ⬚          .synchronized(shared.add(str))
    }

  val t1 = Thread(() => Adder(msg1).addStrings(count), "T1")
  val t2 = Thread(() => Adder(msg2).addStrings(count), "T2")

  t1.start(); t2.start()
  t1.join(); t2.join()

  println(shared.size)
end SharedListApplication
```

由于未指定调用 synchronized 方法的对象,因此可以使用几个潜在的对象。锁可以是列表

shared——和以前一样。但是，也可以使用 SharedListApplication(定义整个应用程序的对象)，或者 msg1(第一个线程使用的字符串)，甚至使用 scala.collection.immutable.Nil(表示空列表的对象)。所有这些选择都会生成正确的程序。

显然，有些选择更有意义。在本例中，合理的选择是使用 shared 或 SharedListApplication，而若使用 msg1，则会让人感到困惑，使用 Nil 的话，则会非常奇怪。第 19 章将更详细地讨论使用哪些对象作为锁定的问题。注意，如果选择 msg1，程序也会正常工作，毕竟两个线程都锁定同一个对象，而非每个线程都锁定自己的字符串。至关重要的是，所有线程都要竞争同一把锁，以实现所需的互斥。这里可能会出现的一个错误是将 this 用作同步的目标，也就是说，简单地写入 synchronized(shared.add(str))。在这种情况下，每个线程在写入共享列表时都会锁定自己的 Adder 实例。两个实例可以同时被锁定，从而允许线程一起进入列表的 add 方法。换句话说，即使在同步块中设置代码，也不能确保该代码无法同时由多个线程执行，这完全取决于将哪个对象用作锁目标。

在某些情况下，没有明显的对象可以锁定。在这些情况下，可以专门创建一个额外的对象。由于存在非原子性的 if-then-else，代码清单 18.4 中的程序不正确。它可以通过内部锁进行修复：

Scala

```scala
private var userCount = 0

private val lock = Object()

def getRank(): Option[Int] = lock.synchronized {
  if userCount < 5 then
    userCount += 1
    Some(userCount)
  else None
}
```

代码清单 18.7　使用锁的原子性先检查再执行操作；对比代码清单 18.4

因为锁是使 if-then-else 成为原子操作的必要条件，所以常规整数的增量操作没有问题，也不需要 AtomicInteger。

根据具体情况，可以选择使用单把锁来保护数据，也可决定将数据拆分为由单把锁保护的数据块。例如，假设代码清单 18.7 中的注册用户是玩家，并且注册用户可以调用 play 函数在游戏中进行操作：

Scala

```scala
def getRank(): Option[Int] = X.synchronized {
  // register user
}

def play(rank: Int): Unit = Y.synchronized {
  // act in the game
}
```

根据类的内部设计，新用户注册可能会(也可能不会)干扰游戏。如果 X 和 Y 指的是同一对象，X eq Y 为 true，那么 getRank 和 play 函数是互斥的：其中一个函数内的线程阻止其他线程进入另一个函数。然而，如果 X 和 Y 指的是两个不同的对象，那么一个线程可以在拥有 X 锁的情况下执行 getRank 函数，而另一个线程则在拥有 Y 锁的情况下执行 play 函数。无论 X 和 Y 是同一个对象还是两个不同的对象，都没有可以同时执行 getRank 和 play 的两个线程。第 20 章中的案例研究将探讨用作单锁的对象的不同选择，并讨论同一结构的双锁变体。

18.7 小结

- JVM 对象位于所有线程都可以访问的共享堆中。如果多个线程引用同一个对象，那么它们可以同时使用该对象。不过，线程的不确定性调度使得它们有可能在操作过程中被中断，进而使数据处于不适合其他线程使用的状态。如果不进行额外的协调，在设计时没有考虑到线程安全的可变结构将无法在线程之间共享，否则它们的失败将无法预测。特别是，java.util 中的大多数集合都是如此。

- 一些故障是执行代码中的指令以不可预测的方式交织在一起的结果。概念简单的操作(如整数增量操作)可以用几个较小的指令来实现。为了防止非预期的交织情况出现，可以将一组指令设置成原子指令。当一个线程执行原子操作时，其所有的效果要么对其他线程可见，要么不可见。

- 不同的数据类型提供不同的原子性保证。例如，编写 Int、递增 AtomicInteger 和在 ConcurrentHashMap 上调用 putIfAbsent，都能保证多线程情况下的原子性。然而，使用原子操作的复合操作仍然可能涉及不可预测的基本步骤交织在一起的情况，如递增 Int、递增 AtomicInteger(仅在小于一个界限时)以及向 ConcurrentHashMap 添加多个键值对，都不是原子操作。

- 创建原子代码单元的最常见方式是使用锁。独占锁一次只由一个线程使用，可以用来保证代码块之间的互斥。需要执行由锁保护的代码的线程必须先获取锁，这些线程有可能被阻塞，需要等待锁变为可用，然后才能继续执行。

- 在 JVM 中，任何对象都可以用作独占锁。这些内部锁在不同语言中的用途各异，可以作为函数(Scala、Kotlin、Clojure)、注释(Groovy)或关键字(Java)。内部锁是可重入的：拥有锁的线程再次尝试获取锁时不会被阻塞。

- 必须仔细选择锁定的代码段，以确保足够的原子性——这是正确性的必要条件，同时不要过度限制并行性。毋庸置疑，大的锁定代码段匹配大型原子操作，但由于每个锁定的部分都是按顺序执行的，因此并发性会降低。

- 锁目标(即锁本身)也必须慎重选择。可以根据应用程序的细节来决定由不同锁保护的代码段是否并行执行。一方面，若将同一把锁用于多个目的，可能会阻止线程在各个独立任务上不断推进，并可能造成同步瓶颈。另一方面，在不同锁上同步的线程在访问共享数据时仍然会相互干扰，从而产生隐患。

第 19 章
线程安全对象

线程最常见的交互方式是共享对象。一般来说，可以自由共享而不需要线程协调访问的对象是线程安全的。不可变对象自然也是线程安全的，但可变对象需要依靠内部策略(通常是通过锁)来确保线程安全。不同的锁设计允许线程安全对象或多或少地暴露其同步策略，从而在灵活性和误用风险之间进行权衡。

19.1 不可变对象

前面的例子表明，当多个线程共享数据时，程序很容易出现错误行为。所有这些例子的共同点是，其共享的数据是可变的，如声明为 var 的整数变量、AtomicInteger 的实例或由数组支持的可变列表。

事实上，并发编程的许多困难都源于共享可变数据。由于不可预测的写/写和读/写并发访问，可变对象都不是线程安全的。相比之下，不可变对象是可读的，但不可写，并且可以在线程之间自由共享，而不需要额外的同步。

以下示例使用 3 个线程来运行存储在不可变数据结构中的任务集合：

```scala
val tasksA: List[Runnable] = ...
val tasksB: List[Runnable] = ...

val duties: Map[Int, List[Runnable]] = Map(1 -> tasksA, 2 -> tasksB, 3 -> tasksB)

def runTasks(id: Int): Unit = for task <- duties(id) do task.run()

val t1 = Thread(() => runTasks(1), "T1")
val t2 = Thread(() => runTasks(2), "T2")
val t3 = Thread(() => runTasks(3), "T3")

t1.start(); t2.start(); t3.start()
```

代码清单 19.1　线程自由共享不可变对象的示例

任务存储在不可变列表中，而列表则存储在不可变映射中。当它们运行时，所有线程并发地访问映射，而线程 T2 和 T3 也安全地共享列表 tasksB。这些都是在没有任何锁或其他同步的情况下完成的。

通过避免共享可变数据，可以极大地简化多线程程序的设计。首先是尽量减少共享，在可能的情况下，最好让线程只处理自己的数据；其次是尽可能地使共享数据不可变。本书的第 I 部分曾讨论了函数式编程中不可变性的一些优点。不可变对象对于并发编程而言也是非常有益的。

在 JVM 中，由于对最终字段的特殊处理，从技术上讲，不可变对象和从不变化的对象之间存在差异。非最终字段(Scala 中的 var 字段)可能需要某种形式的初始同步才能被任何线程自由读取。这种同步往往在简单的设计中自然发生[1]。不过，在处理线程时，对于不打算进行修改的字段，最好选择 val 而非 var，或者在 Java 中添加 final 修饰符。若要判断线程是否可以安全地读取从未发生变化的对象的非最终字段，则需要了解 Java 内存模型(JMM)，这是一个比较深奥的话题(参见 22.5 节)。

19.2 封装同步策略

可以在线程之间自由共享不可变对象，但共享数据的变化需要线程通过同步以独占锁的形式进行协调。例如，在代码清单 18.5 中，两个线程能够通过在每次访问可变列表之前锁定该列表来正确地共享和修改可变列表。如 18.6 节所述，锁列表的选择本身很随意。可以将任何其他对象用作锁，只要该对象是共享的，且所有线程都同意该对象作为访问列表时要锁定的对象。

依赖这样的协议往往容易出错。它要求用户代码在访问对象之前始终锁定一个特定的锁，而这只能通过考虑整个代码库中对象的使用来进行检查。如果手动完成，这将是一项繁重的任务[2]。这就好比要求对对象的公共字段的所有修改都保持不变，这是不实际的。相反，好的设计依赖于数据封装，这是面向对象编程的一个关键特性：可变字段往往是私有的，并且可以使用公共方法来修改它们。

可以使用相同的原理(即封装)来控制线程间的同步。不必指定代码访问对象需要遵循的同步策略，而是让对象本身封装自己的策略。能够在内部执行策略的对象是线程安全的：所需的线程协调在对象的方法中实现，线程可以自由调用这些方法，而不需要进一步同步。

下面用封装的锁策略重写列表共享示例：

Scala

```scala
class SafeStringList:
  private val contents = ArrayList[String]()

  def add(str: String): Unit = synchronized(contents.add(str))
```

---

1 例如，如果映射是可变的，并且所有的 val 都被 var 替换，那么代码清单 19.1 中的程序仍然是正确的，只要映射从未发生变化，而且变量不用重新分配。

2 事实上，一些静态分析器正是这样做的：如果一个值几乎总是在锁定同一对象的情况下被访问，那么对于该值，任何没有该锁的访问都会被标记为可疑代码。

```
    def size: Int = synchronized(contents.size)
end SafeStringList

val shared = SafeStringList()

def addStrings(n: Int, str: String): Unit = n times shared.add(str)
```

代码清单 19.2 封装同步的安全列表；对比代码清单 18.5

基于数组的列表不是线程安全的，它被封装在 SafeStringList 类中。内部列表 contents 是私有的，只能通过 add 和 size 方法访问。这些方法通过在使用数组列表之前始终锁定 this 来实现必要的同步。如此，便可以在不进行任何显式同步的情况下编写函数 addStrings。

在 SafeStringList 类中，有两种方法使用锁来访问内部列表——除了修改列表的 add 方法之外，还有查询列表大小的 size 方法。这一点非常重要：当可变数据受到锁的保护时，对数据的所有访问都必须通过锁，包括写入和读取访问[1]。

这一要求主要基于两个原因。首先，读取时的锁可以防止不希望的读/写互动出现。如果读访问没有被锁定，你可能会观察到一个结构中间不一致的状态。虽然在基于数组的列表中不太可能实现，但 size 方法可以通过使用遍历列表的循环来实现，并且线程正在修改的列表的状态可能不允许另一个线程安全地执行此迭代。第二个原因更具技术性。这是 Java 内存模型(Java Memory Model)的结果：如果在读取时没有锁，就不能保证线程会看到其他线程之前对结构所做的所有修改，包括在自有锁的配合下写入的数据。细节并不重要，而且规则很简单：当锁定时所有的访问，如写和读，都必须经过同一把锁。

19.3 避免引用转义

SafeStringList 中同步的封装之所以有效，是因为有相应的数据封装。可以确保所有对内容的访问都使用了正确的锁，因为除了通过 add 或 size 方法之外，无法通过其他方式访问数据。

如果对内容的引用要进行转义封装，线程可以在不使用锁的情况下开始读取和写入列表：

Scala

```scala
// DON'T DO THIS!
def getAll: List[String] = synchronized(contents)
```

添加此方法后，SafeStringList 不再是线程安全的：

Scala

```scala
shared.getAll.add(...) // adds to the list without locking!
```

---

1 代码清单 18.5 的末尾在没有锁的情况下正确地查询了列表的大小，因为查询是在确认两个工作线程都已终止之后完成的。

执行此代码的线程获取锁以获得对内部列表 contents 的引用。但是，在调用 add 之前，线程会在 getAll 方法结束时释放锁。换句话说，线程现在正被添加到没有锁且基于数组的列表中。

当然，引用转义在面向对象的设计中通常是有害的，即使在单线程程序中也需要避免。然而，多线程往往会使问题复杂化。方法 getAll 的下一个变体以一种在单线程上下文中无害的方式共享内容列表，但当涉及多个线程时仍会导致问题：

```
                                                             —— Scala ——
// DON'T DO THIS!
def getAll: List[String] = Collections.unmodifiableList(synchronized(contents))
```

Java 的 Collections.unmodifiableList 创建了一个封装器，该封装器禁用列表的所有可变方法。它通常用于在不破坏数据封装的情况下为外部代码提供对内部列表的只读访问：用户代码可以使用封装器查询列表，但不能对其进行修改。但是，调用 shared.getAll.get(...)的线程仍将在不使用锁的情况下读取列表。正如 19.2 节末尾所讨论的，这样做是不安全的，因为其他线程可能会锁定列表并在同一时间修改它，进而导致并发读/写冲突(以及内存模型问题)。

简言之，在存在多个线程的情况下，仅仅使用在单线程上下文中维护数据封装的一些技术是不够的。仍可编写方法 getAll 的线程安全变体，但需要列表的完整副本：

```
                                                             —— Scala ——
def getAll: List[String] = synchronized(ArrayList(contents))
```

通过在不可变数据结构方面实现可变对象，通常可以避免这种防御性副本。3.8 节对此进行了讨论，而 19.5 节将在多线程的背景下重新讨论该主题。

19.4 公用锁和私有锁

在代码清单 19.2 展示的 SafeStringList 的实现中，封装器本身被用作锁。这种设计使得锁成为公用锁(使用 SafeStringList 的代码可以直接访问锁)，并提供客户端锁。

例如，可以编写一个函数来尽可能多地添加元素：

```
                                                             —— Scala ——
val shared: SafeStringList = ...

def addStringIfCapacity(str: String, bound: Int): Boolean = shared.synchronized {
   if shared.size >= bound then false
   else
      shared.add(str)
      true
}
```

代码清单 19.3 客户端锁示例

只有当列表的大小保持在给定的范围内时，此函数才会向 shared 列表添加字符串。它类似于代码清单 18.7 中的 getRank 函数，并且出于相同的原因(先检查再执行操作的原子性)而需要锁。这样的锁之所以可行，是因为在 add 和 size 方法的实现内使用的锁已经成了公用锁(并且是可重入的)。

使用公用锁时必须考虑 3 个主要难题。

首先是文档问题：需要清楚地声明使用哪把锁并在之后进行绑定，以防止将来的实现使用另一个(公用或私有)锁。例如，Java 的 Collections.synchronizedList(一个类似于 SafeStringList 的标准库函数)的文档指定 "用户在遍历返回的列表时必须手动对其进行同步"，这表明封装器本身就是内部使用的锁。

其次，公用锁存在被代码滥用的风险，这些代码会在不该锁定列表的时候锁定列表。

Scala

```scala
shared.synchronized {
  // lengthy computation, or I/O, or other blocking calls...
}
```

上述执行表单代码的线程有可能会在很长一段时间内阻止其他线程以任何方式访问 shared 列表，即使其他线程只是为了查询列表的大小。

第三，只有当使用简单的同步策略时，公用锁才是可行的，例如，SafeString List 使用单个锁。公用锁不适用于更复杂的策略，如分离锁(例如 java.util.concurrent. ConcurrentHashMap)和无锁算法(例如 java.util.concurrent.ConcurrentLinkedQueue)。

为了避免这些难题，可将锁设置成私有的：

Scala

```scala
class SafeStringList:
  private val contents = ArrayList[String]()

  def add(str: String): Unit = contents.synchronized(contents.add(str))
  def size: Int = contents.synchronized(contents.size)
```

代码清单 19.4　基于私有锁的安全列表；对比代码清单 19.2

和以前一样，SafeStringList 的这个实现是线程安全的，但将一个私有对象(内部列表)用作锁。当然，其缺点是无法编写需要原子迭代或原子检查才能执行的外部函数。代码清单 19.3 中 addStringIfCapacity 这样的函数不再可行，因为它无法访问加锁的 contents。一种替代方案是，使 SafeStringList 提供额外的原子操作，但用户将受限于类定义的内容。

19.5　利用不可变类型

本章始于一个论点：不可变结构是线程安全的。同样，可变对象通常可以通过存储在可重新分配字段中的不可变数据来实现(示例参见 4.1 节)。这两方面的考量产生了以下线程安全的

SafeStringList 实现[1]:

```scala
                                                        —— Scala ——
class SafeStringList:
   private var contents = List.empty[String]

   def add(str: String): Unit = synchronized(contents ::= str)
   def size: Int = synchronized(contents.size)
   def getAll: List[String] = synchronized(contents)
```

代码清单 19.5　基于不可变列表的安全列表；对比代码清单 19.2 和代码清单 19.4

List 类型在这里指的是 Scala 的列表，而 contents 现在是一个不可变列表。列表不存储在 val 中，而是存储在 var 字段中，以便对其重新赋值。可以通过将 contents 设置为一个新的列表来添加元素(contents ::= str 与 contents = str:: contents 相同)。这一实现的有趣之处在于，getAll 只返回对内部列表的引用，因此避免了使用可变列表时需要的复制操作。内部列表最终在线程之间共享，但由于列表不可变，因此这种共享是无害的[2]。

当然，读取和写入 contents 变量时仍然需要锁。这个变体使用了一个公用锁——封装器本身(this)。如果首选私有锁，则不能锁定基础列表(如代码清单 19.4 所示)：

```scala
                                                        —— Scala ——
// DON'T DO THIS!
class SafeStringList:
   private var contents = List.empty[String]

   def add(str: String): Unit = contents.synchronized(contents ::= str)
   ...
```

这种方法行不通。调用 add 的线程需要先读取 contents 的值，然后才能将其用作锁。而该读数是在没有锁的情况下完成的，因此是错误的。

了解 add 方法的字节码，可使问题变得更加明了：

```
                                                        —— bytecode ——
0: aload 0
1: getfield #38 // Field contents:Lscala/collection/immutable/List;
4: dup
5: astore 2
```

---

1 这里假设线程通过适当的同步从其他线程获得对对象的引用，这是典型的情况。否则，Java 内存模型的微妙之处将再次发挥作用，并且需要在拥有该锁的同时初始化 contents 字段：

```
private var contents: List[String] = uninitialized
synchronized {
     contents = List.empty
}
```

2 因为值总是被添加到列表的前面，所以它们以相反的顺序返回。如果顺序是相关的，则可以使用列表以外的不可变类型，例如不可变队列。

```
6: monitorenter
7: aload 0
8: aload 0
9: getfield #38 // Field contents:Lscala/collection/immutable/List;
12: aload 1
13: invokevirtual #51 // Method scala/collection/immutable/List.$colon$colon: ...
16: putfield #38 // Field contents:Lscala/collection/immutable/List;
...
```

contents 字段在第 1 行进行读取，没有任何锁，接着在第 6 行被锁(monitorenter 是 JVM 锁指令)，并在第 9 行被再次读取。在第 1 行和第 6 行之间，contents 变量可以由调用 add 方法的另一个线程写入。在这种情况下，第 9 行读取的列表与第 6 行锁定的列表不同。一个简化的字节码场景如图 19.1 所示。在对 add 方法进行了 3 次调用后，列表中只包含 2 个值。注意，在某个时刻，2 个线程最终锁定了 2 个不同的对象——1 个空列表和 1 个只包含 B 的列表，并在它们的同步代码中并行地执行。

contents=list[]

Thread T1	Thread T2
// add("A")	// add("B")
getfield #38 ⟶ list[]	getfield #38 ⟶ list[]
	monitorenter: lock list[]
	getfield #38 ⟶ list[]
	putfield #38 ⟵ list[B]
	monitorexit
	// add ("C")
	getfield #38 ⟶ list[B]
monitorenter: lock list[]	monitorenter: lock list[B]
getfield #38 ⟶ list[B]	getfield #38 ⟶ list[B]
putfield #38 ⟵ list[A,B]	
	putfield #38 ⟵ list[C,B]
monitorexit	monitorexit

contents=list[C,B]

图 19.1 3 个 SafeStringList.add 操作交织进行的可能方式

可以将 val 字段用作锁来保护自己，如代码清单 18.5 和代码清单 19.4 所示，但是对于可重新分配的 var 字段，则不能这样做。(这同样适用于 Java 中的 final 和非 final 字段。)相反，需要创建一个额外的锁目标，如代码清单 18.7 所示：

Scala

```scala
class SafeStringList:
  private var contents = List.empty[String]

  private val lock = Object()

  def add(str: String): Unit = lock.synchronized(contents ::= str)
  def size: Int = lock.synchronized(contents.size)
  def getAll: List[String] = lock.synchronized(contents)
```

代码清单 19.6 具有不可变列表/私有锁的安全列表；对比代码清单 19.5

19.6 线程安全

本章和第 18 章都包含一些有缺陷程序的示例，这些程序在存在多线程的情况下行为异常。我们还探讨了如何通过锁恢复正确性，从而生成可以处理并发访问的线程安全对象。然而，到目前为止，在这场讨论中，对于"安全"(或"不安全")和"正确"(或"不正确")的定义还不甚清晰。

有些程序显然是不正确的，例如代码清单 18.2 中的程序，它在尝试向列表中添加字符串时会出现异常。但是，在存在并发的情况下，程序的正确性到底意味着什么？可以说代码清单 18.5 中的程序是正确的，因为最终字符串列表的长度为 10。但为什么期望值为 10？可以这样回答：按顺序运行 5 times shared.add("T1") 和 5 times shared.add("T2")，将生成一个大小为 10 的列表，因此，当两个计算并行执行时，也应该出现这种情况。但是，顺序执行会同时产生 5 个"T1"值和 5 个"T2"值，而这在并行版本中是不会出现的，因为在并行版本中，"T1"和"T2"值可能以任意方式交织在一起。因此，一个并行程序可能产生一个在对应的顺序程序中不可能产生的列表，但不会因此而被认为是不正确的。这需要更详细的解释。

将字符串添加到列表中时，add 方法有望是原子性的。但前提是列表一开始不包含字符串，然后包含整个字符串，列表中没有"半加"字符串的状态。列表的定义(列表的语义)就是用这样的原子操作来表达的。"线程安全"旨在保留这些原子操作。换句话说，当被多个线程访问时，列表仍然是一个列表。

可以根据原子操作的交织情况来正式定义并发性。如果 A 和 B 是共享结构上的原子操作(就像列表上的 add 或 get 一样)，并且一个线程与另一个执行 B 的线程并行执行 A，表示为 A ∥ B，则计算结果必须与 A 后跟 B(表示为 A; B)的情况或 B 后跟 A 的情况完全相同。换句话说，当 A 和 B 在一个对象上执行时，该对象会受到 A 和 B 的影响。当 A 和 B 并行发生时，A 和 B 的顺序(A; B 或 B; A)是未知的，但 A 和 B(而非其他任何事情)都必须发生。

图 19.2 直观地说明了这一概念。当同时执行原子操作 A 和 B 时，线程安全实现的行为(正如 A 跟在 B 后面或 B 跟在 A 后面)是有效的。其他任何操作都是无效的。作为一个开发者，你有责任断定 A; B 和 B; A 是仅有的两种可能的结果[1]。因此，线程安全性的定义取决于等效于某些顺序的原子操作的并行执行。

相同的原理可以推广到两个以上的线程和复合操作。如果 A、B、C 和 D 是原子操作，并且 3 个线程同时执行 A、(B; C) 和 D，即 A ∥ (B; C) ∥ D，那么在所有操作完成后，其结果应该等同于 A; B; C; D、A; B; D; C、A; D; B; C、B; A; C; D、B; A; D; C、B; C; A; D、B; C; D; A、B; D; A; C、B; D; C; A、D; A; B; C、D; B; A; C 或 D; B; C; A。只要一个程序产生了其中一个结果，其行为就是正确的。注意，B 必须在 C 之前，因为 B 和 C 是由同一个线程按顺序执行的。

---

1 注意，在 A ∥ B 的执行中，可能发生的情况是，当 B 开始时，动作 A 的一半(或更多)已经执行，但 B;A 仍然是一个有效的结果。事实上，当涉及非锁策略时，例如 27.1 节和 27.2 节探讨的策略，B;A 更可能是 A ∥ B 运行的结果，其中 A 首先开始，而 B 进行干扰。

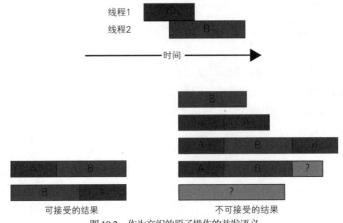

图 19.2 作为交织的原子操作的并发语义

举个例子，假设有一个只包含 X 和 Y 的列表，以及并行调用 add(Z)、remove(Z)和 clear()
的 3 个线程[1]。如果该列表是线程安全的，那么在所有操作完成后，它可以是空的，或只包含 Z。
这是 3 个调用按任意顺序执行的唯一可能的结果，因此也是并行执行的唯一可接受的结果。

回到代码清单 18.5 中的程序，如果一个线程调用列表上的 add("T1")，而另一个线程调用
add("T2")，则列表行为必须等效于两个调用都按顺序进行的情况。特别是，在两个调用完成后，
两个字符串都被添加到列表中，并且没有添加任何其他字符串。因此在两个线程分别执行 5 个
add 操作后，你会理所当然地期望列表大小为 10：正如所有操作都按某种顺序依次发生一样。

这一关于线程安全性的讨论基于原子操作。什么是原子操作，什么不是原子操作，取决于
所考虑的结构。例如，java.util.concurrent 中的许多线程安全结构都包含一个 addAll 方法。该方
法一定是安全的，不会丢失任何值，但不一定是原子性的。因此，若在空结构上并发执行 add(T)
和 addAll(X, Y, Z)，可能会产生[X, Y, T, Z]，这与按顺序调用两个方法的情况不等价。

19.7 小结

- 并发编程的许多(乃至大多数)难题都源于共享可变数据的线程。在并发应用程序中，应
  尽量减少共享；当必须共享时，则应倾向于选择共享不可变的对象。
- 不可变对象本质上是线程安全的。任何获得对不可变对象引用的线程都可以自由地与
  其他线程并行读取该对象。通过最大限度地使用不可变对象，可以极大地简化并发应
  用程序的设计。
- 当共享可变对象时，需要一个定义明确的同步策略，例如使用独占锁保护数据。通过
  封装，可以更容易地检查对共享数据的所有访问是否都是根据所选策略执行的。为此，
  需要正确地封装数据和同步步骤。一旦对象封装了自己的同步代码，它就是线程安全
  的，并且可以在线程之间自由共享。

---

1 这里假设方法 clear 是原子性的，但没有其他结果是可以接受的，即使假设它不是原子性的，也是如此。

- 对共享可变数据的所有访问都必须经过适当的同步步骤。这不仅包括修改数据的代码，还包括所有读取访问。如果没有必要的同步，读取被其他线程修改的数据的操作可能会导致不可预测的行为。

- 为了维护数据封装，还必须确保对内部数据的引用不会转义。转义引用可以允许线程在不经过适当同步步骤的情况下访问数据。注意，当涉及多个线程时，一些单线程技术(例如共享内部数据的只读视图)将不再有效。

- 对象的用户有时可以参与其同步策略。这可以通过共享内部使用的锁来实现，这种技术被称为客户端锁。这种方法的一个好处是，外部代码可以锁定对象的状态，以实现多步原子操作，如迭代。而其缺点是，代码有可能滥用同步策略，例如不必要地持有锁，进而造成同步瓶颈。一种更安全但更具限制性的策略可以保持同步的完整封装，例如只将私有实例用作锁。

- 可变对象可以在内部依赖于不可变类型。这种方案的一个主要好处是可以在线程之间安全地共享对内部不可变数据的引用。这通常是只读视图(特点是多线程不安全)或防御性副本(特点是昂贵)的可行替代方案。

- 当不可变类型用于实现可变对象时，它们会存储在可重新分配的变量中。为了保证线程安全，必须通过正确的同步来读取和分配这些变量。千万不要将可重新分配的字段本身用作锁：必须先在没有锁的情况下读取字段中的对象(因此可能会与其他写入该字段的线程并发地进行)，然后才能进行必要的锁定。

- 在设计并发程序时，必须首先决定对可变对象的哪些操作应被外部视为原子操作。然后，通过确保由多个线程并行执行的原子操作总是等效于按某种顺序执行的相同操作，以实现线程安全。

第 20 章
案例研究：线程安全队列

本案例研究旨在探讨线程安全的先入先出队列的几种基于锁的可能实现。特别值得注意的是公用锁和私有锁之间以及单个锁和多个锁之间的对比。

20.1 作为列表对组的队列

先进先出队列的一个经典设计是使用两个函数列表。这个想法是将队列的状态存储到 in 和 out 这两个列表中。列表 out 按顺序展示队列前部，而列表 in 则按相反顺序展示队列后部(见图 20.1)。因此，out 的首个元素是队列中最早的(即第一个插入的)元素，而 in 的首个元素是队列中最新的(即最后插入的)元素。队列元素从 out 列表的前部移除，并添加到列表 in 的前部。这样，两个列表都从前部使用，避免了低效的尾部访问。当 out 用完所有元素时，需要反转 in 并使其成为新的 out(然后新的 in 为空)。这种反转被平摊到多个队列操作上，从而使得插入和删除的平均时间不变。

图 20.1　FIFO 队列被实现为两个后进先出的列表

本章旨在编写一个安全地使用多线程的队列版本。生成的队列将是非阻塞的：可以持续添加元素(无限容量)，且从队列中获取的元素将作为选项返回，因此，当从空队列中获取元素时，可能返回 None[1]。

20.2 单个公用锁的实现

保证传统的双列表队列线程安全的最简单方式是将队列本身用作独占锁，并且只访问拥有

---

1 另一种选择是：在一个完整队列上阻塞线程，直到元素被其他线程删除为止；在一个空队列上阻塞线程，直到元素被其他线程添加为止。这需要使用同步器，第 22 章和第 23 章将对此进行讨论。参见代码清单 23.6 至代码清单 23.8 中可能的阻塞队列实现。

锁的列表：

```scala
class ConcurrentQueue[A]:
  private var in, out = List.empty[A]

  def isEmpty: Boolean = synchronized(out.isEmpty && in.isEmpty)

  def put(value: A): Unit = synchronized(in ::= value)

  def take(): Option[A] = synchronized {
    if isEmpty then None
    else
      if out.isEmpty then
        out = in.reverse
        in = List.empty
      val first = out.head
      out = out.tail
      Some(first)
  }
```

代码清单 20.1　线程安全队列(单个公用锁)；另请参见代码清单 20.5 和代码清单 20.7

当两个列表都为空时，队列为空。通过将值前置到 in 列表(in ::= value 与 in = value :: in 相同)将值添加到队列中。将列表 out 缩减至它的尾部并返回它的头部，即可从队列中删除值。空列表 out 需要作为特殊情况处理：反转列表 in，使其成为新的 out，并将 in 重置为空列表。生成的代码基本上是一个标准的双列表队列实现，只是每个方法的整个主体都是带锁执行的。

注意，isEmpty 是在已有锁的情况下从 take 内部调用的。这并没有什么害处，因为内部锁是可重入的。但是，以下变体在获取锁之前调用 isEmpty 的行为不正确：

```scala
// DON'T DO THIS!
def take(): Option[A] =
  if isEmpty then None
  else
    synchronized {
      if out.isEmpty then
        out = in.reverse
        in = List.empty
      val first = out.head
      out = out.tail
      Some(first)
    }
```

此方法只支持在已有锁的情况下读/写 in 和 out 变量，但这还不够高效。这里的错误是 take 当下依赖于非原子先检查再执行操作：在进入 isEmpty 时获取锁，并在该方法结束时将其释放，然后在 else 分支中再次获取。从队列被解锁到再次被锁定期间，它可能会被另一个线程获取，从而产生图 20.2 所示的场景。应始终警惕非原子先检查再执行操作，并考虑从释放锁到重新获取锁期间可能发生的任何事情。

```
                    in=list[], out=list[X]
Thread T1                              Thread T2
————————                               ————————
// take()                              // take()
lock
isEmpty ⟶ false
unlock
                                       lock
                                       isEmpty ⟶ false
                                       unlock

lock
out.isEmpty ⟶ false
out ⟵ list[]
return Some(X)
unlock
                                       lock
                                       out.isEmpty ⟶ true
                                       out ⟵ list[]
                                       in ⟵ list[]
                                       out.head ⟶ NoSuchElementException!
```

图 20.2　两个 ConcurrentQueue.take 操作交织进行的可能方式

代码清单 20.1 将队列本身用作锁，从而启用客户端锁。例如，可以编写一个函数，在不插入元素的情况下将一批值添加到队列中：

Scala

```scala
def putAll[A](queue: ConcurrentQueue[A], values: A*): Unit =
  queue.synchronized {
    for value <- values do queue.put(value)
  }
```

代码清单 20.2　在并发队列上通过客户端锁进行批量插入

这再次依赖于这样一个事实：锁是可重入的，并且外部锁能确保队列在连续的 put 调用之间不会被修改。批量删除可以实现为一种 drain 函数，该函数将队列的全部内容转储到列表中：

Scala

```scala
def drain[A](queue: ConcurrentQueue[A]): List[A] =
  val buffer = List.newBuilder[A]
  queue.synchronized {
    while !queue.isEmpty do buffer += queue.take().get
  }
  buffer.result()
```

代码清单 20.3　通过并发队列上的客户端锁进行批量提取

同步是避免图 20.2 所示场景的必要条件：在 while 循环开始时，队列被测试为非空后，另一个线程会在代码到达 take 之前将队列清空，然后由 get 抛出异常。

或者，可以在没有显式同步的情况下编写不同的 drain 函数，只要它不依赖于 isEmpty：

Scala

```scala
def drain[A](queue: ConcurrentQueue[A]): List[A] =
  val buffer = List.newBuilder[A]
  var option = queue.take()
  while option.nonEmpty do
    buffer += option.get
    option = queue.take()
  buffer.result()
```

代码清单 20.4　不同步的批量提取；对比代码清单 20.3

这里的策略不同：不需要测试队列是否为空，只需要简单地调用 take 并测试结果选项。此实现对队列重复调用 take，直到它返回 None 为止。

注意，drain 的这两种实现方式并不等效。如果一个线程试图添加(或删除)一个值，而另一个线程正在队列中排队，那么根据代码清单 20.3 中的实现(而非代码清单 20.4 的变体实现)，该值将从列表中删除(或添加到列表中)。实际上，这几乎没有什么区别：如果对 drain 的调用与对 put 或 take 的调用同时运行，则无论如何都无法预测已排队的列表是否包含添加/删除的值[1]。

20.3　单个私有锁的实现

并发队列的另一种设计理念认为客户端锁没有什么价值，应该使用私有锁：

Scala

```scala
class ConcurrentQueue[A]:
  private var in, out = List.empty[A]
  private val lock = Object()

  private def isEmpty: Boolean = lock.synchronized(out.isEmpty && in.isEmpty)

  def put(value: A): Unit = lock.synchronized(in ::= value)

  def take(): Option[A] = lock.synchronized {
    if isEmpty then None
    else
      if out.isEmpty then
        out = in.reverse
        in = List.empty
      val first = out.head
      out = out.tail
      Some(first)
  }
```

代码清单 20.5　线程安全队列(单个私有锁)；另请参见代码清单 20.1 和代码清单 20.7

---

1 另一个区别是，第一种实现在整个排队过程中锁定队列一次，而第二种变体在每次删除值时都会锁定和解锁队列。此举对性能的影响难以预测。当运行第二个变体时，标准编译器优化(锁粗化)可以跳过任何数量的解锁/重锁对组。

代码没有太多改变。此处没有使用 this，而是将为此目的创建的私有对象用作锁。

注意，此设计决策已将方法 isEmpty 变为私有的。如果没有客户端锁，就没有必要保持 isEmpty 的公共性，因为在其他线程调用 put 和 take 队列的情况下，该方法返回的值通常是无用的。一个公共的 isEmpty 方法往往会导致编写错误的代码：

```scala
// DON'T DO THIS!
if queue.isEmpty
then ... // no guarantee that the queue is empty here
else ... // no guarantee that the queue is non-empty here
```
Scala

在某些情况下，公共方法 isEmpty 是可用的，例如，如果所有可能需要添加到队列中的任务都被终止，isEmpty 返回的值就不能从 true 切换到 false，但通常可以通过 take 来处理这些情况(如代码清单 20.4 所示)。

和以前一样，isEmpty 获取用于访问字段 in 和 out 的锁。考虑到该方法是私有的，这并非绝对必要的：在获取锁之后，只从 take 方法中调用 isEmpty，因此进入 isEmpty 的线程已经有了必要的锁。可以按如下方式编写该方法：

```scala
private def isEmpty: Boolean =
   assert(Thread.holdsLock(lock))
   out.isEmpty && in.isEmpty
```
Scala

此处的断言用于确保已持有必要的锁。它可以帮助捕捉致使通往 isEmpty 的其他路径被忽略的错误。实际上，这种替代实现方式几乎没有什么价值。可以快捷地检查已经获取的锁。

鉴于私有锁的存在,此处不用再编写代码清单 20.2 和代码清单 20.3 中的函数 putAll 和 drain。如果需要，在类 ConcurrentQueue 中实现它们即可：

```scala
// inside ConcurrentQueue
def putAll(values: A*): Unit = lock.synchronized {
   for value <- values do in ::= value
}

def drain(): List[A] =
   val (in, out) = lock.synchronized {
      val i = this.in
      val o = this.out
      this.out = List.empty
      this.in = List.empty
      (i, o)
   }
   out ++ in.reverseIterator
```
Scala

代码清单 20.6　从配置了私有锁的队列进行批处理

drain 方法的编写思路如下：锁保持的时间应尽可能短，足以获取 in 和 out 列表并将它们重置为空列表即可。代价更高的迭代和列表的构建发生在锁被释放之后，此时队列已经可供其他线程使用。一般来说，最好的做法是不让保留锁的时间超过必要的时间，并在释放所有不必要的锁之后执行长时间的操作。

20.4　应用锁拆分

代码清单 20.1 和代码清单 20.5 中队列实现的一个缺点是，添加到队列的线程和从队列中获取的线程正在争夺同一把锁，尽管在大多数情况下，它们最终访问的是不同的列表：添加时访问 in，获取时访问 out。这是不可取的，因为对独占锁的争夺可能是导致并发应用程序中性能损失的主要原因。

可以通过应用锁拆分来改进线程安全队列：将单个锁拆分为两个锁，并使用一个锁来保护列表 in，而另一个锁保护列表 out。这将生成 ConcurrentQueue 的如下实现：

Scala

```scala
class ConcurrentQueue[A]:
    private var in, out = List.empty[A]
    private val inLock, outLock = Object()

    def put(value: A): Unit = inLock.synchronized(in ::= value)

    def take(): Option[A] =
outLock.synchronized {
        out match
            case first :: others => out = others; Some(first)
            case Nil =>
                val in = inLock.synchronized {
                    val i = this.in
                    this.in = List.empty
                    i
                }
                in.reverse match
                    case first :: others => out = others; Some(first)
                    case Nil          => None
}
```

代码清单 20.7　线程安全队列(两个私有锁)；另请参见代码清单 20.1 和代码清单 20.5

此处创建了私有对象 inLock 和 outLock 并将其用作锁[1]。在仅基于列表 in 的 put 方法内部获取 inLock，但为调用 take 方法的线程保留 outLock。方法 take 比较复杂。首先使用 outLock 访问列表 out。列表非空即可：outLock 是唯一需要的锁，并且对 take 的调用不会干扰并发的 put

---

1 在 Scala 中，val x, y = expr 对 expr 求值两次：一次用于初始化 x，一次用于初始化 y。

调用。然而，如果列表 out 为空，则必须获取第二把锁(inLock)才能检索并重置列表 in。接着，将列表 in 反转，并将其用作新的 out 列表。编写的代码用于保持 inLock，以便读取和更新列表 in；锁释放后，列表会被反转，因此对 put 的调用可以与此反转同时发生。当然，还需要避免任何初始的 isEmpty 测试，因为这需要锁定两个列表。在偶尔的反转之间，对 put 和 take 的多个调用可以完全并行进行，而不会发生争夺锁的情况[1]。

在 ConcurrentQueue 的这个实现中，锁是私有的，不会导出。客户端锁不可用，但如果需要，可以将 addAll 和 drain 作为类的一部分来实现：

Scala

```scala
// inside ConcurrentQueue
def putAll(values: A*): Unit = inLock.synchronized {
    for value <- values do in ::= value
}

def drain(): List[A] =
    val (in, out) =
        outLock.synchronized {
            inLock.synchronized {
                val i = this.in
                val o = this.out
                this.out = List.empty
                this.in = List.empty
                (i, o)
            }
        }
    out ++ in.reverseIterator
```

代码清单 20.8　从带有拆分锁的队列进行批处理

和 put 一样，putAll 方法只需要获取 inLock。drain 方法获取这两把锁，然后参照代码清单 20.6 继续操作。获取这两把锁的顺序非常重要。以下变体为错误示例：

Scala

```scala
// DON'T DO THIS!
def drain(): List[A] =
    val (in, out) =
        inLock.synchronized {
            outLock.synchronized {
                val i = this.in
                val o = this.out
                this.out = List.empty
                this.in = List.empty
                (i, o)
            }
```

---

1 锁拆分可以推广到两把以上的锁，这种策略被称为分离锁。例如，它被用在 java.util.concurrent.ConcurrentHashMap 的当前实现中。

```
    }
out ++ in.reverseIterator
```

唯一的区别是，inLock 是在 outLock 之前获取的。这个更改可能看似无害(毕竟，无论如何都需要两个锁)，但如果两个线程同时调用 take 和 drain，则可能会导致重大故障。

假设在图 20.3 所示的场景中，线程 T1 调用 take 方法，同时线程 T2 进入 drain 方法。T1 获取锁 outLock，T2 获取锁 inLock。如果列表 out 为空，那么线程 T1 当下需要由 T2 持有的 inLock，而线程 T2 需要由 T1 持有的 outLock。但是，T1 在锁定 inLock 之前不会释放 outLock，T2 在锁定 outLock 之前也不会释放 inLock。两个线程都因为等待一个永远不可用的锁而受困。这种情况被称为死锁，即一组线程以循环的方式相互等待。多个线程以不同的顺序获取同一组锁是死锁的常见原因。22.3 节将讨论死锁。

```
                     in=list[X] , out=list[]
Thread T1                            Thread T2
─────────                            ─────────

// take()                            // drain()
lock outLock                         lock inLock
out.isEmpty ──→ true                 // blocks trying to lock  outLock
// blocks trying to lock  inLock
```

图 20.3　ConcurrentQueue 中错误的 drain 实现可能导致死锁

20.5　小结

先进先出队列可以通过两个列表实现，并且通过锁实现线程安全。最简单的方案是使用一个锁来保护两个列表。锁可以是公用的(启用客户端锁)，也可以是私有的。一个可能的错误是在复合操作过程中释放锁，然后重新获取锁，例如先检查再执行操作，导致原子性被破坏。相反，最好在整个操作期间持有锁。

但是，不必要地持有不需要的锁可能会阻止其他线程执行可能并行完成的操作。代码应在不需要锁的时候尽快释放锁，尤其是在开始长时间操作之前。

像 isEmpty 这样的查询方法在没有客户端锁的并发数据结构中用途有限：当它们返回的值被使用时，锁已被释放，而结构的状态可能也已经改变。特别是，isEmpty 测试通常不能保证结构为空或非空。

由于队列内部使用两个列表，因此使用单个锁的另一种选择是让每个列表都有保护自己的锁。尽管队列的双锁变体会提高代码的复杂性，但其允许在 put 和 take 操作之间有更多的并行性。特别是，需要同时获取两把锁的操作必须小心执行，以免出现死锁情况。

第 21 章
线　程　池

出于性能原因，线程通常是池化的。池有助于通过重用线程来减少线程的创建，并且有利于对活跃线程的数量进行限制。线程池由通用工作线程组成，这些工作线程共同执行提交给线程池的任务。线程池的类型不同，属性各异：数量固定或灵活的工作线程、有界或无界的任务队列、调度和延迟设施等。应用程序可以通过直接向工作线程提交任务来显式使用线程池。此外，一些语言定义了可以通过向线程池提交内部任务来并行处理其内容的结构。在函数式和混合语言中，这通常采取高阶函数的并行实现形式。

21.1　即发即弃异步执行

本书对并发编程的探讨始于考虑如何创建线程以在应用程序中引入并发。在迄今为止的所有例子中，线程都是用特定的任务创建的，这些任务与其他线程并行运行，例如在终端打印一个字母或将一个字符串添加到列表中。然而，在实践中，应用程序鲜少以每个任务为基础启动线程。相反，通用工作线程被汇集在一起，并执行所提交的任务。

线程和任务的这种解耦主要有两个好处。首先，这便于控制应用程序创建的线程数量。例如，如果服务器为每个传入的请求创建一个新线程，并且创建的线程数量没有上边界，则可能导致性能不佳和/或资源耗尽。其次，线程的创建和销毁不是免费的。它们往往具有不可忽略的运行时成本，而线程池有助于摊销这些成本。

可以先创建一个线程池，然后向其提交字母打印任务，而不是像代码清单 17.1 那样创建 3 个线程来打印字母 A、B 和 C：

Scala

```scala
println("START")

class LetterPrinter(letter: Char) extends Runnable:
    def run(): Unit = println(letter)

val exec = Executors.newFixedThreadPool(4)
exec.execute(LetterPrinter('A'))
exec.execute(LetterPrinter('B'))
exec.execute(LetterPrinter('C'))
```

```
println("END")
```

代码清单 21.1　线程池中的并发示例；对比代码清单 17.1

在本示例中，一个线程池由 4 个工作线程组建。字母打印任务使用 execute 方法提交。除了线程的名称之外，输出与代码清单 17.1 类似：

```
main at XX:XX:38.670: START
pool-1-thread-1 at XX:XX:38.694: A
pool-1-thread-2 at XX:XX:38.694: B
main at XX:XX:38.694: END
pool-1-thread-3 at XX:XX:38.694: C
```

用任务调用 execute 的线程通常不运行任务，而只提交任务以供执行。execute 方法会立即返回，然后异步执行任务。只要其中一个可用的工作线程获取任务并开始执行，该任务便已在运行。如果所有工作线程都很忙，则任务可能会排队等候或被拒绝，这具体取决于线程池配置。

因为 execute 方法在 Java 中是一个 void 方法，所以它不返回任何有用值。此方法的使用会产生一种"即发即弃"的编程风格：提交一个任务并随它运行。还可通过在运行任务上创建句柄(即众所周知的 Future)，以更可控的方式使用线程池。Future 将在第 25 章讨论。

注意，在前面的运行中，主线程在所有任务完成之前就终止了。早期的示例基于线程方法 join 来强制主线程在其他线程完成后终止。当使用线程池时，可以通过等待所有工作线程完成来实现类似的行为：

Scala

```
...
exec.shutdown()
exec.awaitTermination(5, MINUTES)

println("END")
```

shutdown 方法被用来指示线程池哪些新任务不会被提交(即禁用方法 execute)。一旦线程池被关闭，就只能静候它终止。这将在执行完所有剩余任务[1]并终止工作线程之后进行。方法 awaitTermination 等待所有工作线程完成或超时，以先发生者为准。该程序的变体保证 END 打印语句在最后出现，如代码清单 17.4 所示。

在许多情况下，通常需要等待一个或多个特定任务完成，而不是等待整个线程池终止。这需要使用同步器，详细讨论参见第 22 章。

可以将线程池用作一种方便地创建线程的机制，让其并发运行一组任务，并终止它们。例如，代码清单 19.5 中的 SafeStringList 类可以通过使用线程池运行的任务来测试线程安全性：

---

1 方法 shutdownNow 可用于丢弃排队的任务而不启动它们。

```scala
val exec = Executors.newCachedThreadPool()
val shared = SafeStringList()

for i <- 1 to N do exec.execute(() => 5 times shared.add(i.toString))

exec.shutdown()
exec.awaitTermination(5, MINUTES)

assert(shared.size == 5 * N)
assert((1 to N).forall(i => shared.getAll.count(_ == i.toString) == 5))
```

代码清单 21.2　使用线程池来创建线程并等待其终止

　　此程序创建编号为 N 的任务。每个任务将其编号写入共享列表 5 次。所有任务都由线程池执行，以引入并发性。待所有任务完成后，可以检查列表的长度(应为 5 * N)及其内容(每个任务编号应在列表中精确显示 5 次)。

　　newCachedThreadPool 方法创建一个线程数没有上边界的池：当任务进入时，如果没有可用的线程，则该池会创建更多的线程。考虑到使用线程池的一个原因就是限制创建的线程数量，这样的无边界池通常不适合生产代码。

21.2　示例：并行服务器

　　线程池非常方便，即使在简单的"即发即弃"风格中使用，亦是如此。假设一个服务器的实现如下：

```scala
def handleConnection(socket: Socket): Unit = ...

val server = ServerSocket(port)

while true do
    val socket = server.accept()
    handleConnection(socket)
```

代码清单 21.3　一个按顺序处理请求的服务器；对比代码清单 21.4

　　该服务器开始侦听指定的端口号，并按顺序处理所有传入的请求，其中只涉及一个线程。这个线程会一直被 accept 方法阻塞，直到收到请求。当客户端连接到服务器时，accept 返回一个可以用作客户端和服务器之间的双向通道的套接字。虽然线程在 handleConnection 方法中，可以通过读取和写入套接字来处理请求，但不接受进一步的连接。

　　可以轻松地使此服务器多线程并行处理多个客户端：

Scala

```scala
val server = ServerSocket(port)
val exec = Executors.newFixedThreadPool(16)

while true do
    val socket = server.accept()
    exec.execute(() => handleConnection(socket))
```

代码清单 21.4　一个处理并发请求的服务器；对比代码清单 21.3

在这一变体中，当请求进入时，accept 方法所阻塞的线程不会处理它。相反，它会创建一个类似于 lambda 表达式的任务，并将其移交给线程池。对 execute 方法的调用是即时的，线程会立即返回 accept 方法以侦听更多传入的连接，同时可能会在线程池中启动新的可以并行运行的处理任务。线程只需要侦听和接受连接，这也是它通常被称为侦听线程的原因。处理来自客户端的请求的所有实际工作都在线程池中完成。

需要避免的一个简单错误是"内联"socket 变量：

Scala

```scala
// DON'T DO THIS!
while true do
    exec.execute(() => handleConnection(server.accept()))
```

这样的内联在代码清单 21.3 的顺序服务器中是无害的，但在代码清单 21.4 的并行服务器中则是不可接受的。这种行为会引发颠覆性的影响。因为 execute 方法是异步的(即它不会停止执行任务)，而循环当下创建了无限数量的任务，所有任务都在侦听连接。所有对 accept 的调用都发生在线程池中。循环主体中没有任何阻塞，这将加速资源的耗尽并使服务器崩溃。

在多核或多处理器硬件上，可以使用线程池提高服务器吞吐量：通过并行处理连接，在单位时间里完成更多的工作。即使在单处理器系统上，也可以使用线程池提高延迟性。顺序服务器的一个缺点是，单个冗长的请求可能会使多个较小的请求延迟进行。相比之下，线程池允许在单独的线程上同时处理大的和小的请求，甚至在单个处理器上也是如此。当然，这些好处是有代价的。特别是，现在需要以线程安全的方式实现 handleConnection，因为它最终可能由池中的多个线程并发执行。

除了提供更好的性能外，服务器的并行变体比顺序变体更健壮。在顺序实现中，在线程忙于处理连接时进入的请求会存储在由操作系统和/或网络库管理的一个内部队列中。这些队列通常很小(最多也就是十几个请求)，连接服务器的进一步尝试将被拒绝，并出现"拒绝连接"错误。相比之下，如果代码清单 21.4 中的所有工作线程都忙于处理连接，那么新的请求会被放置在线程池的队列中，而线程池是存储在堆内存中的，通常占比非常大[1]。

基于线程池的并行服务器也比以下变体更健壮：

---

[1] 在代码清单 21.4 中使用的线程池中，队列实际上是无界的，可能会填满整个内存。然而，通常可存储在内存中的任务要比可创建的套接字多。当过载时，服务器可能会在调用 accept 的侦听线程级别失败。

```scala
// DON'T DO THIS!
while true do
    val socket = server.accept()
    Thread(() => handleConnection(socket)).start()
```
Scala

　　该实现还通过为每个传入的请求创建并启动一个新线程来并行处理连接。这种方案的主要缺点(除了线程创建和删除操作的成本之外)是创建的线程数量没有上限。同时进入的许多请求可能会创建数百或数千个线程,这可能会对性能产生不利影响,甚至可能由于资源耗尽而导致崩溃。相比之下,代码清单 21.4 对此进行了限制,无论有多少请求进入,服务器都只能有 17 个线程(1 个侦听线程和 16 个工作线程)。

21.3 不同类型的线程池

　　线程池由一个任务队列和一组工作线程组成。前面介绍了 newCachedThreadPool(使用无限数量的线程而且没有队列[1])和 newFixedThreadPool(使用固定数量的线程和无限 FIFO 队列)。JVM 线程池是在 ThreadPoolExecutor 类中实现的,该类具有高度可定制性。特别是,可以指定创建线程的工厂、任务排队前活跃线程的最小数量、队列已满时创建的额外线程的最大数量、额外线程在不需要时从池中删除所需的时长、要使用的队列类型(例如,有界或无界、FIFO 或优先级),以及当队列的任务已满并且达到活跃线程的最大数量时如何处理资源耗尽问题。还可使用各种"钩子"来指定自定义代码,以便在任务开始或结束时运行,或者在线程池关闭时运行。

　　下面将以一个自定义了几个线程池元素的示例来进行阐释:

```scala
object exec extends ThreadPoolExecutor(
    4,
    16,
    3, MINUTES,
    ArrayBlockingQueue(128),
    ThreadPoolExecutor.CallerRunsPolicy()
):
    override def beforeExecute(thread: Thread, task: Runnable): Unit =
        logger.info(() => s"${thread.getName} starts task $task")
```
Scala

　　该池维护着准备用于运行任务的最小量的 4 个工作线程。如果 4 个线程都很忙,则任务将在一个容量为 128 的阵列队列中排队。如果该队列已满,则最多会创建 12 个额外的线程,池容量最大为 16。接着,这些额外的线程会在空闲 3 分钟后终止。如果 16 个线程都很忙,队列已满,并且提交了新任务,则提交任务的线程会运行新任务。(CallerRunsPolicy 是一种便捷的方案,可以引入额外的工作线程,同时降低任务创建率;在服务器示例中,这会使侦听线程运行

---

1 更准确地说,池使用的是一个零容量队列,该队列总是空的。

处理连接的代码一段时间。)最后，每次任务开始运行时都会记录信息。

方便起见，通常会为任务创建代码提供一个默认线程池。可以在 Scala 中以 scala.concurrent.ExecutionContext.global 的形式或在 Java 中以 java.util.concurrent.ForkJoinPool. commonPool 的形式对其进行访问。其大小通常基于(但不一定等于)运行时可用内核的数量。因为这个线程池未关闭，所以它的线程以守护进程模式启动，以免阻止 JVM 终止(参见 17.3 节末尾的脚注[1]。

除了标准线程池之外，ScheduledThreadPoolExecutor 类还用调度任务的机制扩展了 ThreadPoolExecutor。它定义了几个延迟和/或重复任务执行的方法，以便将其用作计时器。例如，可以修改字母打印示例以使用调度线程池：

```scala
                                                                    ─ Scala ─
println("START")
val exec = Executors.newScheduledThreadPool(2)

exec.schedule((() => println('A')): Runnable, 5, SECONDS)
exec.scheduleAtFixedRate(() => println('B'), 3, 10, SECONDS)
exec.scheduleWithFixedDelay(() => println('C'), 3, 10, SECONDS)

println("END")
```

代码清单 21.5　使用计时器池调度执行的示例

经调度，字母 A 将在 5 秒钟后显示[2]。字母 B 和 C 将在 3 秒钟后显示，然后每 10 秒钟重复一次。典型的输出如下：

```
main at 09:23:41.514: START
main at 09:23:41.517: END
pool-1-thread-1 at 09:23:44.518: B
pool-1-thread-2 at 09:23:44.518: C
pool-1-thread-1 at 09:23:46.517: A
pool-1-thread-2 at 09:23:54.521: B
pool-1-thread-1 at 09:23:54.521: C
pool-1-thread-2 at 09:24:04.517: B
pool-1-thread-1 at 09:24:04.522: C
...
```

执行于 09:23:41 开始。3 秒钟后，即 09:23:44，打印字母 B 和 C。2 秒钟后，即自开始的 5 秒钟后，打印字母 A。在字母 B 和 C 第一次显示 10 秒后，即 09:23:54，再次打印这两个字母，以此类推。

B 和 C 下一次显示之间的细微时间差说明了 scheduleAtFixedRate 和 scheduleWithFixedDelay 之间的差异。字母 B 的显示每 10 秒启动一次(固定速率)，而字母 C 的显示会在先前的同一事件

1　由于 JVM 提前终止，这种方案往往会使默认池不适合小型示例。出于这个原因，本书中没有过多地使用它，而是更多地使用非守护线程的自定义池。

2　类型归属：因为还有另一个重载的 schedule 方法，所以必须使用 Runnable。

发生 10 秒后启动(固定延迟)。由于显示一个字母需要时间,字母 C 会在字母 B 显示几毫秒之后
打印出来。这种时间差会随着时间的推移而变大。字母 B 始终在时间 09:23:44 加上 10 秒的倍
数之后显示;而字母 C 总是在前一次显示 10 秒后打印,与开始时间无关。稍后的输出表明,B
和 C 之间的时间差逐渐增大:

```
                                                                    Scala
...
pool-1-thread-2 at 10:15:14.524: B
pool-1-thread-1 at 10:15:15.526: C
pool-1-thread-2 at 10:15:24.521: B
pool-1-thread-1 at 10:15:25.531: C
...
```

程序启动 52 分钟后,字母 C 比字母 B 晚了整整一秒。如果任务持续的时间足够长,还可
以观察到固定速率调度和固定延迟调度之间的差异。例如,如果单个 B 的打印由于某种原因而
延迟了,并且需要整整一分钟才能完成,那么,随后将快速、连续地多次显示 B,以保持所需
的速率。相比之下,如果 C 的打印延迟了,则会跳过错过的运行,并在 10 秒后进行下一次
显示。

21.4　并行集合

代码清单 21.4 中的并行服务器是一个简单的并发编程的例子,但需要注意的是,方法
handleConnection 必须是线程安全的。如果对服务器的请求是独立的,且彼此之间不需要交互,
则更容易实现这一点。和往常一样,共享越少,就越容易并行化。

本着这种理念,并发库提供了更进一步的服务——并行处理独立数据,同时完全隐藏底层
线程池。下面来看一个这样的示例:

```scala
                                                                    Scala
println("START")

def distinctWordsCount(url: URL): Int =
    println(s"start $url")
    val count =
      Using.resource(Source.fromURL(url)(UTF8)) { source =>
        source
          .getLines()
          .flatMap(line => line.split("""\b"""))
          .map(word => word.filter(_.isLetter).toLowerCase)
          .filter(_.nonEmpty)
          .distinct
          .size
      }
```

```
    println(s"end $url")
    count

val urls: List[URL] = ...

val counts = urls.map(distinctWordsCount)
println(counts.max)

println("END")
```

该程序旨在将函数 distinctWordsCount 应用于 URL 列表,以找到生成的最大值。该函数计算源中不同单词的数量,其实现的细节并不重要(有关此类管道计算的更多示例,参见 12.6 节)。

在 10 本经典书籍的列表上运行此程序,会生成以下形式的输出[1]:

```
main at XX:XX:03.586: START
main at XX:XX:03.620: start https://gutenberg.org/files/13951/13951-0.txt
main at XX:XX:09.000: end https://gutenberg.org/files/13951/13951-0.txt
main at XX:XX:09.000: start https://gutenberg.org/files/2650/2650-0.txt
main at XX:XX:12.715: end https://gutenberg.org/files/2650/2650-0.txt
main at XX:XX:12.715: start https://gutenberg.org/files/98/98-0.txt
main at XX:XX:15.634: end https://gutenberg.org/files/98/98-0.txt
main at XX:XX:15.635: start https://gutenberg.org/files/1342/1342-0.txt
main at XX:XX:18.336: end https://gutenberg.org/files/1342/1342-0.txt
main at XX:XX:18.336: start https://gutenberg.org/files/76/76-0.txt
main at XX:XX:20.840: end https://gutenberg.org/files/76/76-0.txt
main at XX:XX:20.841: start https://gutenberg.org/files/4300/4300-0.txt
main at XX:XX:26.460: end https://gutenberg.org/files/4300/4300-0.txt
main at XX:XX:26.460: start https://gutenberg.org/files/28054/28054-0.txt
main at XX:XX:33.829: end https://gutenberg.org/files/28054/28054-0.txt
main at XX:XX:33.829: start https://gutenberg.org/files/6130/6130-0.txt
main at XX:XX:37.955: end https://gutenberg.org/files/6130/6130-0.txt
main at XX:XX:37.955: start https://gutenberg.org/files/2000/2000-0.txt
main at XX:XX:45.789: end https://gutenberg.org/files/2000/2000-0.txt
main at XX:XX:45.789: start https://gutenberg.org/files/1012/1012-0.txt
main at XX:XX:48.152: end https://gutenberg.org/files/1012/1012-0.txt
main at XX:XX:48.155: 29154
main at XX:XX:48.155: END
```

所有源都由主线程按顺序处理。整个计算大约需要 45 秒。然而,对 URL 中单词数的计算与其他 URL 完全独立,这表明所有 URL 都可以并行处理。事实上,实现这种并行性可以像在列表中添加.par 一样简单:

---

1 这个应用程序受 I/O 限制,而且计算机速度很快。在本节的样本输出中,故意使文字处理放慢速度,以观察更有意义的可预测的时间。

```scala
import scala.collection.parallel.CollectionConverters.ImmutableSeqIsParallelizable

val counts = urls.par.map(distinctWordsCount)
println(counts.max)
```

代码清单 21.6　高阶函数 map 的并行求值示例

urls.par 序列不是 List 类型，而是 ParSeq 类型，这是一种并行实现它的一些高阶方法的集合类型。对代码的这一细微更改将生成完全不同的输出：

```
main at XX:XX:16.571: START
scala-global-21 at XX:XX:16.642: start https://gutenberg.org/files/2000/2000-0.txt
scala-global-18 at XX:XX:16.642: start https://gutenberg.org/files/6130/6130-0.txt
scala-global-15 at XX:XX:16.642: start https://gutenberg.org/files/13951/13951-0.txt
scala-global-16 at XX:XX:16.642: start https://gutenberg.org/files/4300/4300-0.txt
scala-global-20 at XX:XX:16.642: start https://gutenberg.org/files/1012/1012-0.txt
scala-global-19 at XX:XX:16.642: start https://gutenberg.org/files/2650/2650-0.txt
scala-global-22 at XX:XX:16.642: start https://gutenberg.org/files/28054/28054-0.txt
scala-global-17 at XX:XX:16.642: start https://gutenberg.org/files/98/98-0.txt
scala-global-20 at XX:XX:19.754: end https://gutenberg.org/files/1012/1012-0.txt
scala-global-20 at XX:XX:19.754: start https://gutenberg.org/files/1342/1342-0.txt
scala-global-17 at XX:XX:20.370: end https://gutenberg.org/files/98/98-0.txt
scala-global-17 at XX:XX:20.372: start https://gutenberg.org/files/76/76-0.txt
scala-global-19 at XX:XX:21.335: end https://gutenberg.org/files/2650/2650-0.txt
scala-global-18 at XX:XX:21.653: end https://gutenberg.org/files/6130/6130-0.txt
scala-global-20 at XX:XX:22.644: end https://gutenberg.org/files/1342/1342-0.txt
scala-global-15 at XX:XX:22.648: end https://gutenberg.org/files/13951/13951-0.txt
scala-global-17 at XX:XX:23.149: end https://gutenberg.org/files/76/76-0.txt
scala-global-16 at XX:XX:23.222: end https://gutenberg.org/files/4300/4300-0.txt
scala-global-22 at XX:XX:24.960: end https://gutenberg.org/files/28054/28054-0.txt
scala-global-21 at XX:XX:25.469: end https://gutenberg.org/files/2000/2000-0.txt
main at XX:XX:25.472: 29154
main at XX:XX:25.472: END
```

源当下由默认线程池的 8 个[1]线程处理。8 次计算立即开始并行执行。剩下的 2 次计算在编号为 20 和 17 的两个工作线程变为可用之后分别于时间 19.754 和 20.370 开始。总体来说，计算大约需要 9 秒。

输出中不太明显的是，ParSeq 上的 map 方法仍然计算相同的列表：列表中的数字是按照其 URL 的顺序(而非并行计算终止的顺序)排列的。换句话说，List(1, 2, 3).par.map(_ *10) 一定是列表[10, 20, 30](按此顺序排列)。

在代码清单 21.6 中，源是并行处理的，但每个源也是按顺序处理的。这可以通过创建并行的行集合并同时处理来自同一源的行来改变：

```scala
                                                        Scala
source
  .getLines()
  .to(ParSeq)
  .flatMap(line => line.split("""\b"""))
  ...
```

通过插入 to (ParSeq)，可以创建一个并行的行集合，使得由 flatMap、map 和 filter 触发的计算可在多个线程上进行。

在这个单词计数示例中，并行化的代码复杂性较低。不过，一般来说，在使用并行集合时需要小心。例如，不能将对 counts.max 的调用替换为以下代码：

```scala
                                                        Scala
// DON'T DO THIS!
var max = Int.MinValue
for count <- counts do if count > max then max = count
```

一些运行确实会以不可预测的方式产生变量 max 中的值 29 154，但其他运行则不会。这里的问题是，Scala 中的 for-do 是调用高阶方法 foreach 的语法糖(参见 10.9 节)，并且方法 foreach 在并行集合上不是按顺序执行的。if-then 表达式最终由池中的多个线程同时求值，其不利后果已在 18.3 节(关于非原子先检查再执行操作)中讨论过。相反，应该直接在 counts 上调用方法 max(在并行序列上正确实现)。

如果需要一次处理一个序列的一个元素，例如计算比 max 更复杂的变量，可以使用 seq 方法将并行序列转换为顺序序列，这与 par 方法的效果相反。以下计算最大值的程序虽然是按顺序执行的，但确实是正确的：

```scala
                                                        Scala
var max = Int.MinValue
for count <- counts.seq do if count > max then max = count
```

并行集合的另一个需要注意的方面是，并非所有的高阶方法都是并行实现的。例如，在按顺序执行的单词计数应用程序中，可以通过使用 foldLeft 来避免中间数字列表(见 10.4 节)：

```scala
                                                        Scala
val max = urls.foldLeft(Int.MinValue)(_ max distinctWordsCount(_))
```

然而，这种并行化方法不可行：

```scala
                                                        Scala
// DON'T DO THIS!
val max = urls.par.foldLeft(Int.MinValue)(_ max distinctWordsCount(_))
```

foldLeft 方法是按顺序从左到右实现的，甚至在并行集合上也是如此[1]。在并行处理源时，为了避免中间的数字列表，可调用稍微复杂一点的 aggregate 方法：

Scala

```scala
val max = urls.par.aggregate(Int.MinValue)(_ max distinctWordsCount(_), _ max _)
```

aggregate 方法采用了两个函数参数：一个主计算函数(见 foldLeft)，另一个函数用于组合并行计算的中间结果。

21.5　小结

- 通常不是在需要执行任务时创建新线程，而是先设置通用工作线程池，然后将任务提交到池中执行。
- 使用线程池的好处主要有两个：可以更容易地控制应用程序的线程总数，并有助于分摊创建和终止线程的成本，后者通常不容小觑。
- 线程池可以被关闭，以允许其线程终止。创建一个临时线程池来并行运行任务，在所有任务提交后关闭它，并等待池终止，这正是实现 17.4 节中提到的 fork-join 模式的一种简单方式。在该模式中，主线程创建工作线程，然后等待它们完成任务。
- 线程池可以按即发即弃的方式使用。在这种方式下，任务会被提交并一直运行至完成，而提交的线程与它们没有进一步的交互。处理独立或基本独立的请求的服务器可以实现为向线程池提交请求处理任务的单个侦听线程。然后，通过将请求临时存储在线程池的队列中来管理突发的活动。
- 线程池通常有允许延迟和/或重复执行任务的变体，如计时器。重复任务可以以固定的速率进行调度，也可以在任务的连续运行之间以固定的延迟进行调度。
- 线程池有时由隐藏其实现中的并行性的机制隐式使用。例如，Scala 使用并行集合并行执行一些高阶方法。函数行为与对应的顺序程序相同(map 仍然是 map，filter 仍然是 filter)，但是并行处理可以提高性能。Java 在其 Stream 类中实现了类似的机制。

1　与 foldLeft 和 foldRight 相反，方法 fold 是并行实现的，但由于其签名的限制，不能用于计算 URL 列表中的单词数。

第 22 章
同　　步

通常，线程协作需要通过同步来协调。例如，等待线程或线程池终止就属于这种同步机制。更常见的是，可以使用不同类型的同步器来阻塞一个或多个线程，直到应用程序的状态允许它们继续进行。如果使用不当，不必要地阻塞线程的同步机制可能会导致程序变慢，甚至在发生死锁的情况下停止。线程状态的快照(它们是否被阻塞，以及在哪个同步器上)可用于调试这些情况。运行时系统还利用同步来优化并行任务的内存使用。这些优化都是在内存模型中指定的。

22.1　同步的必要性

在前面的并发程序示例中，两个线程将字符串添加到不安全列表中，导致程序中断。然后通过锁使列表变得安全，并引入线程池，以此作为管理和重用线程的一种方式。综合考虑以上所有方面，即可编写出如下的列表共享示例：

Scala

```scala
val exec = Executors.newCachedThreadPool()
val shared = SafeStringList()

def addStrings(n: Int, str: String): Unit = n times shared.add(str)

exec.execute(() => addStrings(5, "T1"))
exec.execute(() => addStrings(5, "T2"))

exec.shutdown()
exec.awaitTermination(5, MINUTES)

assert(shared.size == 10)
```

代码清单 22.1　池中的线程共享一个安全列表

为了使程序末尾的断言有效，需要等到两个字符串添加任务都完成后，再查询列表的大小。这是通过关闭线程池并等待其中所有活动终止来实现的。

在实际应用中，许多情况下都不适合采用这种方式。也许应用程序的其他组件正在共享线程池，因此该池无法关闭；也许只需要等待任务的子集完成，而允许其他活动在线程池中运行。

我们需要的是一种让线程等待特定任务完成的机制，通俗而言，这是一种协调线程活动的机制。同步就是这样一种机制，同步器则是它的构建模块。

在将有效的同步技术应用于字符串添加示例之前，可先花一些时间详细了解两种通常应该避免的错误策略：休眠和忙等待。这二者(且经常会一同出现)可谓设计并发程序时最常见的错误。

下面先从休眠开始。为了确保在使用列表之前已经添加了所有字符串，首先想到的、最简单的方案是等待"足够长的时间"：

```scala
...

exec.execute(() => addStrings(5, "T1"))
exec.execute(() => addStrings(5, "T2"))

// DON'T DO THIS!
MILLISECONDS.sleep(10)

assert(shared.size == 10)
```

这种方案的明显缺陷在于休眠时间是任意的。为什么是10毫秒？为什么不是5或30毫秒？如果事先不知道任务需要多长时间，就无法选择"足够长"的休眠时间。如果时间太短，那么在触发下一个计算阶段(这里是调用方法 size)时，任务可能还没有完成，应用程序将崩溃。如果时间过长，那么在数据准备好之后将会无缘无故地等待，这会人为地降低应用程序的速度并降低响应速度。

对于运行时间遵循长尾分布的任务，尤其如此：大多数时候任务都很短，但偶尔会很长。如果选择一个足够大的休眠值来适应最长的运行时间，那么当运行时间较短时，将会浪费很多时间。但是，如果减短休眠时间以提高性能，那么应用程序又会因罕见的超耗时任务而失败。

简言之，因为一般来说不存在合适的休眠时间，所以休眠方案并不奏效。尽管如此，当知道一个错误由过早完成的代码引起时，大家都倾向于通过插入一个已调整的延迟来解决它[1]，但不要这样做。

要避免的另一种常见的错误策略是忙等待。在这种模式中，线程会持续轮询它正在等待的活动的状态。例如，可以引入一个计数器来跟踪任务终止时的情况：

```scala
val shared = SafeStringList()
var terminated = 0

def addStrings(n: Int, str: String): Unit =
  n times shared.add(str)
  terminated += 1
```

---

1 正如某个笑话所说，只有两种并发程序员：一种是在代码中使用了已调整的延迟的程序员，另一种是谎称没做过此事的程序员。

```
exec.execute(() => addStrings(5, "T1"))
exec.execute(() => addStrings(5, "T2"))

// DON'T DO THIS!
while terminated < 2 do ()

assert(shared.size == 10)
```

　　基于之前对共享访问和锁的讨论，即可了解这个程序是有缺陷的：可变变量 terminated 由多个线程共享，而且没有锁。特别是，两个线程可以同时完成任务，并同时执行 terminated += 1，而这是不安全的。

　　但是，解决方案并不是添加必要的锁：

```
                                                              Scala
val shared = SafeStringList()
var terminated = 0
val lock = Object()

def addStrings(n: Int, str: String): Unit =
  n times shared.add(str)
  lock.synchronized(terminated += 1)

exec.execute(() => addStrings(5, "T1"))
exec.execute(() => addStrings(5, "T2"))

// DON'T DO THIS!
while lock.synchronized(terminated) < 2 do ()

assert(shared.size == 10)
```

　　当下，总是使用锁访问 terminated 变量。正如代码里所写的，该程序确实能保证主线程在共享列表上调用方法 size 之前等待两个任务完成，但该实现仍无法让人接受。忙等待方案的真正缺陷是主线程会在执行任务时一直运行。这是对计算资源(CPU 时间)的浪费，而且对于现实中更大量级的应用程序而言，这根本不可行，尤其是在等待长时间运行的任务时。更糟糕的是，主线程不仅浪费了 CPU 时间，还会通过重复获取共享锁来干扰正在运行的任务(在这个小程序中大约有 10 万次之多)，因此可能导致它正在等待的任务延迟完成！

　　休眠和忙等待有时会以一种混合的方式结合在一起：

```
                                                              Scala
// DON'T DO THIS!
while lock.synchronized(terminated) < 2 do MILLISECONDS.sleep(5)
```

　　虽然这缓解了两种方案的一些缺点：主线程中浪费的 CPU 时间更少，并且可以安全地使用更短的休眠时间，但它仍然不会使代码像正确同步的解决方案那样高效和快速响应。

这些方案,如休眠、忙等待或两者的组合,是并发程序中错误和性能差的主要来源,理应避免。相反,应启用同步器,有效地挂起线程(不会浪费 CPU),直到在确切的时间建立所需条件(不会浪费休眠时间)。

22.2   同步器

基本上,同步器都是有状态的对象,能够阻塞线程。同步器具有可变状态,并定义了修改该状态的操作。此外,其中一些操作可能会阻塞调用它们的线程,直到同步器被另一个线程转换到可接受的状态为止。可以将同步器想象成用于协调线程的智能交通灯:它们阻止线程或让线程前进,并使用线程自己的操作来改变交通灯。

为了帮助理解这个概念,可以来看一个在第 18 章和第 19 章讨论过的独占锁的示例。锁是同步器,具有双值状态——free 或 owned,并且定义了修改该状态的两个操作——lock(将状态从 free 改为 owned)和 unlock(将状态从 owned 改为 free)。unlock 操作永远不会阻塞:已有的(owned)锁总是可以被释放,空闲(free)锁的释放则是无效的。

另一个示例是线程池。在前面的一些示例中,线程池被用作同步器。线程池可以从一种活跃且接受任务的状态转换到一种关闭并终止所有任务的状态。awaitTermination 方法用于阻塞线程,直到池处于终止状态为止。

本章的重点是通过共享内存实现线程间同步。在通过消息进行通信的系统中,通道也是一个同步器。发送和接收消息是修改通道状态的操作,如果通道已满或为空,则可以进行阻塞。第 27 章将简要讨论非线程实体(如 actor 和协同程序)的同步以及消息的使用。

锁主要用于避免任务交织,但其他同步器更适合协作。第 23 章概述最常见的同步器。接下来可以用一个简单但有用的同步器来解决列表共享问题:倒计时锁存器。它在 java.util. concurrent 库中实现为 CountDownLatch:

Scala

```scala
val shared = SafeStringList()
val latch = CountDownLatch(2)

def addStrings(n: Int, str: String): Unit =
  n times shared.add(str)
  latch.countDown()

exec.execute(() => addStrings(5, "T1"))
exec.execute(() => addStrings(5, "T2"))

latch.await()

assert(shared.size == 10)
```

代码清单 22.2   使用倒计时锁存同步器等待任务完成

倒计时锁存器的状态是计数器。如果计数器为正数,方法 countDown 会递减该计数器,而方法 wait 则会阻塞任何调用线程,直到锁存器的计数器为 0 为止。在本例中,创建了一个状态等于 2 的锁存器。在查询列表的大小之前,主线程等待锁存器状态变为 0。其他两个线程在完成时各自将状态递减 1,从而在两个线程都完成时将状态变为 0。通过调用 latch.await,可以避免休眠或忙等待的缺点:主线程被有效地阻塞,并且在等待时不使用 CPU 时间,而且锁存器打开后立即通知主线程恢复执行,而不会有额外的休眠延迟。

22.3 死锁

当程序使用同步器时,线程会被阻塞,直到同步器达到所需的状态为止。同步机制带来了一种潜在问题:让线程等待一个可能永远无法满足的条件。有些错误很容易被捕捉。例如,线程会调用锁存器上的 await,但代码从未调用过 countDown。其他错误则可能更棘手,例如等待的倒计时超出了程序中可能发生的量[1]。

死锁是一种相当常见的情况,在这种情况下,线程最终会等待一个永远无法达到的条件。在死锁中,多个线程在一个循环中相互等待。不妨以下面这个线程安全盒的实现为例:

Scala

```scala
class SafeBox[A]:
  private var contents = Option.empty[A]
  private val filled = CountDownLatch(1)

  // DON'T DO THIS!
  def get: A = synchronized {
    filled.await()
    contents.get
  }

  def set(value: A): Boolean = synchronized {
    if contents.nonEmpty then false
    else
      contents = Some(value)
      filled.countDown()
      true
  }
```

代码清单 22.3 一个发生死锁的盒的实现;代码清单 22.4 将对此进行更正

创建一个空盒子,并且只能使用 set 方法填充一次。进一步调用 set,尝试只返回 false。当盒子填满时,锁存器就打开了。需要访问盒子内容的线程在这个锁存器上被阻塞,直到调用 set

---

1 虽然这不是本节的重点,但等待过少的倒计时也是一个同步错误,会导致线程过早使用数据。

为止。对 contents 变量的所有访问都通过一个锁——盒子本身[1]。

这一切听起来都很合理，但 get 的实现却不正确。它从锁定盒子开始。然后，如果盒子仍然为空，则调用线程在锁存器上被阻塞。然而，这个线程仍然拥有盒子上的锁，使得任何其他线程都不可能运行 set 来填充盒子。这正是一种死锁情况，如图 22.1 所示。线程 T1 拥有盒子上的锁，并等待 T2 填充盒子。线程 T2 等待 T1 释放锁，以便 T2 设置盒子的内容。这两个线程就这样永久地相互等待着。

```
                        contents=None
Thread T1                                Thread T2
─────────────                            ─────────────
// get                                   // set(value)
acquire lock on "this"
filled.await() ──→ block
                                         wait to lock "this"
                        DEADLOCK!
```

图 22.1　代码清单 22.3 中不正确的盒子实现的死锁情况

这个问题很容易解决。在锁存器打开之前，方法 get 的内部线程不需要访问盒子的内容。因此，线程应该首先等待锁存器。(作为同步器，锁存器显然是线程安全的，可以在不锁定的情况下访问。)然后，在锁存器打开后，线程可以锁定盒子以访问其内容：

Scala

```scala
class SafeBox[A]:
  private var contents = Option.empty[A]
  private val filled = CountDownLatch(1)

  def get: A =
    filled.await()
    synchronized(contents.get)

  def set(value: A): Boolean = synchronized {
    if contents.nonEmpty then false
    else
      contents = Some(value)
      filled.countDown()
      true
  }
```

代码清单 22.4　带有锁存器的线程安全盒；参见代码清单 22.3；另请参见代码清单 27.2

set 的实现保持不变。鉴于 countDown 是一个快速且无阻塞的操作，可以在持有锁的同时调用它。

---

1 通常，这样的盒子在并发库中作为 Future 或 Promise 提供，不需要重新实现。第 25 章将讨论 Future 和 Promise。

刚开始接触并发编程的开发人员可能会觉得奇怪，但也可以通过以下方式实现 set 方法：

Scala

```scala
def set(value: A): Boolean = synchronized {
  if contents.nonEmpty then false
  else
    filled.countDown()
    contents = Some(value)
    true
}
```

代码清单 22.5　代码清单 22.4 中 set 方法的第一个变体

此变体在设置 contents 变量之前打开锁存器，而盒子仍然为空。这看起来可能是一个错误，但由于锁的存在，锁存器的打开是无害的：get 内部的线程可能会在此时通过锁存器，但在实际设置盒子内容之前，它仍会被阻塞。

如果想访问锁区外的锁存器(类似于 get 中的情形)，可以用稍微不同的方法来写 set 方法：

Scala

```scala
def set(value: A): Boolean =
  val setter = synchronized {
    if contents.nonEmpty then false
    else
      contents = Some(value)
      true
  }
  if setter then filled.countDown()
  setter
```

代码清单 22.6　代码清单 22.4 中 set 方法的第二个变体

在这种变体中，首先要锁定盒子以检查它是否仍然为空。如果盒子为空，则设置盒子的内容，并且 setter 为 true。然后，可以在打开锁存器之前释放锁。释放锁的操作是无害的，它只是让另一个线程调用 set 并找到已经填满的盒子。

22.4　使用线程转储调试死锁

使用同步器编程时很容易出错，而死锁就是一个常见问题。死锁可能是毁灭性的，如导致线程挂起，系统停止，但它们并不是最糟糕的并发错误。与其他情况相比，死锁更容易被查出来，因为等待周期(waiting cycle)中涉及的线程不会运行，所以可以在空闲时检查它们。

Java 虚拟机(JVM)通常可以以线程转储的形式提供有关其线程的信息。如何触发线程转储取决于 JVM。本书中使用的 HotSpot JVM 会对 SIGQUIT 信号作出反应，输出的确切格式可能会有所不同。

例如，可以使用以下双线程程序，促使代码清单 22.3 中的错误盒子实现陷入死锁：

Scala

```scala
val exec = Executors.newCachedThreadPool()
val box = SafeBox[Int]()
exec.execute(() => box.set(0))
println(box.get)
```

当主线程调用 get 时，辅助线程会试图将盒子设置为零。在某些运行中，此程序会正确终止。而在其他运行中，程序则会卡住。线程转储会显示以下信息(为了清晰起见，已稍微编辑)：

```
"pool-1-thread-1" #15 prio=5 os_prio=31 cpu=3.79ms elapsed=121.29s
   java.lang.Thread.State: BLOCKED (on object monitor)
      at chap22.Box1$SafeBox.set
      - waiting to lock <0x000000061f1f6a68> (a chap22.Box1$SafeBox)

"main" #1 prio=5 os_prio=31 cpu=223.28ms elapsed=121.51s
   java.lang.Thread.State: WAITING (parking)
      at jdk.internal.misc.Unsafe.park
      - parking to wait for <0x000000061f1f99e8>
       (a java.util.concurrent.CountDownLatch$Sync)
      at java.util.concurrent.locks.LockSupport.park
      at java.util.concurrent.locks.AbstractQueuedSynchronizer.acquire
      at java.util.concurrent.CountDownLatch.await
      at chap22.Box1$SafeBox.get
         - locked <0x000000061f1f6a68> (a chap22.Box1$SafeBox)
```

(转储包含更多未在此处显示的线程。这些线程是 JVM 内部的，用于实时编译、垃圾回收和其他操作。)

以上输出表明这两个目标线程没有运行。池 pool-1-thread-1 中的工作线程在方法 set 开始时被阻塞在对象监视器(独占锁所对应的 JVM 术语)上。它正试图锁定对象 0x000000061f1f6a68——SafeBox 的一个实例。同时，主线程在来自 CountDownLatch 的方法 await 上被阻塞。(java.util.concurrent 中的所有同步器都是根据 AbstractQueuedSynchronizer 类实现的，并使用低级别的操作 park 来挂起线程。)可以在最后一行看到，主线程拥有工作线程正在等待的同一 SafeBox 实例(对象 0x000000061f1f6a68)上的锁。死锁状态如图 22.1 所示(main 为 T1，pool-1-thread-1 为 T2)。

22.5　Java 内存模型

内存模型定义了使用内存的操作语义，特别是读取和写入变量。你可能会认为，在编写和读取变量时发生的事情是显而易见的，不需要花几页的篇幅来进行解释。如果的确如此，那是因为你仅考虑到了单线程程序中使用的简单内存模型。当涉及多线程时，情况就会变得更加复杂。

例如，图 22.2 显示了单线程程序中对变量 x 和 y 的读和写操作随时间的变化情况。符号 Wx(v)表示用值 v 对变量 x 进行写入，Rx 是对变量 x 的读取。在这种情况下，读取 x 的操作得到值 v3，读取 y 的操作得到值 v4。这并不奇怪，因为读取变量的操作会得到写入该变量的最后一个值，这是一种称为顺序一致性的属性。

图 22.2　单线程执行顺序一致

然而，在多线程的情况下，内存模型通常不是顺序一致的。换句话说，读取变量的操作可能不会得到写入其中的最后一个值。原因是，在多线程应用程序中通常不需要顺序一致性，而顺序的不一致反而可以让硬件更高效。特别是，一致性不高的模型有助于硬件优化，如核心级缓存、指令重新排序和推测执行。为了提高性能，硬件制造商作出的一致性保证不是顺序的，程序员需要意识到这一点(尤其是在实现编译器和操作系统时)。为了确保跨不同硬件和操作系统的可移植性，Java 定义了自己的内存模型——Java 内存模型(Java Memory Model，JMM)，它与 JVM 上运行的所有语言通用。为了更好地利用硬件性能，JMM 并非顺序一致的[1]。

图 22.3 显示了与图 22.2 相同的操作，但由两个不同的线程(T1 和 T2)执行。虽然顺序一致性可确保当 T1 读取变量 x 时，其值为 v3，但 JMM 没有这样的保证，即使 v3 是写入 x 的最后一个值，也是如此。类似地，T2 读取变量 y 的操作也不能保证得到 v4。

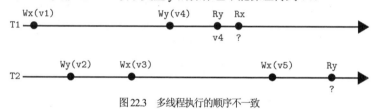

图 22.3　多线程执行的顺序不一致

那么，我们对 T1 中 x 的读取和 T2 中 y 的读取了解多少？在没有同步的情况下，JMM 不能保证太多。我们知道，T1 读取变量 y 时确实会得到 v4，这是线程 T1 本身写入 y 的最后一个值。然而，T1 对变量 x 的读取可能会得到 v1 或 v3，或 v1 和 v3 的组合，例如一个对象，其中一些字段与 v1 相同，而其他字段则与 v3 相同。类似地，T2 读取的变量 y 的值可以是 v2 或 v4，或者两者的组合。显然，要在这样的假设下编写正确的程序，几乎是不可能的。

幸运的是，线程倾向于通过同步来协调它们的操作，以确保某些操作先于其他操作进行，并且当涉及同步时，JMM 提供了更强劲的保证。因此，顺序一致的模型并非必需的：大多数多线程程序都需要某种形式的同步，而内存模型只要保证正确同步程序的一致性就足够了。

JMM 是根据事件排序(线程操作)之前发生的事件来定义的。事件包括读取和写入变量，还包括启动线程和同步操作，如锁定和解锁。*Java Language Specification* 的 17.4 节和 java.util. concurrent 等并发库的文档定义了"先行发生关系"(happens-before relation)的精确语义。此细节不在本书的探讨范围之内，通常只要记住"先行发生关系"的 3 个特征就足够了。

---

1 .NET 语言的内存模型与 JMM 非常相似；C/C++模型更为复杂。

- 线程内代码是顺序一致的：线程采取的一个操作发生在同一线程的后续操作之前。正因如此，在图 22.3 中，线程 T1 保证读取变量 y 中的 v4。
- 同步操作(锁定、解锁、插入线程安全队列、打开锁存器等)根据先行发生的情况连接不同线程的事件。
- 先行发生关系是可传递的：如果 A 发生在 B 之前，B 发生在 C 之前，那么 A 发生在 C 前面。

例如，代码清单 17.3 中有一个线程终止模式，它使用一个 volatile 布尔变量请求终止另一个线程。代码如下：

Scala

```scala
@volatile private var continue = true

def terminate() = continue = false

def run() =
   while continue do
      // perform task
   end while
      // cleanup
```

volatile 变量的定义属性是，在下一次读取该变量之前写入 volatile 变量。由此可知，在调用 terminate 方法后，run 中的线程第一次读取共享变量 continue 时，它将读取 terminate 中写入的值 false。如果共享的布尔标志不是 volatile，则在其写入和后续读取操作之间没有先行发生的连接，并且运行线程在写入 false 之后仍有读取 true 的风险，因此有继续运行的风险。

下面来看一个 3 线程程序的示例：

Scala

```scala
def run1() = // behavior of thread t1
   SECONDS.sleep(4)
   println(x)
   SECONDS.sleep(5)
   y.synchronized {
      SECONDS.sleep(1)
      println(x)
      SECONDS.sleep(2)
   }

def run2() = // behavior of thread t2
   x = v1
   SECONDS.sleep(2)
   t3.start()
   SECONDS.sleep(3)
   y.synchronized {
      SECONDS.sleep(2)
      x = v2
```

```
      SECONDS.sleep(1)
   }

def run3() = // behavior of thread t3
   SECONDS.sleep(1)
   println(x)
   SECONDS.sleep(11)
   println(x)
```

代码清单 22.7 先行发生关联或不关联的事件示例；见图 22.4

这 3 个线程同时开始运行,图 22.4 显示了它们的操作是如何根据先行发生关系连接起来的。Ly 和 Uy 分别表示对象 y 的锁定和解锁。特别令人感兴趣的是 t3.start 和 t3.Rx 之间的边(在该线程采取第一个动作之前启动一个先行发生线程)以及 t2.Uy 和 t1.Ly 之间的边(在下一次获取锁之前释放一把先行发生锁)。其他边是线程内程序排序的结果。对 sleep 方法的调用不会创建先行发生链接,这是除了 22.1 节中讨论的原因之外,不应将休眠用于同步目的的另一个原因。

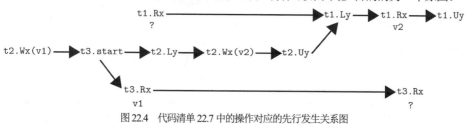

图 22.4 代码清单 22.7 中的操作对应的先行发生关系图

线程 t3 对变量 x 的第一次读取生成 v1,这是写入 x 的最后一个值,因为 t2.Wx(v1)先于 t3.Rx 发生(根据传递性)。类似地,线程 t1 对变量 x 的第二次读取得到 v2,这是写入 x 的最后一个值,因为根据传递性,t2.Wx(v2)先于第二个 t1.Rx 发生。注意,就实时性而言,t2.Wx(v1)的发生早于第一个 t1.Rx,但两者之间不存在先行发生关系。对于 t2.Wx(v2)和第二个 t3.Rx,也是如此。因此,第一个 t1.Rx 和第二个 t3.Rx 可以自由地得到除 v1 和 v2 之外的值。

简单而言,可以将并发程序视为以下 3 组之一:

- **第 1 组**:具有所有必要的先行发生关系的完全同步程序,并且这些先行发生关系因锁定、提交到线程池或其他形式的显式同步而十分明显。
- **第 2 组**:具有必要但不一定明显的先行发生关系的完全同步程序。例如,CountDownLatch 的实现保证了对 countdown 的调用先于 await 的解锁发生。因此,在一些早期的盒子实现中,没有必要锁定 get 方法内部:

Scala

```
def get: A =
   filled.await()
   contents.get
```

代码清单 22.8 代码清单 22.4 和代码清单 22.6 中 get 的可能实现

get 的这个变体可以在代码清单 22.4 和代码清单 22.6 中使用。它之所以有效，是因为运行 set 的线程在打开锁存器之前会写入可变的 contents，而运行 get 的线程在读取内容之前继续等待锁存器。图 22.5 显示，根据先行发生关系的传递性，变量 contents 的写入操作先于读取操作发生，从而保证调用 get 的线程看到之前调用 set 的线程所写的值[1]。注意，get 的这种实现不能在代码清单 22.5 中使用：对于这个变体，在设置盒子内容之前，锁存器是打开的。在这种情况下，方法 get 内部仍然需要锁。

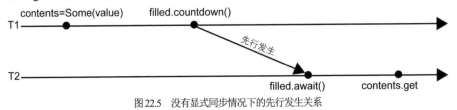

图 22.5　没有显式同步情况下的先行发生关系

- **第 3 组**：此类程序没有足够的同步来保证变量的写入操作总是先于下一次的读取操作发生，但程序仍然正确。一些标准库组件(如 ReentrantLock)的实现包含这样的代码。

本书定位于入门到中级水平，因此将重点关注第 1 组程序。第 1 组程序通常不需要过多考虑 JMM。在尝试编写第 2 组程序之前，应该进一步学习并发编程。第 3 组属于专家范畴。要么远离它，要么做好彻夜失眠的准备，认真地思考一下你是否真的掌握了那些棘手的代码……

22.6　小结

- 当并行任务并非完全独立时，线程需要与其他线程协调。一个常见的需求是线程暂停其计算并等待，直到其他线程使系统的状态适合继续运行为止。
- 当面临协调线程的问题时，有两种通常应该避免的错误策略。第一种错误策略是让线程休眠一段时间。无论在选择休眠时长时多么小心谨慎，一旦其他线程的活动具有不可预测的持续时间，就意味着选择错误。时间太短的话，当线程在休眠后恢复时，应用程序的状态可能还没有准备好。如果时间过长，则进程的时间会大量浪费在休眠上，进而影响应用程序的性能和响应性。
- 另一种错误策略是，线程不断轮询系统的状态，直到该线程适合继续运行为止，这种编程风格被称为旋转(spinning)或忙等待(busy-waiting)。这种策略十分消耗资源，并且不适用于大体量的线程和/或活动。首先，轮询线程会持续使用计算资源，需要重复调度执行，进而使等待的线程失去了部分 CPU 时间。其次，在其他线程更新时重复查询应用程序的状态，需要线程安全机制(如锁)，当频繁使用时，成本较大(如在连续检查循环中)。

---

1 在图 22.5 中，filled.await() 表示 T2 从调用返回 await 的时间点，而非该调用启动的时间点。

- 并发程序应该依靠适当的同步, 而不是休眠和忙等待。同步器旨在有效地阻塞线程(不必忙于等待), 直到其他线程达到所需的条件(不必猜测合适的休眠时长)。在共享内存系统中, 同步器会维护一个状态, 并提供阻塞一个或多个线程的方法, 直到其他线程将同步器设置为所需状态。

- 最著名的同步器是独占锁, 它会阻塞获取线程, 直到另一个线程释放该锁并使其可用。并发库通常可以实现许多其他类型的同步器, 其中一些讨论参见第 23 章。

- 使用同步器时很容易出错。线程可能无限期地等待永远不会达到的条件, 这可能会导致整个应用程序停止。死锁是导致无限期等待的常见原因。它们是线程以循环的方式相互等待的结果。若在保持锁的同时调用同步器上的阻塞方法, 肯定会导致死锁。

- 由于所涉及的线程被阻塞, 程序员可以在方便的时候对线程进行检查, 因此死锁更容易被查出来。JVM 可以生成关于其线程的信息快照, 这被称为线程转储。这些信息通常包括线程是否被阻塞或正在运行, 以及被阻塞在哪些同步器上, 它们当前拥有哪些锁, 等等。

- 单线程程序顺序一致: 读取内存位置的操作会得到写入该位置的最后一个值。出于性能原因, 处理器、操作系统和虚拟机在存在多个线程时往往不保证顺序一致。虽然一般来说不保证顺序一致, 但是 Java 内存模型的定义方式使得正确同步的程序可以期望顺序一致。

第 23 章
常用同步器

并发库通常包含用于线程间同步的大量工具。本章将介绍一些最常见的同步器及其典型的使用模式。

23.1 锁

最著名的同步器是独占锁，其用法详见前几章中的代码示例。通过 synchronized 使用的是 JVM 的内在锁机制，每个对象都可以用作锁。除了内部锁之外，Java 标准库还定义了另外 3 种类型的锁。其中前两种锁格外有趣，本节将简要讨论它们。第三种锁是 StampedLock，很少使用，仅限于高级用途。

首先是 ReentrantLock 类。这个类实现了一个独占锁(与 synchronized 类似)，但特性更丰富。例如，线程可以尝试在超时的情况下获取锁，或者允许自己在等待锁时被中断。可以使用 ReentrantLock 编写代码清单 18.7 中 getRank 方法的变体，在该变体中，如果锁不可用，线程将在 100 毫秒后放弃注册：

```scala
private var userCount = 0
private val lock = ReentrantLock()

def getRank(): Option[Int] =
  if lock.tryLock(100, MILLISECONDS) then
    try
      if userCount < 5 then
        userCount += 1
        Some(userCount)
      else None
    finally lock.unlock()
  else None
```

代码清单 23.1　代码清单 18.7 带有超时机制的变体

与 synchronized 一样，方法 tryLock 会阻塞调用线程，直到锁可用为止，但如果锁在指定的延迟后仍然不可用，则放弃并返回 false。如果该方法返回 true，则表示已获取锁，并且在释放锁之前，代码会像以前一样使用 if-then-else 继续执行。如果锁可用，也可在没有超时的情况下使用 tryLock 来获取锁，或者在不阻塞线程的情况下立即放弃。

ReentrantLock 通常用于 try-finally 块中，以确保锁被正确释放，即使在异常情况下，也是如此。在这个特定的示例中，tryLock 和 unlock 之间不会出现太多问题，但是 try-finally 结构使得在返回值时更容易释放锁，而不必将该值存储在局部变量中。

在没有超时的情况下获取锁时，可以使用 lock 不间断地等待，也可以使用 lockInterruptibly 让被阻塞的线程迅速对中断做出响应。锁的行为与 synchronized 相同：线程的中断不会使线程放弃获取锁的尝试。相比之下，当线程在等待锁的期间被中断时，lockInterruptibly 会抛出 InterruptedException。可以使用 lockInterruptibly 更轻松地编写能被取消的使用锁的任务。

除了更灵活的锁方法外，ReentrantLock 的另一个优点是允许在同一把锁上设置多个条件。23.4 节将详细讨论条件，其中的代码清单 23.8 会尝试应用一把带有两个条件的锁。

除了独占锁的此类重新实现之外，标准库中的二等类 ReentrantReadWriteLock 还实现了非独占锁。这些锁的定义特征是，允许以两种不同的模式获取它们：写入(独占)和读取(共享)。当在写入模式下获得锁时，锁由单个线程拥有，就像独占锁一样。相比之下，在读取模式下获得的锁可以在该模式下的多个线程之间共享。

可以使用读-写(read-write)锁来保护那些经常被读取但是很少被修改的结构。线程可以通过在读取模式下获取锁来并发读取，而写入结构需要独占访问，并且线程必须在写入模式下获取锁。但是，注意，名称"读-写"是约定俗成的，不能顾名思义，否则可能会引起误解。读-写锁实际上是一种共享-独占锁，其中，共享模式可能在写入或读取时使用。

例如，假设如下应用程序依赖于线程安全结构，不需要额外的同步机制来读取或写入，但偶尔也需要读取结构的整个状态以获得快照：

```scala
import scala.collection.concurrent.TrieMap // thread-safe

private val users = TrieMap.empty[String, UserInfo]

private val (rlock, wlock) =
    val lock = ReentrantReadWriteLock()
    (lock.readLock, lock.writeLock)

def register(username: String): Option[UserInfo] =
    val info = UserInfo(username)
    rlock.lock()
    try if users.putIfAbsent(username, info).isEmpty then Some(info) else None
    finally rlock.unlock()

def saveToFile(filename: String): Unit =
    wlock.lock()
    try Using.resource(Files.newBufferedWriter(Path.of(filename))) { out =>
        for (user, info) <- users do out.write(s"$user:$info\n")
    }
    finally wlock.unlock()
```

代码清单 23.2 读-写锁的示例用法

类 TrieMap 实现了线程安全映射。可以在不锁定的情况下从多个线程并发读取和写入它。这里使用它的 putIfAbsent 方法来注册新用户。如果实际添加了键值对，则返回 None；如果键已经在映射中，则返回一个非空选项。在 saveToFile 中，需要创建映射的快照。为了防止在对所有键和值进行迭代期间发生新的注册，可使用 wlock 对映射进行独占锁定。而 register 方法则使用 rlock 允许多个线程并发地调用 putIfAbsent，因为该方法是线程安全的。注意如何在写入模式下获取锁以读取映射，以及如何在读取模式下获取锁以写入映射。

23.2 锁存器和栅栏

锁存器是简单的同步器，在前面的示例中用于终止检测(见代码清单 22.2)和实现线程安全盒(见代码清单 22.4)。锁存器用途广泛，通常用于实现 fork-join(分散-聚集)模式，如代码清单 22.2 所示，但也有其他用途。我经常在编写并发程序的测试时使用锁存器。例如，一个锁存器可以表示一个模拟的活动，当活动终止时，锁存器打开。锁存器在测试中的另一个用途是同步活动，以最大限度地增加对共享结构的并发访问，从而更好地评估其线程安全性。

接下来重新诠释代码清单 21.2 中的线程安全列表的测试。这段代码旨在让 N 个任务以交错的方式访问共享列表：即使任务 k 已经在使用该列表，线程仍旧会启动任务 $k+1$ 的运行(启动线程需要时间)。这减少了应用于列表的实际并发量。可以添加一个锁存器，使所有任务在创建并启动所有线程后，大致在同一时间访问列表：

Scala

```scala
val exec = Executors.newCachedThreadPool()
val shared = SafeStringList()
val start = CountDownLatch(N + 1)
val finish = CountDownLatch(N)
for i <- 1 to N do
   exec.execute { () =>
      start.countDown()
      start.await()
      5 times shared.add(i.toString)
      finish.countDown()
   }

start.countDown()
start.await()
val time1 = System.nanoTime()
finish.await()
val time2 = System.nanoTime()

exec.shutdown()

assert(shared.size == 5 * N)
```

```
assert((1 to N).forall(i => shared.getAll.count(_ == i.toString) == 5))
assert((time2 - time1) / 1E9 <= 0.01)
```

用 N+1 初始化的 start 锁存器旨在确保所有池线程都开始添加到列表中,并且主线程在同一时刻开始记录时间。首先,这使得线程更有可能同时尝试调用列表中的 add 方法,从而在列表不是线程安全的情况下增大发现错误的概率。其次,这是一种测量完成所有 add 操作所需时间的方式。通过在开始计时之前等待 start 锁存器,可以忽略激活线程所需的时间。第二个锁存器(finish)在所有列表插入操作完成后打开,此时可以记录结束时间。除了检查共享列表的最终状态外,测试还断言所有列表操作都在不到百分之一秒的时间内完成。

锁存器可以从"关闭"转换到"打开",并且只能转换一次。它们无法从"打开"转换为"关闭",因此不可重复使用,这意味着 countdown 和 await 对打开的锁存器没有影响。当线程需要重复使用同步点时,可以使用循环栅栏。当最后一个线程到达栅栏时,循环栅栏会自动打开,并立即再次关闭。可以用一个可重复使用的栅栏(而非两个锁存器)来编写列表测试示例:

Scala

```
val exec = Executors.newCachedThreadPool()
val shared = SafeStringList()
val startEnd = CyclicBarrier(N + 1)

for i <- 1 to N do
  exec.execute { () =>
    startEnd.await()
    5 times shared.add(i.toString)
    startEnd.await()
  }

startEnd.await()
val time1 = System.nanoTime()
startEnd.await()
val time2 = System.nanoTime()

exec.shutdown()

assert(shared.size == 5 * N)
assert((1 to N).forall(i => shared.getAll.count(_ == i.toString) == 5))
assert((time2 - time1) / 1E9 <= 0.01)
```

在这个测试变体中,所有线程都是第一次到达栅栏,此时池线程开始添加到列表中,而主线程则开始跟踪时间。所有 add 操作完成后,所有线程再次到达栅栏,而主线程记录完成时间。迭代算法的实现经常会用到循环栅栏。

23.3 信号量

信号量(semaphore)是一个以虚拟许可的计数作为其状态的同步器。线程可以获取和释放许可，若没有许可，获取方法将变为阻塞状态。

虽然信号量的功能很多，但它只是低级的同步器，可用于实现许多其他的同步器。(并发库通常依赖于更高效的、不基于信号量的实现。)例如，可以使用信号量编写一个简单、独占且不可重入的锁：

Scala

```scala
class SimpleLock:
   private val semaphore = Semaphore(1)
   @volatile private var owner = Option.empty[Thread]

   def lock(): Unit =
      semaphore.acquire()
      owner = Some(Thread.currentThread)
   def unlock(): Unit =
      if !owner.contains(Thread.currentThread) then
         throw IllegalStateException("not the lock owner")
      owner = None
      semaphore.release()
```

代码清单 23.5　使用信号量的简单锁实现

在这个锁实现中，信号量使用一个许可创建，通过获取该许可来锁定锁，并通过释放该许可来解锁。该锁不可重入：拥有锁并试图再次锁定它的线程将卡在空信号量上。为了防止线程试图解锁别的线程所拥有的锁，可以保持对当前锁的所有者的引用(作为一个选项)。由于信号量的许可概念，信号量经常被用来强制执行边界。例如，可以使用两个信号量来实现有界队列：

Scala

```scala
class BoundedQueue[A](capacity: Int):
   private val queue = mutable.Queue.empty[A]
   private val canTake = Semaphore(0)
   private val canPut = Semaphore(capacity)

   def take(): A =
      canTake.acquire()
      val element = synchronized(queue.dequeue())
      canPut.release()
      element

   def put(element: A): Unit =
      canPut.acquire()
      synchronized(queue.enqueue(element))
      canTake.release()
```

代码清单 23.6　基于两个信号量的有界队列；另请参见代码清单 23.7 和代码清单 23.8

信号量 canTake 中的许可数量等于队列中的元素数量，初始值为零。必须有 canTake 的许可才能将元素从队列中取出，从而确保队列不为空。如果队列为空，take 方法将阻塞调用线程。当一个元素被添加到队列中时，信号量 canTake 的许可会在 put 方法中创建，因此许可的数量反映了队列中元素的数量。信号量 canPut 以对称的方式使用：其许可数量等于队列中可用插槽的数量，初始值设置为队列的容量。从 canPut 处获得插入元素的许可(这意味着队列未满)，许可在删除元素之时(即空插槽创建之时)创建。

注意，为了避免死锁的情况，在锁定内部队列之前，应先获取信号量许可(参见 22.3 节中的讨论)。还要注意，一些线程获取的许可可能是由其他线程释放的(信号量许可是虚拟的)，因此这里使用的是"创建"而非"释放"。

有界队列的这种实现有一个缺点：非空和非满员队列上的非阻塞操作仍然需要经过两次信号量操作。代码清单 23.8 中的一个更好的有界队列实现可以避免这种效率低下的情况。

23.4　条件

条件是另一个低级同步器，可以用来实现其他同步器。一个条件维护着一组被阻塞的等待线程。条件定义了方法，以便一个线程通知集合中的另一个线程继续执行，或通知集合中所有线程继续执行，或者将自己添加到集合中。如果当前没有线程在等待，则通知无效。

JVM 上的条件从一开始就可用：每个 Java 对象都是一个条件，正如每个 Java 对象都是一把锁。条件和锁协同工作：通常需要锁定共享状态来决定是否需要等待。如果线程需要等待，则它必须在等待之前释放此锁，以便其他线程锁定和修改共享状态。注意，一个对象需要维护两组独立的等待线程：那些等待获取锁的线程和那些等待从条件中得到通知的线程。

在 Java 5 中出现 java.util.concurrent 之前，必须根据这些基本的 Java 条件编写所有的同步器。例如，可以使用以下条件重新实现 23.3 节中的阻塞队列：

Scala

```scala
class BoundedQueue[A](capacity: Int):
  private val queue = mutable.Queue.empty[A]

  def take(): A = synchronized {
    while queue.isEmpty do wait()
    notifyAll()
    queue.dequeue()
  }

  def put(element: A): Unit = synchronized {
    while queue.length == capacity do wait()
    notifyAll()
    queue.enqueue(element)
  }
```

代码清单 23.7　具有单个条件的有界队列；另请参见代码清单 23.8

有界队列本身用作锁和条件(对 synchronized、wait 和 notifyAll 方法的所有调用都在 this 上进行)。在 take 中,如果队列为空,则需要让调用线程等待该条件;在 put 中,如果队列已满,则让它等待。在成功地插入或删除任何元素之后,通知整个等待线程集,队列的状态已经更改。

此代码的以下特性值得详细讨论。

- 尽管之前说过,在持有锁时不应该调用阻塞方法,因为这会导致死锁,但是阻塞方法 wait 正是在同步的代码块中调用的。先来了解一下为什么这是必要的。问题在于非原子先检查再执行操作:例如,在 take 中,线程可能发现队列是空的,于是释放锁以等待调用 wait。但是,在这个线程到达 wait 并被实际添加到等待线程集之前,另一个线程调用了 put 和 notifyAll。当获取线程到达等待集时,即使队列当下非空,notifyAll 也已发生,并且线程已被卡住。(代码清单 23.6 中没有这个问题,因为无论线程是否在等待,总是可以安全地创建信号量许可。)

可在 synchronized 块中调用方法 wait 来避免这个问题,但是死锁问题呢?一切之所以能够正常运行,是因为 wait 在将线程添加到等待集中后会在内部释放锁(线程对未被线程锁定的对象调用 wait 的操作是无效的)。因此,要记住的第一条规则很简单:代码应该始终在同一对象 X 的 X.synchronized 块内使用 X.wait。

- 对于 take 和 put,检查队列 "非空" 或 "不满" 的操作是在循环中执行的。这至关重要,也是前面讨论的锁问题的必然结果。线程调用 wait 时,便拥有了一把可以被自动释放的锁。线程接到继续执行同步块的通知之后,还需要重新获取此锁。通过等待线程集或者启动对方法 take 或 put 的新调用通知的几个线程会争夺这把锁,任何最终获得锁的线程都可以修改队列的状态。例如,获取线程可能会被通知队列非空,但当线程设法重新获取锁时,队列可能会再次变空。因此,一旦重新获取了锁,线程就需要再次测试队列的状态,如果状态不合适,则返回等待状态。第二条规则和第一条规则一样简单:总是在重新计算等待条件的循环中调用 wait。

- 在添加或删除队列元素后,使用 notifyAll 通知所有等待的线程。这是一种浪费:如果正向一个空队列添加一个元素,为什么要通知 10 个线程来获取?本例不能使用只通知一个等待线程的 notify 方法。当多个线程在等待时,notify 方法不会选择性地通知某个线程。在这个实现中,等待将元素添加到队列的线程和等待从队列中获取元素的线程在相同的条件下等待。因此,举例来说,在方法 take 中调用 notify 时可能会通知另一个正在获取元素的线程而非等待将元素放入队列的线程[1]。

使用 notifyAll 时,得到通知的线程会比有实际进展的线程多,但是所有线程都会在循环中重新评估队列的状态,并按需重启等待。例如,当一个元素被添加到一个空队列时,虽然只有一个线程能够获取该元素,但是所有等待从队列中获取元素的线程都会接到通知;所有其他函数会再次观察到 isEmpty 为 true,并再次进行阻塞;这种实现虽然正确,但效率低下。代码清单 23.8 给出了避免此问题的另一种实现。

---

[1] 这个问题很微妙。将元素添加到队列的线程和从队列中读取元素的线程是否会同时出现在等待线程集中,这一点并不明显,但如果共享队列的线程数量是队列容量的两倍以上,则可能会发生这种情况(参见本节末尾的模型检查部分)。在这种情况下,若用 notify 替换对 notifyAll 的调用,可能导致死锁。

方法 wait、notify 和 notifyAll 将 Java 对象视为与内部锁关联的内部条件。如果将
ReentrantLock 用作独占锁的替代实现，则可以使用它自己的条件实现。与内在锁相比，
ReentrantLock 的主要优点是(至少在这方面)可以将多个条件与同一把锁相关联。通过让需要队
列"非空"的线程和需要队列"不满"的线程在两个不同的条件下等待，可以编写出一个更好
的有界队列。若使用 wait 和 notify，则很难做到这一点，因为两个条件需要两把锁，而 wait
只会释放其中一把锁。使用 ReentrantLock 时可借助方法 newCondition[1]在同一把锁上创建多个
条件：

Scala

```scala
class BoundedQueue[A](capacity: Int):
  private val queue           = mutable.Queue.empty[A]
  private val lock            = ReentrantLock()
  private val canPut, canTake = lock.newCondition()

  def take(): A =
    lock.lock()
    try
      while queue.isEmpty do canTake.await()
      canPut.signal()
      queue.dequeue()
    finally lock.unlock()
  def put(element: A): Unit =
    lock.lock()
    try
      while queue.length == capacity do canPut.await()
      canTake.signal()
      queue.enqueue(element)
    finally lock.unlock()
```

代码清单 23.8　基于两个条件的有界队列

方法 await、signal 和 signalAll 对应于内部条件下的方法 wait、notify 和 notifyAll。此实现的
性能优于代码清单 23.7，因为使用的是 signal 而非 signalAll，插入或删除元素时最多触发对一
个线程的通知。java.util.concurrent 中的标准阻塞队列依赖于类似的策略：一个 ReentrantLock 实
例和两个条件。

通过模型检查进行验证

前面提到，若在代码清单 23.7 中使用 notify 而非 notifyAll，可能会导致死锁。这个死锁不
同于代码清单 22.3 中的系统级死锁，大多数运行都能正确地完成，而且实现死锁所需的步骤并
不是很明显。为了说明可用于补充运行时测试的技术，下面会将模型检查应用于错误的队列实
现(即将 notifyAll 替换为 notify)，以发现死锁。

---

1 在 Scala 中，val x, y=expr 对 expr 求值两次：一次用于初始化 x，一次用于初始化 y。

　　这里使用的形式是 TLA$^+$(Temporal Logic of Actions，动作的时间逻辑)。它是一种基于集合论的数学表示法，添加了一些时间逻辑元素。来自阻塞队列的 put 方法模型可以用 TLA$^+$编写，如下所示:

$$
\begin{aligned}
\text{Put}(t, m) \triangleq\ & \text{IF Len(queue)} < \text{Capacity} \\
& \text{THEN queue}' = \text{Append(queue}, m) \land \text{Notify} \\
& \text{ELSE Wait}(t) \land \text{UNCHANGED queue}
\end{aligned}
$$

　　抛开细节，可以看出，该模型使用了与代码清单 23.7 相同的策略，但此处使用的是 notify 而非 notifyAll(由于 TLA+模型中有一个隐式循环，因此该模型使用 IF 而非 while，但正在重新检查条件，如代码清单 23.7 所示)。特别是，如果队列未满，则会添加一个元素并调用方法 notify；否则，线程调用方法 wait，而且队列保持不变。方法 take 的建模方式与此类似。

　　方法 wait、notify 和 notifyAll 也可根据它们的 Java 语义进行建模:

$$
\begin{aligned}
\text{Wait}(t) \triangleq\ & \text{waitSet}' = \text{waitSet} \cup \{t\} \\
\text{Notify} \triangleq\ & \text{IF waitSet} = \{\}\ \text{THEN UNCHANGED waitSet} \\
& \text{ELSE } \exists t \in \text{waitSet} : \text{waitSet}' = \text{waitSet} \setminus \{t\} \\
\text{NotifyAll} \triangleq\ & \text{waitSet}' = \{\}
\end{aligned}
$$

　　同样，此处不再提供更多细节，但可以看到 wait 向等待线程集添加了一个线程 t，在 TLA$^+$ 中，表示法 "waitSet'=…" 意思是 "waitSet 的新值是……" 类似地，notifyAll 从等待集中删除所有线程，使该集为空。方法 notify 的表示稍微复杂一些。这意味着，如果等待线程集为空，则不会发生任何事情，并且该集合保持不变。否则，将从集合中移除线程 t。存在量词用于表示这样一个事实: 方法 notify 没有指定要删除的线程，而一些线程被从集合中移除。

　　给定这些数学定义以及这里省略的一些其他元素，就可以运行模型检查器了。基本模型检查器只是试图枚举线程使其操作交织进行的所有可能方式，直到检查完所有可能性或发现错误为止。

　　在阻塞队列中，模型检查器可以生成如图 23.1 所示的死锁场景。在这个场景中，一个队列的容量为 2，由 3 个生产线程(p1、p2 和 p3)和 2 个消费线程(c1 和 c2)共享。最初，队列为空，并且所有线程都在运行。生产者开始调用方法 put，直到队列已满(状态 3)。接下来对 put 的 3 个调用导致生产者调用 wait，并被添加到等待线程集(状态 6)。消费者开始调用方法 take，且每次都会通知生产者，直到队列为空(状态 8)。它们会持续调用 take，直到它们都被添加到等待集(状态 10)。有趣的是，此时此刻，该集合同时包含生产线程和消费线程。

　　在状态 11 中，生产者(p2 或 p3)将一个元素添加到队列中，并因此调用 notify。调用 notify 的目的是让消费者知道一个值已经被添加到队列中。然而，线程 p1(生产者)却被从集合中取出。队列再次被填满(状态 12)，导致生产者被阻塞在等待集中(状态 15)。此时，线程 c1 是唯一正在运行的线程。它从队列中获取第一个元素并通知 p1(状态 16)，再从队列中获取第二个元素，但通知消费者 c2 而非生产者(状态 17)。然后，两个消费者阻塞空队列，只留下线程 p1 运行(状态 19)。这个线程在队列中放入一个值，但通知 p2 而非消费者。

```
State 1: <Initial predicate>        State 13: <Put>
  waitSet = {}                        waitSet = {p1, c2}
  queue = <<>>                        queue = <<m, m>>

State 2: <Put>                      State 14: <Put>
  waitSet = {}                        waitSet = {p1, p2, c2}
  queue = <<m>>                       queue = <<m, m>>

State 3: <Put>                      State 15: <Put>
  waitSet = {}                        waitSet = {p1, p2, p3, c2}
  queue = <<m, m>>                    queue = <<m, m>>

State 4: <Put>                      State 16: <Take>
  waitSet = {p1}                      waitSet = {p2, p3, c2}
  queue = <<m, m>>                    queue = <<m>>

State 5: <Put>                      State 17: <Take>
  waitSet = {p1, p2}                  waitSet = {p2, p3}
  queue = <<m, m>>                    queue = <<>>

State 6: <Put>                      State 18: <Take>
  waitSet = {p1, p2, p3}             waitSet = {p2, p3, c1}
  queue = <<m, m>>                    queue = <<>>

State 7: <Take>                     State 19: <Take>
  waitSet = {p1, p2}                  waitSet = {p2, p3, c1, c2}
  queue = <<m>>                       queue = <<>>

State 8: <Take>                     State 20: <Put>
  waitSet = {p1}                      waitSet = {p3, c1, c2}
  queue = <<>>                        queue = <<m>>

State 9: <Take>                     State 21: <Put>
  waitSet = {p1, c1}                  waitSet = {c1, c2}
  queue = <<>>                        queue = <<m, m>>

State 10: <Take>                    State 22: <Put>
  waitSet = {p1, c1, c2}             waitSet = {p1, c1, c2}
  queue = <<>>                        queue = <<m, m>>

State 11: <Put>                     State 23: <Put>
  waitSet = {c1, c2}                  waitSet = {p1, p2, c1, c2}
  queue = <<m>>                       queue = <<m, m>>

State 12: <Put>                     State 24: <Put>
  waitSet = {c2}                      waitSet = {p1, p2, p3, c1, c2}
  queue = <<m, m>>                    queue = <<m, m>>
```

图 23.1　模型检查器发现的阻塞队列的死锁场景

　　接着，生产者 p1 或 p2 进入队列中，并(错误地)通知 p3。此时，在状态 21 中，局面已经无法好转：队列已满，所有消费者都被阻塞了。接下来，剩下的两个生产者调用方法 put，并被添加到等待集中。在状态 24 中，出现死锁：所有线程都被阻塞在集合内。

　　图 23.1 展示的是模型检查器的实际输出，只是稍微编辑了一下，以引用 Put 和 Take 方法名称。模型检查的强大之处在于其能够跟踪并描述导致问题的状态。在运行测试时，可能会(也可能不会)观察到错误的阻塞队列的死锁，但即使发生这种情况，线程转储也只能显示最终的死锁状态，而不能显示线程达到死锁状态所经历的步骤。要注意的是，这里使用的模型检查器以广度优先(breadth-first)的方式探索状态。因此，死锁场景可以保证具有最小的长度。

　　模型检查技术的主要局限性是难以应对状态数量的快速增长，这种现象被称为组合状态空间爆炸(combinatorial state space explosion)。例如，容量为 10 的队列至少需要 21 个线程才能达到死锁状态。最短的场景需要 431 个步骤，而模型检查器需要探索 23 011 357 个不同的状态来发现它。

23.5 阻塞队列

代码清单 23.6 到代码清单 23.8 中实现的有界队列不仅是数据结构，它们本身还是同步器。它们的方法可以根据队列的状态(空或满)阻塞线程。并发库通常实现两种类型的队列：并发队列和阻塞队列。其中，并发队列是线程安全的数据结构，但可能没有阻塞方法，阻塞队列是同步器。阻塞队列一定是并发队列(因为它们必须是线程安全的)，但并不是所有并发队列都是阻塞队列。例如，第 20 章中实现的队列就是非阻塞的并发队列。每种类型都存在几个变体。队列可以有界也可以无界；可以由数组、列表或其他结构体支持；可以依赖于有锁或无锁算法；通常采用先进先出的方式，但也可采用基于优先级或时间的其他排序方式；等等。

阻塞队列通常用于生产者-消费者模式：将生产活动添加到共享队列，而与此同时从队列中获取消费活动。这种广泛使用的模式好处繁多。首先，它将数据的创建与数据的使用解耦，其模式类似于 12.5 节中的流应用。其次，有时可以使用单个生产者或单个消费者的模式来混合并发和顺序活动，如代码清单 23.9 所示。第三，生产者-消费者模式在某种程度上能自然地自我平衡：当队列已满时，生产任务会被阻塞，从而释放资源以便消耗任务赶上进度；当队列为空时，则与此相反。

例如，可以再来看一个并行搜索文件的问题。每个任务都由两个阶段组成：在文件中查找目标数据并存储搜索结果。可按以下方式实现：

```scala
val exec: ExecutorService = ...
def isMatch(line: String): Boolean = ...
val files: ConcurrentLinkedQueue[Path] = ...
val out: Writer = ...

def searchFile(path: Path): Unit =
  Using.resource(Source.fromFile(path.toFile)(UTF8)) { in =>
    for line <- in.getLines() do
      if isMatch(line) then out.synchronized { out.write(line); out.write('\n') }
  }

val searchTask: Runnable = () =>
  var file = Option(files.poll())
  while file.nonEmpty do
    searchFile(file.get)
    file = Option(files.poll())

N times exec.execute(searchTask)
```

在这段代码中，要搜索的文件存储在并发队列中。队列应为线程安全的，因为所有搜索任务都要并行地从其中获取文件。每个搜索任务都会从队列中获取文件，直到队列为空为止，此时任务也会终止。队列不需要被阻塞：它最初用文件填充，清空之后则不再使用。用户需要使用可在空队列上返回 null[1] 的 poll 从队列中提取文件：因为进行了非原子先检查再执行操作，所以 if !files.isEmpty then file=files.take()将不起作用。按顺序搜索每个文件，并将匹配的行添加到共享输出文件中。尽管 Writer 类型的实例在 Java 中往往是线程安全的，但行内容和换行分隔符可能会错误地交织在一起，因此需要锁定对该文件的访问[2]。

可以将代码重构为生产者-消费者模式，在此模式中，生产者从文件中创建匹配行，单个消费者将这些行存储到输出文件中，而不是让所有搜索任务将结果添加到共享输出中：

```scala
                                                              Scala
val queue = ArrayBlockingQueue[String](capacity)

def searchFile(path: Path): Unit =
  Using.resource(Source.fromFile(path.toFile)(UTF8)) { in =>
    for line <- in.getLines() do if isMatch(line) then queue.put(line)
  }

val writeTask: Runnable = () =>
  while ⍰ do
    out.write(queue.take())
    out.write('\n')

N times exec.execute(searchTask)
exec.execute(writeTask)
```

这段代码创建了一个阻塞队列并将其用作行的缓冲区。搜索文件时，匹配的行会被添加到队列中，而非直接写入输出文件。单个 writeTask 活动会从队列中检索行并将它们存储到文件中。因为当下只有一个线程能访问该文件，所以不再需要锁定 out。当然，锁仍然可能用于阻塞队列的实现，但是对 put 和 take 的调用速度很快，并且在 I/O 操作期间不会持有任何锁。完成任务 searchTask 的代码没有改变，仍然可以由多个线程并行运行。每个线程从(并发)队列中获取文件，并将匹配的行放入(并发、阻塞)队列中。注意程序当下是如何使用阻塞和非阻塞这两种类型的队列的。

函数 writeTask 中缺少一段代码：终止行写入循环的条件。在生产者-消费者模式中，终止问题往往是微妙的。先明确一点，以下方案不可行：

```scala
                                                              Scala
// DON'T DO THIS!
while !queue.isEmpty do ...
```

阻塞队列可能暂时为空(到目前为止找到的所有匹配行都已写入输出文件)，但这并不意味着搜索任务已经完成。搜索任务仍有可能打开和读取文件，并可能找到更多匹配项。如果写入任务因队列为空而终止，则这些新的匹配项将永远不会被保存到文件中。

---

1 可将值封装到选项中以处理 null，如 12.2 节所述。

2 类 PrintWriter 定义了一个可以在此使用的原子 println 方法。不过，它已经被实现为在同步块中对方法 write 的两个调用，这与 searchFile 方法类似。

接下来要跟踪有多少搜索任务仍然处于活跃状态。活跃任务的计数必须是线程安全的——该计数由搜索任务自身递减，并由文件写入任务查询。如果使用 N 个搜索任务，就可以尝试参照以下示例修改代码：

```scala
                                                                    ——— Scala ———
val active = AtomicInteger(N)

...

active.decrementAndGet() // at the end of each searching task

// DON'T DO THIS!
while active.get() > 0 do ...
```

然而，这仍然可能导致循环提前终止：所有搜索任务都已终止，active 计数为零，并且允许文件写入任务终止，不再处理可能保留在队列中的行。这将再次导致输出文件中缺少匹配项。

现在你可能会想，没问题，还可以结合两个终止条件(没有活跃搜索任务，匹配的队列为空)以确保在所有搜索任务完成后写入任务耗尽队列：

```scala
                                                                    ——— Scala ———
// DON'T DO THIS!
while active.get() > 0 || !queue.isEmpty do ...
```

这仍然不起作用，但这里的问题更微妙。假设已从队列中取出最后的匹配行，但搜索任务仍在运行。此时，队列为空，但条件 active.get() > 0 为 true，因此文件写入任务不会终止。相反，该任务重新进入循环，调用 queue.take 并进行阻塞。但是，如果没有找到其他匹配项，则搜索任务将终止，不会向队列中添加更多行。active 计数变为零，终止条件成立：计数为零，队列为空。但是消费线程仍被无限期地阻塞，没有机会再次计算这个条件。

正确终止生产者-消费者应用程序的一种常见技术是，将名为毒丸(poison pill)的特殊值插入队列，以便生产者指示消费者终止。有两种方式可以将毒丸策略应用于文件搜索示例。首先，可以像以前一样对正在运行的生产者进行线程安全的计数，并让最后一个要终止的生产者向队列中插入一颗毒丸。其次，可以让每个生产者在终止时插入一个特殊的值，并让消费线程对这些值进行计数，直到它们都被接收到为止。第一种方式仍然需要对活跃任务进行线程安全的计数；以下代码中使用的第二种方式则不需要：

```scala
                                                                    ——— Scala ———
val queue = ArrayBlockingQueue[Option[String]](capacity)

def searchFile(path: Path): Unit =
  Using.resource(Source.fromFile(path.toFile)(UTF8)) { in =>
    for line <- in.getLines() do if isMatch(line) then queue.put(Some(line))
  }

val searchTask: Runnable = () =>
  var file = Option(files.poll())
  while file.nonEmpty do
```

```
      searchFile(file.get)
      file = Option(files.poll())
   queue.put(None)

val writeTask: Runnable = () =>
   var active = N
   while active > 0 || !queue.isEmpty do
      queue.take() match
         case None => active -= 1
         case Some(line) =>
            out.write(line)
            out.write('\n')
```

代码清单 23.9　搜索文件并将结果存储为生产者-消费者模式

匹配行的队列变为选项的队列：Some(line)表示匹配，None 表示毒丸。每个搜索任务在搜索结束时都会在队列中插入一个 None。文件写入任务会对这些 None 值进行计数，并知道在收到所有值且队列为空时终止。计数是任务内部的，不需要使用线程安全的原子整数。事实上，生产者和消费者完全通过队列进行协调，并不依赖其他共享的同步机制。(不过，生产任务的总数 N 确实需要被消费者知晓。)

23.6　小结

- Java 标准库通过类 ReentrantLock 提供了独占锁的灵活实现，该类可以用作内部锁的替代品。它为用户提供了相同的基本锁属性，但定义了当锁不可用时使线程中断或超时(甚至根本不阻塞)的其他方法。
- 该库还定义了非独占锁(通常称为读-写锁)。这些锁可以在共享模式下获取，也可以在独占模式下获取；也就是说，一个非空闲的锁可以有一个独占模式所有者，也可以有一个或多个共享模式所有者。通过用读-写锁替换常规的独占锁，并让多个线程利用共享模式下获取的锁并行工作，可以提高并发性。
- 锁存器是一种简单的同步器，它会阻塞线程，直到锁存器打开为止。Java 实现了倒计时锁存器，它在调用 countDown 方法特定次数后打开。
- 锁存器不能重复使用，因为一旦打开，就无法再次关闭。相比之下，循环栅栏会自动重复打开和关闭。可以为固定数量的参与线程设置栅栏。每当所有线程到达栅栏时，它们会打开并立即关闭。(换句话说，最后一个线程的到达是触发栅栏打开的事件。)迭代算法经常会使用栅栏，以保证在所有线程完成 $k-1$ 次迭代之前，没有线程可以开始第 k 次迭代。

- 信号量是一种经典类型的同步器，根据虚拟许可进行定义。许可可以由线程获取(或消费)，也可以由其他线程释放(或创建)。当信号量的许可用完时，它的获取方法将会变成阻塞状态。信号量的功能繁多，并且长久以来一直用来实现其他同步器。

- 条件可维护一个等待线程集，并提供阻塞线程(将它们添加到该集合中)或通知线程(从该集合中移除它们)的方法。条件总是在锁定的代码段内使用。在某个条件上阻塞的线程会自动(且原子性地)释放相应的锁。被通知的线程会自动重新获取必要的锁，但这不是原子锁；其他线程可能会在线程被通知后，在它自己重新获取锁之前，使用该锁运行代码。JVM 的内部锁只支持一个条件；后来的 ReentrantLock 类允许在同一个锁上创建多个条件。

- 阻塞队列既是(线程安全的)数据结构，也是同步器。除了标准的队列语义外，它们还定义了根据队列状态同步线程的方法：从空队列中提取元素的操作是阻塞性的，而且如果队列有界，则添加元素到满队列的操作也是阻塞性的。阻塞队列通常用于生产者-消费者模式，以将数据生产活动与数据消费活动解耦。可以通过使用单个生产者(分发数据)、单个消费者(收集数据)或同一阻塞队列上的多个生产者和消费者来定义有用的模式。

第 24 章
案例研究：并行执行

本章将以案例研究的形式探讨并行执行一组独立任务的问题。任务采用非纯函数的形式执行，以利用其副作用。(值返回任务是接下来几章的重点。)本章将研究依赖于显式线程创建(有界或无界)、线程池(有界或无界、专用或共享)或并行集合的不同策略。最后一节使用条件和信号量来实现一种变体，在这种变体中，可以在计算开始后提交额外的任务。

24.1 顺序引用实现

可以按如下方式实现引用顺序运行器：

Scala

```scala
class Runner[A](comp: A => Unit):
  def run(inputs: Seq[A]): Unit = for input <- inputs do comp(input)
```

运行器由类型为 A => Unit 的函数创建。方法 run 被赋予一系列输入，并依次对每个输入执行该函数。为了更好地演示并行性，本章将使用类型为 Int => Unit 的函数 sleepTask。此函数以运行的秒数作为输入值，并在启动和停止时在终端上显示消息。可以在顺序运行中使用它：

Scala

```scala
println("START")

val runner = Runner(sleepTask)
runner.run(Seq(2, 1, 3))

println("END")
```

运行过程如下：

```
main at XX:XX:47.521: START
main at XX:XX:47.550: begin 2
main at XX:XX:49.551: end 2
main at XX:XX:49.552: begin 1
main at XX:XX:50.552: end 1
main at XX:XX:50.552: begin 3
main at XX:XX:53.552: end 3
main at XX:XX:53.553: END
```

所有的工作都是由调用 run 方法的线程执行的。整个执行过程需要 6 秒，这是 3 项任务持续时间的总和。

本章将讨论几种并行化策略。并行运行器需要在对方法 run 的同步调用中运行所有任务，直至其完成，并且所有任务必须在 END 消息之前完成，但是它们可以使用额外的线程并行执行多个任务并加快计算速度。假设这些任务是独立的，互不干扰。

24.2　每个任务一个新线程

并行化最简单的(但一定程度上也有些过时的)策略是为每个任务创建一个新线程：

Scala

```
class Runner[A](comp: A => Unit):
  def run(inputs: Seq[A]): Unit =
    val threads = inputs.map(input => Thread(() => comp(input)))
    for thread <- threads do thread.start()
    for thread <- threads do thread.join()
```

代码清单 24.1　并行执行——每个任务一个新线程

高阶方法 map 用于创建线程序列——每个输入一个线程。接下来使用方法 join 进行两次迭代：一次用于启动所有线程，另一次用于等待线程终止。如果像之前那样处理相同的 2、1、3 序列，便会得到如下形式的输出：

```
main at XX:XX:06.593: START
Thread-0 at XX:XX:06.623: begin 2
Thread-2 at XX:XX:06.623: begin 3
Thread-1 at XX:XX:06.623: begin 1
Thread-1 at XX:XX:07.623: end 1
Thread-0 at XX:XX:08.623: end 2
Thread-2 at XX:XX:09.623: end 3
main at XX:XX:09.624: END
```

所有任务都是并行运行的。执行大约需要 3 秒，这是其中最长任务的持续时间。

因为代码需要等待所有线程终止，所以在线程上调用 join 的顺序并不重要，但是在调用 join 之前必须启动所有线程。一个可能的错误是试图将最后两次迭代合并为一个循环：

Scala

```
// DON'T DO THIS!
for thread <- threads do
  thread.start()
  thread.join()
```

尽管每个任务仍然在单独的线程中执行，但这些任务当下是顺序运行的，因为只有在前一个线程终止后才会启动一个新线程。2、1、3 序列的处理需要 6 秒，与顺序运行一样：

```
main at XX:XX:06.235: START
Thread-0 at XX:XX:06.263: begin 2
Thread-0 at XX:XX:08.264: end 2
Thread-1 at XX:XX:08.265: begin 1
Thread-1 at XX:XX:09.265: end 1
Thread-2 at XX:XX:09.266: begin 3
Thread-2 at XX:XX:12.266: end 3
main at XX:XX:12.267: END
```

24.3　有界线程数

代码清单 24.1 的一个主要缺点是，如果输入序列很大，运行器就会创建数量不合理的线程。例如，如果计算机有 8 个核，输入序列包含 1 000 个值，那么最终将由 1 000 个线程共享 8 个处理器，这可能不是并行处理输入的最有效方式。

为了将运行器创建的线程数量限制在指定的范围内，可以使用类似于代码清单 23.9 的基于队列的方案：

Scala

```scala
class Runner[A](bound: Int)(comp: A => Unit):
  def run(inputs: Seq[A]): Unit =
    val queue = ConcurrentLinkedQueue(inputs.asJava)

    val task: Runnable = () =>
      var input = Option(queue.poll())
      while input.nonEmpty do
        comp(input.get)
        input = Option(queue.poll())

    val threads = Seq.fill(bound min inputs.length)(Thread(task))
    for thread <- threads do thread.start()
    for thread <- threads do thread.join()
```

代码清单 24.2　并行执行——有界线程数

所有指定的输入都放在线程安全的队列中。期望的线程数量和输入数量之间的最小值便是创建的线程数量。所有线程都运行相同的任务。该任务使用循环从队列中提取输入，并对输入应用运行器函数；当队列为空时任务终止。

可以创建一个 Runner (2) (sleepTask) 运行器来将线程数限制为两个。当应用于输入 2、1、3 的列表时，典型的输出如下：

```
main at XX:XX:15.696: START
Thread-1 at XX:XX:15.731: begin 1
Thread-0 at XX:XX:15.731: begin 2
Thread-1 at XX:XX:16.733: end 1
Thread-1 at XX:XX:16.733: begin 3
Thread-0 at XX:XX:17.732: end 2
Thread-1 at XX:XX:19.734: end 3
main at XX:XX:19.734: END
```

运行器使用两个线程，这两个线程会立即从队列中取出输入 2 和 1。1 秒钟后，Thread-1 完成任务 1 并从队列中取出输入 3。1 秒钟后(运行 2 秒后)，Thread-0 完成任务 2，发现队列为空，然后终止。2 秒钟后，Thread-1 完成任务 3 并终止。整个过程大约需要 4 秒。

24.4 专用线程池

第 21 章讨论了为什么通常使用线程池而不按任务创建线程。run 方法可以创建一个线程池而非单独的线程。仔细想想，代码清单 24.2 实际上重新实现了它自己的小型线程池。你也可以使用一个真实的已经实现了自己的队列和循环任务的线程池：

Scala

```scala
class Runner[A](bound: Int)(comp: A => Unit):
  def run(inputs: Seq[A]): Unit =
    val exec = Executors.newFixedThreadPool(bound)

    for input <- inputs do exec.execute(() => comp(input))

    exec.shutdown()
    exec.awaitTermination(Long.MaxValue, NANOSECONDS)
```

代码清单 24.3　并行执行——专用线程池

可以使用固定数量的线程启动线程池。线程池维护一个内部任务队列，它可以用来替换代码清单 24.2 中使用的输入队列：为每个输入创建一个任务并将其添加到队列中。然后，负责运行的线程关闭池并进行阻塞，直到所有提交的任务都执行完毕[1]。默认情况下，Java 的固定线程池会根据需要创建工作线程，直至达到上限为止。因此，该变体创建的线程数量不会大于输入数量与上限之间的最小值，如代码清单 24.2 所示。除了线程的名称不同之外，示例运行的输出基本相同，但实现要简单得多：

```
main at XX:XX:33.200: START
pool-1-thread-2 at XX:XX:33.231: begin 1
pool-1-thread-1 at XX:XX:33.231: begin 2
```

---

1 awaitTermination 没有不带超时的变体。Long.MaxValue 纳秒数的和超过 292 年，实则是无限时长。

```
pool-1-thread-2 at XX:XX:34.233: end 1
pool-1-thread-2 at XX:XX:34.233: begin 3
pool-1-thread-1 at XX:XX:35.232: end 2
pool-1-thread-2 at XX:XX:37.233: end 3
main at XX:XX:37.234: END
```

24.5　共享线程池

如前面的示例所示，使用线程池的动机之一是限制线程的数量。使用线程池的另一个动机是线程重用，例如，若能跨多个组件共享池，应用程序通常都会受益。

代码清单 24.3 针对运行器的每次运行创建一个由多个新线程组成的新线程池；因此，在该示例中，线程重用是受限的。一种替代方案是，实现一个使用现有线程池的运行程序，而非创建自己的线程池。此更改会因无法关闭共享线程池而影响设计。相反，无论池中的线程是否仍在运行，调用 run 方法的线程都需要等待所有任务完成。这是我们已经在代码清单 22.2 中遇到的一个问题，该代码清单中采用的方案(倒计时锁存器)同样可以用来解决上述问题：

Scala

```scala
class Runner[A](exec: Executor)(comp: A => Unit):
  def run(inputs: Seq[A]): Unit =
    val done = CountDownLatch(inputs.length)

    for input <- inputs do
      val task: Runnable = () =>
        try comp(input)
        finally done.countDown()
      exec.execute(task)

    done.await()
```

代码清单 24.4　并行执行——共享线程池

创建一个锁存器并使其计数等于输入值的数量。提交给线程池的任务会被扩展，以便在每次计算结束时对锁存器执行倒计时。try-finally 构造可确保即使函数执行失败，锁存器也会被执行倒计时。调用 run 的线程不会关闭池，而只会在锁存器处等待。

带两个线程的池的运行时长与之前相同，都为 4 秒。但是注意，同一运行器的多个并发运行是在同一个池上执行任务的，而代码清单 24.3 中的任务是在单独的池上运行的。

可以使用其他同步器来等待任务完成。例如，可以创建一个不带许可的信号量，让每个完成的任务都创建一个许可，并使等待的线程阻塞，直到信号量获得与输入序列等长的许可数量为止。此外，线程池可能已经实现了用于此目的的方法。如果参数 exec 作为 ExecutorService 类型的值而非 Executor(所有标准 Java 线程池都实现这种类型)给出，那么它的方法 invokeAll 也可以直接用于等待任务列表的完成。

24.6　有界线程池

在代码清单 24.3 中，可以对并发运行的任务数量进行限制，这在某些情况下是有益的。因为无法控制共享池中工作线程的数量，所以这个特性并没有在代码清单 24.4 中体现出来。

两全其美的实现将依赖于共享线程池，此外，还要对池内可以并发运行的任务数量实现额外的约束。可以通过一个信号量来实现这一点，这个信号量自带许可的数量应与所需的并行度相符：

Scala

```scala
class Runner[A](exec: Executor, bound: Int)(comp: A => Unit):
  def run(inputs: Seq[A]): Unit =
    val canStart = Semaphore(bound)

    for input <- inputs do
      val task: Runnable = () =>
        try comp(input)
        finally canStart.release()

      canStart.acquire()
      exec.execute(task)
    end for

    canStart.acquire(bound)
```

代码清单 24.5　并行执行——设有界限的共享线程池

调用方法 run 的线程在提交每个任务以供执行之前都会从信号量处获取许可。当一项任务完成时，又会释放许可，以便提交另一项任务。这保证了在任何时间点运行的最大任务数受信号量中许可的初始数量的限制。提交完所有任务后，canStart.acquire(bound)用于等待任务完成：一旦所有许可都被返还给信号量，便可知晓所有任务已经完成，因而不需要额外的倒计时锁存器。

创建运行器 Runner(exec, 2)(sleepTask)，其中 exec 是一个无限线程池，可能会产生以下输出：

```
main at XX:XX:04.870: START
pool-1-thread-1 at XX:XX:04.901: begin 2
pool-1-thread-2 at XX:XX:04.901: begin 1
pool-1-thread-2 at XX:XX:05.901: end 1
pool-1-thread-3 at XX:XX:05.902: begin 3
pool-1-thread-1 at XX:XX:06.901: end 2
pool-1-thread-3 at XX:XX:08.902: end 3
main at XX:XX:08.903: END
```

该运行最终使用 3 个不同的线程(线程池是无限的)，但同一时间的当前任务永远不会超过 2 个。和以前一样，整个运行过程大约需要 4 秒。

24.7　并行集合

本节将探讨运行器最后一个更简单的变体，下面先来回顾一下 21.4 节对并行集合的讨论。实际上，假设共享函数的并发调用是独立的，那么并行集合是一个完美的匹配。可以简单地修改本章开头使用的单行顺序运行器实现，以引入任务执行中的并行性：

Scala

```scala
class Runner[A](comp: A => Unit):
  def run(inputs: Seq[A]): Unit = for input <- inputs.par do comp(input)
```

代码清单 24.6　并行执行——并行集合

在 Scala 中，for-do 是调用高阶方法 foreach 的语法糖，方法 run 的主体可以写成 inputs.par.foreach(comp)。在并行集合中，foreach 是使用公共线程池实现的[1]。针对同一个 "2、1、3" 示例，代码清单 24.6 中的运行器生成以下形式的输出：

```
main at XX:XX:26.201: START
scala-execution-context-global-16 at XX:XX:26.275: begin 1
scala-execution-context-global-17 at XX:XX:26.275: begin 3
scala-execution-context-global-15 at XX:XX:26.275: begin 2
scala-execution-context-global-16 at XX:XX:27.276: end 1
scala-execution-context-global-15 at XX:XX:28.276: end 2
scala-execution-context-global-17 at XX:XX:29.277: end 3
main at XX:XX:29.277: END
```

24.8　使用条件提交异步任务

24.7 节使并发编程看起来很简单，有时确实如此。然而，还应该为那些不太符合固定模式的场景做好准备。

举个例子，假设运行器问题的一个变体允许在运行开始后添加输入值。Runner 类型使用 addInput 方法进行扩展，该方法可用于将一个或多个输入值添加到正在进行的运行中。这一微小的变化带来了许多问题和设计方面的挑战：

- 启动计算的线程在运行期间被阻塞在方法 run 中。添加的任务只能在其他线程中进行。因此，运行器实例在由多个线程共享时必须是安全的。
- 在完成运行和尝试向此运行添加输入之间存在固有的竞争条件。由于非原子先检查再执行操作，测试运行器状态的方法(它是否正在运行？)是无用的：运行器可能在被检查

1　一些机制可以让并行集合在自己的线程池上运行，但在 Scala 中并不适用。

为活跃后立即变得不活跃。相反，如果方法 addInput 来得太晚，它将无法向当前运行添加输入，并且它需要采取一种方式来向其调用者明示这种失败。

- 因为在等待开始后可以添加新任务，所以等待运行完成会变得更难。特别是，之前使用的基于倒计时锁存器(根据已知数量的任务创建)的简单方式变得不适用了。
- 如果允许运行重叠(新运行可以在前一个运行完成之前由另一个线程启动)，并且在多个运行正在进行时再添加一些输入，那么应该将它们添加到哪个运行呢？
- 或者，可以通过确保在前一个运行完成之前不允许启动 run 方法来禁止重叠运行。这种选择要求方法基于运行器的状态(活跃与否)执行不同的操作。到目前为止实现的所有运行器都是无状态的，不过这不包括线程池，因为线程池显然是线程安全的。当需要在线程之间共享时，有状态的运行器必须被精心设计。

本节重点介绍共享两种设计选择的实现。首先，运行不能重叠。方法 run 会阻塞线程直至上一次运行终止，然后提交一组新的输入(并再次阻塞，直至这个新的计算完成)。其次，addInput 通过返回布尔值来标示成功或失败。(Java 的一些并发集合使用相同的方法，例如队列上的 offer 方法。)

通过将条件与活跃任务计数结合起来使用，可以在方法 run 中实现阻塞。在这种方案下，只有当一个运行器中的所有任务(包括在该运行开始后添加的任务)都完成时，一个运行才结束，而此时一个新的运行可能会开始。此方案的实现如下：

Scala

```scala
class Runner[A](exec: Executor)(comp: A => Unit):
  private var active = 0
  private var runs = 0

  def run(inputs: Seq[A]): Unit = synchronized {
    while active != 0 do wait()
    val myRun = runs + 1
    runs = myRun
    active = inputs.length
    for input <- inputs do exec.execute(task(input))
    while runs == myRun && active != 0 do wait()
  }

  def addInput(input: A): Boolean = synchronized {
    if active == 0 then false
    else
      active += 1
      exec.execute(task(input))
      true
  }

  private def task(in: A): Runnable = () =>
    try comp(in)
    finally synchronized {
      active -= 1
```

```
    if active == 0 then notifyAll()
  }
```

代码清单 24.7   使用单个条件的可扩展并行执行

变量 active 用于计算当前运行中仍处于活跃状态的任务数。active 会在新任务提交给(位于 run 和 addInput 内部的)执行器时递增，并在任务终止时由任务本身递减。该实现通过使用 synchronized 来锁定运行器本身，从而保护对这个变量的所有访问。

当尝试添加新输入时，代码需要检查当前运行是否仍在进行。如果 active=0，方法 addInput 将立即返回 false。变量 active 为零时才能开始新的运行(方法 run 的第一行)，同时完成当前运行(方法 run 的最后一行)。当活跃任务计数达到零时，运行的最后一个任务会使用 notifyAll 通知等待的线程运行已终止。

变量 runs 和 myRun 的作用很微妙，值得详细讲解。先来看一个更简单但不正确的方法 run 实现(没有以上变量)：

Scala

```
// DON'T DO THIS!
def run(inputs: Seq[A]): Unit = synchronized {
   while active != 0 do wait()
   active = inputs.length
   for input <- inputs do exec.execute(task(input))
   while active != 0 do wait()
}
```

方法 run 等待活跃任务计数变为零以开始运行，然后再次终止运行。假设有这样一种场景，其中线程 T1 启动运行并被阻塞以等待运行终止，而线程 T2 在方法 run 开始时即被阻塞以等待开始第二次运行。两个线程都在等待 active 变为零。当第一次运行的最后一个任务完成时，两个线程都会接到通知。此时，它们竞相重新锁定运行器，以便继续执行方法 run。如果等待开始运行的线程 T2 首先获得锁，它便会向执行器提交新任务，并使活跃任务计数变为非零，再释放锁并等待第二次运行完成。然后线程 T1 可以获得锁，接着测试 active != 0，如果结果为 true，则再返回等待——等待第二次运行的完成，而非简单地完成自己的运行。

这一难题实际上在并发编程中并不罕见。程序员经常需要区分同一状态的不同迭代——这里指的是活跃任务计数为正数的运行器。例如，当需要区分 **closed-open-closed** 序列中的两个闭合状态时，循环栅栏也面临着类似的挑战。这里使用的一种常见策略是对迭代进行编号，以此作为区分等效状态的机制：**closed-open-closed** 变为 **closed$_1$-open$_1$-closed$_2$**，其中 **closed$_2$** 与 **closed$_1$** 在某种程度上不同。

在运行器示例中，每个运行都被分配了一个唯一的数字[1]，并且已经开始运行的线程会等待其自身运行的活跃任务计数变为零。如果新的运行已经开始，则意味着活跃任务计数必须已经

---

1 严格来说，runs 可以封装和重用一个值，但所需的运行数量非常大，因此在实践中这不是一个问题：运行早在其数量被重用之前就已经终止了。

变为零——这些线程可以自由终止执行，即使活跃任务计数已经再次变为非零[1]。

在结束本节之前，我将对该实现作最后两点评论。

首先，锁对于操作 active 和 runs 字段是必要的：需要在 synchronized 块中读/写它们。然而，重要的是，当任务应用运行器的函数时，任务会在不拥有锁的情况下执行。如果代码 comp(in) 被放置在同步块内，则所有并行性都会丢失。

其次，在唤醒等待线程时，有必要使用 notifyAll，因为不仅需要通知启动运行的线程其运行已完成，还可能需要通知另一个等待启动新运行的线程。无法连续两次调用 notify，因为它们可能会通知两个等待启动运行的线程，而非等待运行完成的线程。相反，通过使用 notifyAll，可以通知所有等待的线程，包括多个等待启动新运行的线程，即使一次只有一个线程可以启动运行。

理想情况下，倾向于通知等待运行完成的线程以及某一个等待启动新运行的线程。为此，需要使用两个单独的条件——一个用于启动运行，另一个用于完成运行：

Scala

```scala
class Runner[A](exec: Executor)(comp: A => Unit):
  private var active = 0
  private var runs = 0
  private val lock = ReentrantLock()
  private val start, finish = lock.newCondition()

  def run(inputs: Seq[A]): Unit =
    lock.lock()
    try
      while active != 0 do start.await()
      val myRun = runs + 1
      runs = myRun
      active = inputs.length
      for input <- inputs do exec.execute(task(input))
      while runs == myRun && active != 0 do finish.await()
      start.signal()
    finally lock.unlock()

  def addInput(input: A): Boolean =
```

---

1 为了避免由于活跃任务计数快速从非零转变为零并再次变为非零而陷入困境，可能会尝试实现如下的 run 方法(假设 inputs 不为空)：

```
// DON'T DO THIS!
def run(inputs: Seq[A]): Unit = synchronized {
        while active != 0 do wait()
        active = inputs.length
        for input <- inputs do exec.execute(task(input))
        wait()
     }
```

这是不正确的，因为 JVM 允许虚假的唤醒：在 wait 处被阻塞的线程可能(但很少)会在没有得到通知的情况下解除阻塞并继续执行。出于这个原因，必须始终坚持在循环内部调用 wait 的模式，以重新评估线程正在等待的条件。

```
      lock.lock()
      try
         if active == 0 then false
         else
            active += 1
            exec.execute(task(input))
            true
      finally lock.unlock()

   private def task(in: A): Runnable = () =>
      try comp(in)
      finally
         lock.lock()
         try
            active -= 1
            if active == 0 then finish.signal()
         finally lock.unlock()
```

代码清单 24.8　使用两个条件的可扩展并行执行

ReentrantLock 的一个实例用于获得同一个锁上的两个条件，而普通同步机制无法做到这一点。在 run 的内部，线程首先会在达成 start 条件时等待，然后会在达成 finish 条件时等待。当运行的最后一个任务完成时，它会在达成 finish 条件时通知一个线程——此时只有一个线程在等待，即启动当前运行的线程。反过来，这个线程会在达成 start 条件时通知一个线程启动新的运行。尽管多个线程可能正在等待 start 条件，但只有一个线程会接到启动一个新运行的通知。除了必须使用 ReentrantLock 而非 synchronized 之外，实现的其余部分没有改变[1]。

24.9　双信号量实现

24.8 节阐释了条件的使用、并发编程的基本结构，以及需要通过生成计数器(代码清单 24.7 和代码清单 24.8 中的变量 run)来区分的重复状态的常见问题。实际上，该特殊的示例还可以采用更简单的、不需要使用条件的设计。

早期实现之所以复杂，是因为需要启动运行的线程和需要结束运行的线程都在等待应用程序的相同状态(active==0)，即使使用的是两个单独的条件，也是如此。可以通过使用两个完全独立的等待标准来避免这种情况。以下实现展示了信号量的强大和多功能性：

Scala

```scala
class Runner[A](exec: Executor)(comp: A => Unit):
   private var active = 0
   private val start = Semaphore(1)
```

---

[1] run 变量仍是处理线程时不可或缺的，该线程在当前运行完成时调用方法 run，并在即将终止自身运行的线程之前获得锁。

```
private val finish = Semaphore(0)

def run(inputs: Seq[A]): Unit =
   if inputs.nonEmpty then
      start.acquire()
      synchronized {
         active = inputs.length
         for input <- inputs do exec.execute(task(input))
      }
      finish.acquire()
      start.release()

def addInput(input: A): Boolean = synchronized {
   if active == 0 then false
   else
      active += 1
      exec.execute(task(input))
      true
}
private def task(in: A): Runnable = () =>
   try comp(in)
   finally synchronized {
      active -= 1
      if active == 0 then finish.release()
   }
```

代码清单 24.9   使用两个信号量的可扩展并行执行

start 信号量用于确保运行不重叠。它只有一个执行 run 方法所需的许可。信号量 finish 用于终止。最初，该信号量为空；最后一个完成的任务为其创建一个许可[1]。发起运行的线程会等待此许可。在从 run 方法返回之前，它会释放启动信号量的许可，以允许另一个线程启动新的运行。

24.10   小结

在大多数应用程序中，并发编程不需要为每个任务创建单独线程并使用低级同步器(如锁)进行协调。线程池和并行集合等抽象(更多内容将在后续章节中探讨)可以用来隐藏复杂的同步细节，并用相对简单的代码实现并行。在许多情况下，并发编程确实极其困难，但是并行性通常也可借助适当的高级结构和安全而直接的代码来实现。

---

1 因此，此实现与早期的变体不同，只有当输入序列不为空时，此实现才能正常工作。

　　当需要"自己动手"时(例如，在实现泛型库时)，代码复杂性会迅速提升。本案例研究开发了独立任务并行运行器的几个实现。有些实现(如代码清单 24.6)非常简单。其他一些实现虽然不那么简单，但可以用单个同步器编写，而不需要显式线程或锁。还有一些实现以复杂的方式组合了多个同步器，只有在考虑了所有隐匿的场景之后，才能断言它们的正确性。

第 25 章
Future 与 Promise

本书第 I 部分的重要主题之一是，函数式编程涉及从动作(可变性)到函数(不变性)的转变，其主要好处是有利于在程序组件之间共享数据。而从本书第 II 部分的第 22 章到第 24 章可以看出，线程之间可变数据的共享以及由此产生的同步需求是并发编程复杂性的重要来源。本章和第 26 章旨在展示通过利用函数式编程原理，可以极大地简化并发代码。和以前一样，这一切都始于纯函数的使用——将纯函数用作计算单元，但是改由单独的线程执行。Future 是一种用于操作并发执行函数的标准编程语言结构。在基本层面上，Future 结合了函数和同步器的特性。第 26 章将以函数式的方式探讨 Future 的使用。

25.1　函数任务

到目前为止，用于演示并发编程的大多数任务都是 Runnable 接口的实例。它的 run 方法不返回任何内容，仅用于对某些共享数据进行修改。例如，代码清单 22.1 使用两个任务将字符串添加到共享列表中，该实现如下：

Scala

```
val exec = Executors.newCachedThreadPool()
val shared = SafeStringList()

def addStrings(n: Int, str: String): Unit = n times shared.add(str)

exec.execute(() => addStrings(5, "T1"))
exec.execute(() => addStrings(5, "T2"))

exec.shutdown()
exec.awaitTermination(5, MINUTES)

assert(shared.size == 10)
```

为了确保这种方案有效，共享列表被设计为线程安全的——在这种情况下，以上行为基于锁完成。但是注意，这种线程安全性所给予的已经远超我们所需的：在任何线程每次调用列表的 add 方法后，列表都保持在有效状态。在这个特定的例子中，这些中间状态虽然有效，但并不是必需的。只有在添加到列表中的任务完成后该列表才会被使用，此时它已包含所有字符串。

如果只需要构建一个由这两个任务共同生成的所有字符串的集合，就不必了解列表在计算过程中的状态。相反，可以让每个任务生成各自的字符串集合，最后合并这两个集合：

```scala
val exec = Executors.newCachedThreadPool()

def makeStrings(n: Int, str: String): List[String] = List.fill(n)(str)

var strings1: List[String] = null
var strings2: List[String] = null

exec.execute(() => strings1 = makeStrings(5, "T1"))
exec.execute(() => strings2 = makeStrings(5, "T2"))

exec.shutdown()
exec.awaitTermination(5, MINUTES)

val strings: List[String] = strings1 ::: strings2
assert(strings.size == 10)
```

这个程序变体的执行与以前不同：每个任务都创建自己的列表，而非共享一个列表。各个任务的列表不共享，因此不必是线程安全的[1]，也不涉及锁。任务终止后，主线程会合并两个列表，同样不需要同步。

该程序可用，但不够理想。它使用两个可变变量，并用任意值初始化，然而这些值可能被错误使用，进而导致 NullPointerException。这种复杂结构的起因在于，每个任务的目的(创建列表)与仍然作为操作(修改可变数据的 Runnable 实例)实现的任务不相符。更明智的做法是让任务成为函数，即生成值的任务或函数式任务(而不是设置外部变量的操作)。

迄今为止用于创建并发活动的所有机制(如 Runnable 接口、Thread 类的构造器、线程池的 execute 方法)都关注操作，因此不足以处理函数式任务。本章和第 26 章将讨论 Future，这是一种为生成值的任务定制的方案。

25.2　Future 作为同步器

注意

Java 标准库定义了接口 Future(在 Java 5 中引入)。Scala 标准库也定义了一个同名的特性。Scala 类型包含许多无法在 Java 接口中找到的函数。各种第三方库(最著名的是谷歌的 Guava)还开发过更接近 Scala Future 特性的 Future 类型，直到 Java 8 中引入了 CompletableFuture 类。Java 的 CompletableFuture 和 Scala 的 Future 目前提供了类似的机制(CompletableFuture 有更多)，这些

---

1 作为不可变列表，它们在本例中是线程安全的，但不必是线程安全的。

将在第 26 章中进行探讨。本章的重点是将 Future 用作同步器,上述 3 种类型都可以做到这一点。简单起见,本节和 25.3 节中的示例代码使用了 Java 早期的 Future。25.4 节将介绍另外两种实现。

到目前为止,通过 execute 方法使用线程池,该方法接受 Runnable 类型的参数。除了 Runnable 之外,Java 还定义了一个 Callable 接口。与 Runnable 中的 run 方法不同,Callable 中的 call 方法可以返回值[1]。Java 线程池定义了一个接受 Callable 参数的 submit 方法。当 execute 什么也不返回(即作为 void 方法)时,submit 返回一个 Future:

```scala
val exec: ExecutorService = ...

def makeStrings(n: Int, str: String): List[String] = List.fill(n)(str)

val f1: Future[List[String]] = exec.submit(() => makeStrings(5, "T1"))
val f2: Future[List[String]] = exec.submit(() => makeStrings(5, "T2"))

val strings: List[String] = f1.get() ::: f2.get()
assert(strings.size == 10)
```

代码清单 25.1　作为 Future 处理的生成值的任务

与 Runnable 的情况一样,Callable 类型的值通常要创建为 lambda 表达式。在本例中,将两个任务交给线程池,以使用方法 submit 执行。每个任务调用函数 makeStrings,不涉及赋值语句。然后,可以使用 submit 返回的 Future 来检索由使用 get 方法的任务创建的列表,并像以前一样连接这些列表。

以下是该程序的几个值得注意的方面。

- 方法 submit 和 execute 一样,通常会触发其参数的异步执行并立即返回。
- 该方法返回一个 Future,该 Future 由任务生成的值的类型参数化,在本例中,生成的值是一个字符串列表。可以将 Future 视为任务的句柄,甚至视为任务本身(正如稍后有关 FutureTask 的讨论所描述的那样,有时的确如此)。
- Future 定义了可用于检索任务生成的值的机制。在 Java Future 中,该机制就是 get 方法。
- 如果一个任务没有完成(仍在运行或尚未启动),那么其返回值不可用,并且方法 get 正在阻塞:f1.get 会一直阻塞到第一个任务完成,f2.get 则会一直阻塞到第二个任务完成。主线程在这里使用这个特性来等待两个任务完成,而不需要代码像以前那样关闭池或使用锁存器。
- 上一个程序的可变变量 strings1 和 strings2 是可赋值和任意初始化的,已被函数式、不可赋值的变量(即两个 Future)取代[2]。

---

1 另一个区别是,call 可以抛出已查出的异常。这是既不允许(Runnable 中的)run,也不允许(Function 中的)application 执行的操作。

2 这种转换类似于本书第 I 部分中讨论的从命令式编程到函数式编程的转换——例如,参考代码清单 3.2 和代码清单 3.3。

从这个例子中可以看出，Future 是同步器：可以根据任务的完成/未完成状态，使用 get 方法阻塞线程。与阻塞队列一样，Future 既是同步器，也是数据结构。任务终止后，Future 包含该任务生成的值。方法 get 不再进行阻塞，可以用来简单地访问这个值。在前面的例子中，如果主线程第二次调用 f1.get 或 f2.get，该方法将不会阻塞。

Future 非常强大，许多并发编程都可以利用它们来简化。例如，假设有一个类似于代码清单 21.4 的简单服务器：

Scala

```scala
val exec = Executors.newFixedThreadPool(16)
val server = ServerSocket(port)

def handleConnection(connection: Connection): Unit =
   val request = connection.read() // get request from client
   val data = dbLookup(request)    // search the database
   addToLog(data)                  // log the results of the search
   val ad = fetchAd(request)       // fetch a customized ad
   val page = makePage(data, ad)   // create a page
   connection.write(page)          // reply to the client
   connection.close()              // close the socket
   updateStats(page)               // record some statistics
while true do
   val socket = server.accept()
   exec.execute(() => handleConnection(Connection(socket)))
```

该服务器使用线程池并行处理传入的连接，最多可并发处理 16 个请求。然而，每个连接都是通过一系列操作按顺序处理的：首先读取请求，然后从数据库中检索数据，再获取定制广告，以此类推。

其中有些步骤可以同时执行，而不用按顺序执行。例如，通过与其他操作并行地获取广告，可以使服务器变得更快、更具响应性：

Scala

```scala
val exec1 = Executors.newFixedThreadPool(12)
val exec2 = Executors.newFixedThreadPool(8)
val server = ServerSocket(port)

def handleConnection(connection: Connection, exec: ExecutorService): Unit =
   val request = connection.read()
   val futureAd = exec.submit(() => fetchAd(request))
   val data = dbLookup(request)
   addToLog(data)
   val page = makePage(data, futureAd.get())
   connection.write(page)
   connection.close()
   updateStats(page)

while true do
```

```
val socket = server.accept()
exec1.execute(() => handleConnection(Connection(socket), exec2))
```

代码清单 25.2   响应中具有并行性的并行服务器；另请参见代码清单 26.8

从套接字读取请求后，会创建一个任务来获取定制广告。对方法 submit 的调用会立即返回一个 Future，处理请求的线程会继续进行数据库查找操作。在数据被检索和记录之后，需要用广告来组装页面。可以通过在 Future 上调用 get 来获得广告。目前有两种可能。如果广告获取任务仍在运行，则方法 get 进行阻塞。一旦广告可用，get 就会解除阻塞，页面也就组装好了。然而，如果在到达 makePage 时，广告获取任务已经完成，那么方法 get 不会进行阻塞，而是会简单地返回用于组装页面的广告。换句话说，获取广告和查询数据库的操作当下是并行进行的，并且相同的代码处理所有情况，无论广告的获取比数据库查询快还是慢。

除了无参数方法 get 之外，Java 中的 Future 还定义了方法 isDone，以便在不阻塞的情况下查询任务的状态。它可以用来实现更复杂的策略(包括轮询和阻塞的组合)。注意，代码清单 25.2 中的服务器使用了两个线程池。若使用相同的执行器来运行 handleConnection 和 fetchAd，将面临死锁的风险。26.1 节将详细讨论此问题。

25.3 超时、故障和取消

Future 会在任务完成后传送函数的结果。但是如果任务失败了，会发生什么呢？在这种情况下，Future 仍然必须完成。在 get 上等待永远不会到来的结果是没有意义的。Future 包含的不是任务的结果，而是失败的原因。在 Java 中，方法 get 会重新抛出导致任务失败的异常，但是先将其封装在 ExecutionException 中。

与几乎所有同步器一样，此处可以设置时间上边界，当到达超时边界时，线程可能被阻塞。Java 的方法 get 接受一个可选的超时参数。如果在任务生成值之前到达超时边界，则 get 的此变体将抛出 TimeoutException。

例如，如果自定义广告加载失败，可以修改代码清单 25.2 中的服务器以使用备用广告。如果在数据库查找和日志记录完成后加载时间超过 0.5 秒，则可以用默认广告替换自定义广告：

Scala

```scala
val futureAd = exec.submit(() => fetchAd(request))
... // DB lookup and logging
val ad =
  try futureAd.get(500, MILLISECONDS)
  catch
    case _: ExecutionException => failedAd
    case _: TimeoutException => futureAd.cancel(true); timeoutAd
val page = makePage(data, ad)
...
```

代码清单 25.3   处理 Future 的超时和失败

变量 ad 被设置为以下三个值之一: 如果加载在 0.5 秒内完成(未超时), 则 ad 为自定义广告; 如果加载在 0.5 秒内失败, 则 ad 为失败的广告; 或者, 如果加载在 0.5 秒之后仍在运行, 则 ad 为默认广告。在最后一种情况下, 仍在加载的广告将永远不会被使用, 并且加载可以被中断。这就是调用 cancel(true)的目的[1]。

25.4 Future 变体

25.2 节和 25.3 节中的示例代码基于 java.util.concurrent.Future(Java 的两个 Future 类型中较早的那个)编写。Java 8 则引入了创建方式略微不同的 Java.util.concurrent.CompletableFuture。例如, 代码清单 25.1 中的 f1 可以按如下方式创建为 CompletableFuture:

Scala
```scala
val f1 = CompletableFuture.supplyAsync(() => makeStrings(5, "T1"), exec)
```

或者参照如下方式创建为 CompletableFuture:

Scala
```scala
val f1 = CompletableFuture.supplyAsync(() => makeStrings(5, "T1"))
```

第二种形式使用公共线程池, 而非用户指定的线程池。

Scala 使用自己的 Future, 并指定被用作隐式参数的线程池。可以编写:

Scala
```scala
given ExecutionContext = exec

val f1 = Future(makeStrings(5, "T1")) // uses exec
```

或者:

Scala
```scala
val f1 = Future(makeStrings(5, "T1")) // uses the default thread pool in scope
```

注意, Scala 依赖于一个未求值、按名称计算的参数, 因此要避免将 lambda 表达式用作显式的 thunk(参见 12.2 节的讨论)。

有了 Scala 的 Future 和 Java 的 CompletableFuture,返回的 Future 实现了一个更丰富的接口, 该接口支持一种形式的函数并发编程, 如第 26 章所述。

---

1 cancel 中的布尔参数会影响已开始运行的任务。如果该参数为 true, 则会试图终止执行。这通常是通过中断正在运行的线程来实现的, 这可能会(也可能不会)停止任务。如果布尔值为 false, 则不会尝试停止正在运行的任务, 但 Future 任务仍会标记为已取消。Java 的新 Future 只实现了 cancel(false)语义, 而 Scala 的 Future 没有取消机制。(其原理是, 作为一种取消机制, 中断只适用于会对它做出响应的任务。例如, 执行不可中断 I/O 的任务不会对 cancel(true)做出响应。)取消正在运行的任务通常很难。第 28 章中的案例研究要求在任务开始运行后取消任务, 并实施独立于 Future 的临时取消策略。

25.5　Promise

　　Promise 是创造 Future 的内在机制，它代表了 Future 的值。从某种意义上说，数据/同步器组合中的数据部分构成了 Future。

　　Promise 可以在 Future 完成时由一个值或一个错误来实现。Promise 通常(但并不总是)由一个线程创建，并由另一个线程完成。例如，线程池创建 Future 的方式如下：提交任务的线程创建 Promise，而池中的工作线程实现它。

　　下面来看一个示例——来自 Future 伴随对象的函数 apply。它之前被用来创建 f1，回忆一下，Future(makeStrings(5, "T1"))就是 Scala 中的 Future.apply(makeStrings(5, "T1"))。可以使用 Promise 实现 apply：

Scala

```scala
import scala.concurrent.{ Future, Promise }

def apply[A](code: => A)(using exec: ExecutionContext): Future[A] =
  val promise = Promise[A]()
  exec.execute(() => promise.complete(Try(code)))
  promise.future
```

代码清单 25.4　Future.apply 的可能实现；另请参见代码清单 25.5 和代码清单 25.6

　　apply 函数是柯里化的，它的第一个参数(要执行的代码)是按名称传递的，未被求值。该函数创建一个 Promise 并返回与之关联的 Future。它还会在线程池上调度一个任务，该任务计算代码参数并通过其输出实现 Promise。方法 complete 用于实现 Promise。它使用 Try 类型的参数(参见 13.3 节)，这使得它能够处理成功和失败两种情况。此外，也可以用 Scala Promise 定义的 success 和 failure 方法分别处理这两种情况。

　　如果想编写一个类似的 apply 函数来生成 Java Future，则可以选择使用 Future 的旧实现或新实现：

Scala

```scala
import java.util.concurrent.{ CompletableFuture, Future }

def apply[A](code: => A)(using exec: ExecutionContext): Future[A] =
  val promise = CompletableFuture[A]()
  exec.execute { () =>
    try promise.complete(code)
    catch case ex: Exception => promise.completeExceptionally(ex)
  }
  promise
```

代码清单 25.5　从 CompletableFuture Promise 创建 Future

　　此变体使用的是较新的 CompletableFuture。和以前一样，创建一个 Promise，并安排一个任务来实现它。与代码清单 25.4 的一个区别是，CompletableFuture 没有使用 Try 类型，因此需要分别处理成功和错误的情况。另一个区别是，Promise 本身就是返回的 Future，类型 CompletableFuture 同时扮演两个角色[1]。

或者，可以通过使用 Java 的那个旧 Future 来实现 apply：

```scala
                                                                  ── Scala ──
import java.util.concurrent.{ Future, FutureTask }

def apply[A](code: => A)(using exec: ExecutionContext): Future[A] =
  val promise = FutureTask(() => code)
  exec.execute(promise)
  promise
```

代码清单 25.6　从 FutureTask Promise 创建 Future

类型 FutureTask 既是 Runnable 也是 Future，因此 Promise 本身会在线程池中执行，并作为 Future 返回。如果它的 run 方法失败，那么 Future 的完成会呈现异常。

25.6　示例：线程安全缓存

在代码清单 25.4~25.6 中，Promise 与线程池协同起作用，为用户提供 Future，很多其他实用的模式也都涉及 Promise 的使用。本节使用 Promise 来实现第 12 章中存储示例的线程安全变体。此处不涉及线程池，且 Future 只在内部使用，不公开可见。

问题是要缓存由函数计算的值。在代码清单 12.2 中，函数 memo 使用闭包来为给定输入的已知输出存储输入-输出对组的映射。给定函数 f，函数 g = memo(f) 计算与 f 相同的值，但有额外的缓存。然而，函数 g 包含一个可变状态(闭包内部的映射)并且不是线程安全的(即使函数 f 是线程安全的)。

为了使其线程安全，一个简单的方式可能是用线程安全的映射替换常规的 mutable.Map：

```scala
                                                                  ── Scala ──
// DON'T DO THIS!
def memo[A, B](f: A => B): A => B =
  val store = TrieMap.empty[A, B]
  x => store.getOrElseUpdate(x, f(x))
```

第 23 章中读-写锁示例使用的 TrieMap 类实现了线程安全的映射。因此，如果函数 f 是线程安全的，那么 memo(f) 当下应是线程安全的。然而，该实现存在一个重大缺陷。

假设有以下场景：函数 f 需要花费 10 秒来计算值 x_0 对应的 $f(x_0)$。函数 g 被创建为 memo(f)。线程 T_1 调用 $g(x_0)$ 并开始计算 $f(x_0)$。9 秒后，线程 T_2 也会调用 $g(x_0)$。此时，线程 T_1 仍在计算 $f(x_0)$，并且 store 映射仍然是空的。因此，方法 getOrElseUpdate 在线程 T_2 内触发 $f(x_0)$ 的第二次计算。

1　JavaScript 也将 Promise 和 Future 实现为单个的对象，但称其为 Promise，而 Java 将其称为 Future。碰巧的是，由于 Promise 目前在 Scala 中的实现方式，promise.future 和 promise 是同一对象(方法 future 只返回 this)，但通过两种不同的类型(Future 和 Promise) 来使用。

从这一刻起，线程 T_2 需要 10 秒(线程 T_1 将其添加到映射 9 秒后)才能获得值 $f(x_0)$(见图 25.1)。

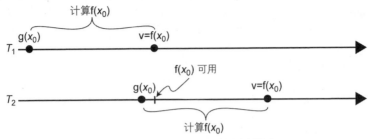

图25.1　简单的线程安全存储策略中的缺陷

最好让线程 T_2 仅花 1 秒钟等待线程 T_1 完成，然后从 store 映射中获取值，而不是启动另一个 10 秒的计算。可以通过 Promise 和 Future 来实现这种行为。

其核心理念是在线程开始计算时将 Future 添加到 store 映射中，以便其他需要相同值的线程知晓计算已经在进行中。然后，它们便可以等待这个 Future 完成，而不是开启各自的新计算。以下变体将使用 Java 的旧 Future 来实现这一策略，但也可以使用 CompletableFuture 或 Scala 的 Future 来实现这一策略：

Scala

```scala
def memo[A, B](f: A => B): A => B =
  val store = TrieMap.empty[A, Future[B]]
  x =>
    val future = store.get(x) match
      case Some(future1) => future1
      case None =>
        val task = FutureTask(() => f(x))
        store.putIfAbsent(x, task) match
          case Some(future2) => future2
          case None =>
            task.run()
            task
    future.get()
```

代码清单 25.7　一个使用 Promise 和 Future 且线程安全的内存化函数

目前，变量 store 会将类型 A 的输入映射到类型 Future[B]的输出的 Future。当线程需要值 $f(x)$时，可以从查询映射开始。如果找到了一个 Future(如 future1)，就使用它，而不是重新计算 $f(x)$。如果 x 不在映射中，则创建一个名为 task 的 Promise/Future 并将其作为 FutureTask 的实例。然后尝试将其添加到映射中。同时，如果在调用 get 方法之后，其他线程已经开始计算 $f(x)$，那么 putIfAbsent 方法不会将 task 添加到映射中，而是返回其他计算的 Future(如 future2)。在这种情况下，应使用它(并忘记 task)。如果方法 putIfAbsent 成功地将 task 添加到 store 映射中，则当前线程现在负责计算 $f(x)$。其他需要此值的线程将在映射中找到 task，并可能对其实施阻塞，直到 f 的计算完成为止。然后调用触发 $f(x)$求值的 task.run。此运行完成后，在 store 映射中对 x 进行后续查找，将找到一个完成后的 Future，并会从中检索值 $f(x)$，而不必调用 f 或阻塞方法 get。

注意，task 指的是 Promise 或 Future。事实上，它"身兼两职"，要知道，它是作为 Promise 由创建它的线程完成的，并且被任何需要计算值的线程用作 future。还要注意的是，future1 处理的是在当前调用内存化函数之前的某个时间开始的计算，而 future2 处理的是两个线程同时在同一输入上调用该内存化函数的情况：两个线程都无法在 store 映射中找到键，都试图向映射中添加 Promise，并且只有一个成功。

25.7 小结

- 生成值的任务可以作为操作实现，通常是接口 Runnable 的实例。在这种情况下，它们需要修改共享数据来存储生成的值，并且对共享可变数据的并发访问要求它们实现各自的同步。Future 是一种替代同步机制，专门为任务而设计，用于检索其他任务生成的值。

- Future 非常适合函数任务，也就是说，调用函数来生成值的任务。对于纯函数，可将所有必需的同步都嵌入 Future 中。

- 当任务被提交以执行时，线程池可以创建一个 Future。然后，Future 将充当任务的句柄。它可以用于查询任务的状态，也可作为同步器等待任务完成。任务完成后，Future 还会充当任务生成的值或错误的容器。

- 不同类型的 Future 所提供的函数各不相同。本章重点介绍 Java 的旧 Future 类型定义的基本机制。Scala 的 Future 更丰富，而 Java 的 CompletableFuture 也不逊色。第 26 章将探讨它们的附加函数。

- Future 是由 Promise 创造的。Promise 是一个容器，最初为空，可以通过设置一个值来实现，也可以在失败的情况下，通过设置一个异常来实现。Promise 可以由创建它的线程来实现(如代码清单 25.7 所示)，也可以由其他线程来实现，例如池中的线程(如代码清单 25.4~25.6 所示)。

- Promise 和 Future 紧密相连，通常是"身兼两职"的同一个对象。该术语可能有点令人困惑，因为一些人将此对象称为 Promise，而另一些人则将其称为 Future。

第 26 章
函数并发编程

函数式任务可以作为 Future 处理，以实现等待完成和检索计算值(或异常)所需的基本同步。然而，作为同步器，Future 与其他阻塞操作一样存在缺陷，包括性能成本和死锁风险。作为一种替代方案，Future 通常具备高阶方法，这些方法异步处理其值，而无阻塞。有副作用的操作可以注册为回调，但这种方式需要将函数转换应用于 Future 以产生新的 Future，本书将这种编码风格称为函数并发编程。

26.1　阻塞的正确性和性能问题

第 25 章将 Future 视为携带数据的同步器。与易错、自己动手、基于锁的策略相比，Future 特别适合用来简化并发编程(如代码清单 22.3～22.4 所示)。

然而，由于它们阻塞线程，所有同步器(包括 Future)都有同样的缺点。早些时候，我们讨论了滥用同步器的可能性，即线程最终会在一个循环中相互等待，进而导致死锁。同步死锁问题也可能发生在 Future 上，而且很可能不易被发现，例如，在单线程池上运行代码清单 25.2 中的服务器，就是一个很容易犯的错误。

在回顾这个服务器示例之前，先来看一个简单、并行的快速排序示例：

```scala
// DON'T DO THIS!
def quickSort(list: List[Int], exec: ExecutorService): List[Int] =
  list match
    case Nil => list
    case pivot :: others =>
      val (low, high) = others.partition(_ < pivot)
      val lowFuture = exec.submit(() => quickSort(low, exec))
      val highSorted = quickSort(high, exec)
      lowFuture.get() ::: pivot :: highSorted
```

代码清单 26.1　容易出现死锁的并行快速排序；另请参见代码清单 26.5

该方法与代码清单 10.1 中的快速排序实现遵循相同的模式。唯一的区别是，该方法使用单独的线程来对低值进行排序，而当前线程对高值进行排序，从而并行地对两个列表进行排序。

在对两个列表进行排序后，使用 get 方法检索排序后的低值，并像以前一样围绕中心点将这两个列表连接起来。这与服务器示例中用于获取定制广告的模式相同，只不过用于创建 Future 的任务是递归的函数本身。

起初，代码似乎运行得非常好。可以使用 quickSort 对一个较小的数字列表进行排序：

```scala
val exec = Executors.newFixedThreadPool(3)
quickSort(List(1, 6, 8, 6, 1, 8, 2, 8, 9), exec) // List(1, 1, 2, 6, 6, 8, 8, 8, 9)
```

然而，如果使用相同的包含 3 个线程的池来对列表[5, 4, 1, 3, 2]进行排序，则该函数会被卡住，且无法终止。若查看线程转储，会发现，调用 lowFuture.get 时，3 个线程都已被阻塞，处于死锁状态。

图 26.1 以树的形式显示了此时的计算状态。每个排序任务都分为 3 个分支：low、pivot 和 high。最先调用 quickSort 的线程在此处被称为 main。它将列表拆分为一个 pivot(5)、一个 low 列表([4, 1, 3, 2])和一个 high 列表([])，快速地对空列表本身进行排序，然后阻塞，等待列表[4, 1, 3, 2]的排序完成。负责对列表[4, 1, 3, 2]进行排序的线程也在执行类似的步骤，以此类推。最后，线程池中的 3 个工作线程被 3 个排序任务阻塞：[1, 3, 2]、[2]和[]。最后一项任务(对图 26.1 左下角的空列表进行排序)位于线程池的队列中，因为没有线程可以运行它。

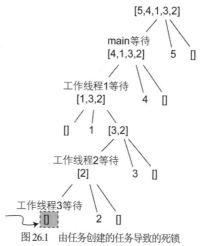

图 26.1　由任务创建的任务导致的死锁

这种快速排序的错误实现在短的 low 列表的计算中充分发挥了作用，即使 high 列表很长。例如，可以使用它在包含 3 个线程的池上对已经排序的列表[1, 2, ..., 100]进行排序。然而，当 low 列表很长时，即使 high 列表很短，该函数也会失败。在同一个包含 3 个线程的池上，它不能对列表[5, 4, 1, 3]进行排序，也不能对列表[4, 3, 2, 1]进行排序。

在同一线程池上递归地创建更多任务的任务是死锁的常见原因。事实上，这个问题非常普遍，以至于人们专门设计了线程池来处理它(参见 27.3 节)。递归任务很容易让人陷入困境，不过，只要任务在同一线程池中等待其他任务完成，那么即使没有递归，死锁的风险也仍旧存在。这正是代码清单 25.2 中的服务器使用两个独立的线程池的原因。它的 handleConnection 函数(此

处去掉了与讨论无关的代码)涉及以下步骤:

Scala

```scala
val futureAd: Future[Ad] = exec.submit(() => fetchAd(request)) // a Java future
val data: Data           = dbLookup(request)
val page: Page           = makePage(data, futureAd.get())
connection.write(page)
```

代码清单 26.2　广告抓取示例；对比代码清单 26.3 和代码清单 26.6~26.7

一个有 N 个线程的池最终可能会有 N 个并发连接，因此 handleConnection 函数会并发运行 N 次。每次运行都会向池中提交一个广告抓取任务，而没有线程执行该任务。然后，所有的运行都会被卡住，永远等待 futureAd.get。

通常，死锁并不容易避免。可能需要向池中添加许多线程，以确保不会发生死锁，但大量的线程可能会对性能造成不利影响。大多数运行很可能只会阻塞一小部分线程，远远没有达到死锁的情况，并留下太多占用 CPU 资源的活跃线程。有些情况是毫无希望的：在最坏的情况下，简单的快速排序示例需要与列表中的值一样多的线程来保证计算不发生死锁。

即使仍处于一种较好的情况，并且可以使用中等规模的池来避免死锁，等待 Future 仍然会产生不可忽略的成本。阻塞(在任何类型的同步器上，包括锁)都需要停放线程，保存其执行堆栈，然后恢复堆栈并重新启动线程。停放的线程在处理器级缓存中储存的数据还容易被其他计算覆盖，导致线程恢复执行时出现缓存丢失的情况。这可能会对性能产生严重的影响。

当然，避免死锁虽是首要关心的问题，但也不能总是忽视这些性能成本。因此，这成为减少线程阻塞的另一个重要原因。到目前为止已经提出了几种最大限度地减少阻塞的策略，其中一些详见第 27 章。接下来，将重点关注一种函数并发编程风格，通过高阶函数使用 Future 而不阻塞。它不同于我们更熟悉的依赖同步器的方案，因此需要一些时间来适应。一旦被掌握，它将是编写并发程序的一种强大方式。

26.2　回调

注意

本章中的代码示例主要基于 Scala 的 Future，这与本书首选 Scala 的原因相同：它们往往比 Java 的 CompletableFuture 更简洁(但丰富性可能无法与后者相媲美)。代码清单 26.10 和代码清单 27.9 以及第 28 章中的一些代码都使用了 CompletableFuture，附录则更多。还要注意的是，回调机制和其他关于 Future 的高阶函数通常对执行环境有要求，执行环境通常是并发应用程序中的线程池。该环境的指定方式因语言而异。若要展示更重要的概念，就没必要过度强调执行环境，以免分散注意力。本章中的大多数函数都假定了一个全局执行环境，但未明确指定。一个例外是代码清单 26.5(目的是与代码清单 26.1 保持一致)；其他函数也可以使用类似的模式，即添加一个 "(using ExecutionContext)" 参数，而不是假定一个全局环境。

回调是一段为执行而注册的代码，通常稍后执行(异步回调)。Future 的现代实现(包括 Scala 的 Future 和 Java 的 CompletableFuture)提供了回调注册机制。在 Scala 的 Future 中，使用 onComplete 方法注册回调，该方法以一个应用于 Future 结果的操作作为其参数。由于 Future 最终可能会出现异常而非得到一个值，因此回调操作的输入类型为 Try(参见 13.3 节)。

对于任务仍在进行的 Future，对 onComplete 的调用会立即返回。该操作将在 Future 完成时运行，通常在指定为执行上下文的线程池上运行：

```scala
println("START")
given ExecutionContext = ... // a thread pool

val future1: Future[Int] = ... // a future that succeeds with 42 after 1 second
val future2: Future[String] = ... // a future that fails with NPE after 2 seconds
future1.onComplete(println)
future2.onComplete(println)

println("END")
```

本例启动一个一秒钟的任务和一个两秒钟的任务，并在每个任务上注册一个简单的回调。最后生成以下形式的输出：

```
main at XX:XX:33.413: START
main at XX:XX:33.465: END
pool-1-thread-3 at XX:XX:34.466: Success(42)
pool-1-thread-3 at XX:XX:35.465: Failure(java.lang.NullPointerException)
```

可以看到主线程立即终止，回调注册几乎不需要任何时间。一秒钟后，第一个回调运行并打印出一个 Success 值。再过一秒钟，第二个回调运行并打印 Failure 值。在这个输出中，两个回调在同一个线程上运行，但不能保证总是如此。

可以在广告获取场景中使用回调，不是像代码清单 26.2 那样等待自定义广告组装页面，而是指定一旦广告可用就对其执行的操作：

```scala
val futureAd: Future[Ad] = Future(fetchAd(request))
val data: Data = dbLookup(request)
futureAd.onComplete { ad =>
  val page = makePage(data, ad.get)
  connection.write(page)
}
```

代码清单 26.3　使用 Future 中的回调获取广告的示例

连接处理线程完成数据库查找后，会在广告获取任务上注册回调操作，而不是等待任务完成。回调操作从 Try 值(假设没有错误)中提取一个自定义广告，将数据和广告组装到一个页面中，并像以前一样将页面作为回复发送回去。与代码清单 26.2 的关键区别在于此处不涉及阻塞。

26.3 Future 的高阶函数

通过使用回调来组装和发送页面，可以避免阻塞，从而消除死锁的风险。然而，因为 onComplete 的函数参数是一个针对其副作用而执行的操作，所以丧失了一些早期的函数风格。回想一下，在代码清单 25.2 所示服务器的完整版本中，组装的页面也用于保存统计信息。如果某个作为 Future 生成的值要用于多个地方，那么当用回调处理这些使用时，情况可能会变得复杂。如果该值是异步使用的，则甚至可能需要在回调中回调，这种编程的难度很高，且难以调试。更好的解决方案是将回调的无阻塞特性引入代码中，以保持函数式的风格。

在回顾 26.5 节的广告抓取示例之前，先考虑下面这个基于回调的函数：

Scala

```scala
def multiplyAndWrite(futureString: Future[String], count: Int): Unit =
  futureString.onComplete {
    case Success(str) => write(str * count)
    case Failure(e) => write(s"exception: ${e.getMessage}")
  }
```

其中，一个输入字符串正在异步生成。它被当作 Future 传递给函数 multiplyAndWrite。这个函数使用一个回调函数来使这个字符串重复多次并写出结果——在 Scala 中，"a" * 3 为 "AAA"。这种方法要求在回调操作中指定要对字符串 str * count 执行的所有操作，该字符串仅存在于此回调内部。这是导致复杂性和模块性损失的根本原因。不妨将 multiplyAndWrite 替换为 multiply 函数，因为后者会以某种方式返回字符串 str * count，并使其可用于任何需要它的代码。

然而，在这个 multiply 函数中，要进行乘法计算的字符串可能还不可用，因为它的计算可能仍在进行中。为了避免阻塞，也不能一直等它。相反，需要将已执行乘法计算的字符串本身作为 Future 返回。因此，multiply 的返回类型不是 String，而是 Future[String]。可以使用 Promise 创建要返回的 Future，如代码清单 25.4 所示：

Scala

```scala
def multiply(futureString: Future[String], count: Int): Future[String] =
  val promise = Promise[String]()
  futureString.onComplete {
    case Success(str) => promise.success(str * count)
    case Failure(e) => promise.failure(e)
  }
  promise.future
```

创建一个 Promise 来保存涉及乘法计算的字符串，并创建一个回调操作来实现 Promise。如果 Future 的 futureString 生成一个字符串，那么回调会对其执行乘法计算，并成功地实现 Promise。否则，Promise 将失败，因为没有字符串可用于乘法。

接下来是十分有趣的部分。从概念上讲，前面的代码与字符串和乘法没有什么关系。它真正做的是转化 Future 所生成的值，从而创造一个新的 Future。当然，我们以前见过这种模式的内容，例如，以高阶函数映射的形式将函数应用于选项。可以为 Future 编写一个通用的 map 函数，而非关注字符串乘法的特殊分支情况：

```scala
def map[A, B](future: Future[A], f: A => B): Future[B] =
  val promise = Promise[B]()
  future.onComplete {
    case Success(value) => promise.complete(Try(f(value)))
    case Failure(e) => promise.failure(e)
  }
  promise.future
```

此函数是为泛型类型 A 和 B(而非字符串)定义的。与函数 multiply 唯一有意义的区别是，f 可能会失败，并在 Try 中调用。因此，Promise 可能由于以下两个原因之一而失败：没有生成应用 f 的 A 类型的值，或者函数 f 本身的调用失败。

正如第 9 章和第 10 章以及本书整个第 I 部分所讨论的那样，引入 map 的美妙之处在于，它把我们带到了一个熟悉的世界——高阶函数的世界。实际上，Try 类型本身有一个方法 map，它可以用来简化 Future 上 map 的实现：

```scala
def map[A, B](future: Future[A], f: A => B): Future[B] =
  val promise = Promise[B]()
  future.onComplete(tryValue => promise.complete(tryValue.map(f)))
  promise.future
```

代码清单 26.4　重新实现 Future 的高阶函数映射

注意，由于 Try 类型，错误分支情况处理得很透明(参见 13.3 节以了解 Try 的 map 行为)。

作为值的函数和高阶函数构成函数式编程的一个基本方面。第 25 章介绍的 Future 作为一种使并发编程更具函数式风格的方式，依赖于一种协调生成值的任务的机制。一旦选择了函数式风格，就不应惊讶于高阶模式的出现。但这并没有以 map 结束。Future 上的各种高阶函数产生了功能强大且无阻塞的并发编程风格。

不需要在 Future 上重新实现 map：Scala 的 Future 已经拥有了 map 方法。可以简单地编写函数 multiply，如下所示：

```scala
def multiply(futureString: Future[String], count: Int): Future[String] =
  futureString.map(str => str * count)
```

调用 multiply 的线程不会阻塞以等待输入字符串变为可用。它本身也不会创建任何新的字符串。它只确保输入字符串在准备好后进行乘法计算，这通常是由线程池中的工作线程来执行的。

26.4 Future 的 flatMap 函数

在函数 multiply 中，字符串参数与 Future 一样是异步给定的，但计数在调用时便已为人所知，并且作为整数传递。在一个更通用的变体中，乘法计数本身可能是异步计算的结果，并作为一个 Future 传递给 multiply。在这种情况下，需要将 Future[String]类型的 futureString 和 Future[Int]类型的 futureCount 组合成 Future[String]。以下表达式：

$$futureString.map(str=>futureCount.map(count=>str*count))$$

将具有你不想要的 Future[Future[String]]类型。当然，之前(在 10.3 节中谈到选项时)进行过这种讨论，并用它来介绍过基本操作 flatMap。Scala 的 Future 也有一个 flatMap 方法：

```
                                                              Scala
def multiply(futureString: Future[String], futureCount: Future[Int]): Future[String] =
  futureString.flatMap(str => futureCount.map(count => str * count))
```

此函数中没有任何阻塞。一旦 futureString 和 futureCount 这两个 Future 都完成，就会创建新的字符串。

也可以使用其他函数来实现相同的目的。例如，可以使用 zip 将两个 Future 组合为 Future[(String, Int)]，然后使用 map 来转换这一对组：

```
                                                              Scala
def multiply(futureString: Future[String], futureCount: Future[Int]): Future[String] =
  futureString.zip(futureCount).map((str, count) => str * count)
```

甚至可以使用 zipWith，将 zip 和 map 组合成一个方法：

```
                                                              Scala
def multiply(futureString: Future[String], futureCount: Future[Int]): Future[String] =
  futureString.zipWith(futureCount)((str, count) => str * count)
```

最后两个函数可能比 flatMap/map 变体更容易读取。尽管如此，仍应记住 flatMap 的基本性质。实际上，zip 和 zipWith 可以使用 flatMap 来实现。

一位经验丰富的 Scala 程序员可能会编写如下 multiply：

```
                                                              Scala
def multiply(futureString: Future[String], futureCount: Future[Int]): Future[String] =
  for str <- futureString; count <- futureCount yield str * count
```

回想一下 10.9 节的内容，Scala 中的 for-yield 是作为 map 和 flatMap(以及 withFilter)的组合实现的。此代码将由编译器转换为早期的 flatMap/map 版本。for-yield 语法非常好用，尤其是在处理 Future 时。我十分赞同在 Scala 中编程时使用它。然而，如前所述，出于教学原因，我将继续在本书的示例中使用 map 和 flatMap。

通过使用 flatMap、zip 或 zipWith 将两个 Future 合二为一，可以将代码清单 26.1 中的并行快速排序示例重写为无阻塞函数：

```scala
def quickSort(list: List[Int])(using ExecutionContext): Future[List[Int]] = list match
  case Nil => Future.successful(list)
  case pivot :: others =>
    val (low, high) = others.partition(_ < pivot)
    val lowFuture = Future.delegate(quickSort(low))
    val highFuture = quickSort(high)
    lowFuture.flatMap(lowSorted =>
      highFuture.map(highSorted => lowSorted ::: pivot :: highSorted)
    )
```

代码清单 26.5　并行快速排序的无阻塞实现

为了避免阻塞，函数的返回类型从 List[Int]更改为 Future[List[Int]]。和前面一样，为低值排序的任务被委托给线程池。可以将其写成等效的 lowFuture = Future(quickSort(low)).flatten。使用直接递归调用对高值进行排序，然后将两个 Future 组合在一起，使其与函数 multiply 遵循相同的模式。与代码清单 26.1 相比，此处的快速排序变体不涉及阻塞，且不可能出现死锁[1]。

26.5　示例：重新访问并行服务器

配置了 Future 的标准高阶函数后，还可以改写服务器示例。首先，可将代码清单 26.3 中的回调操作替换为对 map 的调用，以从 Future[Ad]生成 Future[Page]：

```scala
val futureAd: Future[Ad] = Future(fetchAd(request))
val data: Data          = dbLookup(request)
val futurePage: Future[Page] = futureAd.map(ad => makePage(data, ad))
futurePage.foreach(page => connection.write(page))
```

代码清单 26.6　使用 Future 的 map 和 foreach 获取广告示例

通过将广告与已从数据库中检索到的数据相结合，可以使用 map 将广告转换为完整页面。当下有了一个 Future[Page]，可以在任何需要页面的地方使用它。特别是，将页面发送回客户端的操作是一个无值操作，回调自然适合此操作。为了教学目的，这段代码使用 foreach 而非 onComplete 注册回调。这两种方法的不同之处在于 foreach 不处理错误：如果 Future 失败，则其操作将不会运行。

在代码清单 26.6 中，连接处理线程查询数据库，同时在后台获取自定义广告。或者，可以

---

1 这一实现仍然不高效。它的主要问题是为非常小的列表(甚至空列表)创建了单独的排序任务。更务实的实现会在某个时候停止并行化，并在当前线程中对短列表进行排序。例如，Java 的 Arrays.parallelSort 函数会在子数组具有 8 192 个或更少的元素后，停止将子数组分发到单独的线程。

将数据库查找切换到另一个线程，从而生成 Future[Data]类型的值。然后，使用 flatMap/map 组合这两个 Future：

Scala

```scala
val futureAd: Future[Ad]   = Future(fetchAd(request))
val futureData: Future[Data] = Future(dbLookup(request))
val futurePage: Future[Page] =
   futureData.flatMap(data => futureAd.map(ad => makePage(data, ad)))
futurePage.foreach(page => connection.write(page))
```

代码清单 26.7　使用 Future 的 flatMap 和 foreach 获取广告的示例

这个代码的有趣之处在于，执行它的线程不执行任何数据库查找、广告获取或页面组装和编写。它只是创建 Future，并在 Future 上调用无阻塞的高阶方法。如果以相同的风格编写连接处理代码的其余部分，那么最终会得到一个完全异步且无阻塞的 handleConnection 函数：

Scala

```scala
given exec: ExecutionContextExecutorService =
   ExecutionContext.fromExecutorService(Executors.newFixedThreadPool(16))
val server = ServerSocket(port)

def handleConnection(connection: Connection): Unit =
   val requestF  = Future(connection.read())
   val adF       = requestF.map(request => fetchAd(request))
   val dataF     = requestF.map(request => dbLookup(request))
   val pageF     = dataF.flatMap(data => adF.map(ad => makePage(data, ad)))
   dataF.foreach(data => addToLog(data))
   pageF.foreach(page => updateStats(page))
   pageF.foreach(page => { connection.write(page); connection.close() })

while true do handleConnection(Connection(server.accept()))
```

代码清单 26.8　一个完全无阻塞的并行服务器

handleConnection 函数先向线程池提交一个任务，该任务从套接字读取请求并生成一个 Future：requestF。从那时起，代码通过调用 Future 的高阶函数来继续运行。先使用 map 在读取请求后按计划展开广告获取任务。这个调用会生成一个 Future：adF。数据库查找 Future——dataF 也以同样的方式创建。与前面一样，使用 flatMap 和 map 将两个 Future(dataF 和 adF)组合成一个 Future——pageF。最后，注册 3 个回调操作：一个在 dataF 上用于日志记录，两个在 pageF 上用于统计记录和回复客户端。

运行函数 handleConnection 的线程不会执行实际的连接处理工作。线程只是创建 Future 并调用 Future 上的非阻塞函数。运行 handleConnection 的整个主体所花费的时间可以忽略不计。特别是，可以让侦听线程自己执行此操作，这与代码清单 25.2 相反(代码清单 25.2 为此目的创建了一个单独的任务)。

处理请求时需要进行的各种计算相互依赖，如图 26.2 所示。代码清单 26.8 中实现的服务器会在其依赖项完成后立即执行任务，除非池中的 16 个线程都很忙。实际上，当任务有资格跨请求边界运行时，这 16 个线程会从一个计算跳到另一个计算，如获取广告、日志记录、构建页面等。它们从不阻塞，除非根本没有任务要运行。此实现最大限度地提高了并行性，并且没有死锁。

图 26.2　服务器示例中的活动依赖关系

可以使用 Java 的 CompletableFuture(而非 Scala Future)来实现代码清单 26.8 中的服务器(有关纯 Java 实现，参见附录 A.14)。然而，注意，CompletableFuture 倾向于使用不太标准的名称：thenApply、thenCompose 和 thenAccept 分别相当于 map、flatMap 和 foreach。

并发编程的一个特点是，非阻塞方法往往会使超时的处理变得更加困难。例如，若希望在从数据库中检索到数据后，服务器等待定制广告的时间不超过 0.5 秒。那么在阻塞样式中，可以通过在调用 futureAd.get 时添加超时参数来轻松实现这一点，如代码清单 25.3 所示。当使用非阻塞样式时，它可能更具挑战性。

在这里，CompletableFuture 比 Scala 的 Future 更有优势。前者定义了一个方法 completeOnTimeout，以在设定的超时后用一个替代值来完成 Future。如果 Future 已经结束，那么 completeOnTimeout 将无效。可以使用它来获取默认广告：

```scala
                                                              Scala
val adF: CompletableFuture[Ad] = ...
...
adF.completeOnTimeout(timeoutAd, 500, MILLISECONDS)
```

Scala 的 Future 类型没有这样的方法，这使得超时广告的实现更加困难。可以自己创建一个 Promise，并在需要时依靠外部计时器来完成。首先，创建一个作为调度线程池的计时器：

```scala
                                                              Scala
val timer = Executors.newScheduledThreadPool(1)
```

然后，在数据库查找完成时创建一个 Promise：

```scala
                                                              Scala
val pageF = dataF.flatMap { data =>
  val safeAdF =
    if adF.isCompleted then adF
    else
      val promise = Promise[Ad]()
      val timerF =
        timer.schedule(() => promise.trySuccess(timeoutAd), 500, MILLISECONDS)
      adF.foreach { ad =>
        timerF.cancel(false)
```

```
        promise.trySuccess(ad)
      }
      promise.future
  safeAdF.map(ad => makePage(data, ad))
}
```

此代码在 Future dataF 完成时(即数据库中的数据可用时)运行。如果此时广告已准备就绪(即 adF.isCompleted 为 true)，就可以使用它。否则，需要确保广告能很快可用。为此，可创建一个 Promise，并使用计时器在 0.5 秒后使用默认广告来履行该 Promise。还可以向 adF 添加一个回调操作，该操作将尝试实现相同的 Promise。无论先运行的是计时器任务还是自定义广告任务，先运行的任务的值都会被用来设置 Promise[1]。调用 timerF.cancel 并不是绝对必要的，但如果定制广告及时可用，则该调用可以用来避免创建不必要的默认广告。

在最后一个案例研究中，代码清单 28.4 将使用类似的策略，通过 completeOnTimeout 方法扩展 Scala Future。

26.6 函数并发编程模式

Future 和高阶函数都是强大的抽象。它们结合在一起会形成一个强有力的组合，只是需要一些努力才能掌握。即便如此，这也是一项值得做的研究。本节将讲解在进行函数并发编程时应牢记的一些准则。

flatMap 作为阻塞的替代方案

高阶函数是对不必编写的代码的抽象。它们很方便，但通常可以用手写实现来代替。例如，如果 opt 是一个选项，那么 opt.map(f)也可以写成：

Scala

```
opt match
  case Some(value)  => Some(f(value))
  case None         => None
```

然而，在 Future 的 case 分支中，高阶函数是难以直接实现的计算的替代方案。如果 fut 是一个 Future，那么能用什么来代替 fut.map(f)呢？Future 不能简单地"被打开"以访问其值，因为其值可能还不存在。除了创建和阻塞额外的线程之外，没有替代方案可以使用高阶函数在 Future 中操作。

在处理 Future 时，可以使用高阶函数来利用函数式编程技能。例如，早些时候，我们在选项上使用 flatMap 来链接计算，这些计算可能会产生值，也可能不会产生值。可以在 Future 上以类似的方式使用 flatMap 来链接计算，这些计算可能是(也可能不是)异步的。可以将异步步骤定义为从 A 到 Future[B]的函数，而非从 A 到 Option[B]的"可选"步骤。

---

1 之所以使用方法 trySuccess，是因为方法 success 在已完成的 Promise 上调用时失败，并出现异常。

例如，10.3 节中使用的 3 个可选函数可被更改来表示异步步骤：

Scala

```scala
def parseRequest(request: Request): Future[User] = ...
def getAccount(user: User): Future[Account] = ...
def applyOperation(account: Account, op: Operation): Future[Int] = ...
```

然后可以使用 flatMap 链接步骤：

Scala

```scala
parseRequest(request)
  .flatMap(user => getAccount(user))
  .flatMap(account => applyOperation(account, op))
```

代码清单 26.9　使用 flatMap 的 Future 管道函数

代码清单 26.9 中的表达式与代码清单 10.5 中的表达式完全相同，只是它生成的值类型为 Future[Int]而非 Option[Int]。

同步和异步计算的统一处理

可以通过组合类型 A => B(使用 map)的步骤和类型 A => Future[B](使用 flatMap)的步骤来统一处理同步和异步操作。不过，如果只使用形式为 A=>Future[B]的步骤(与 flatMap 相结合)，通常更方便。当需要时，同步步骤可以作为已经完成的 Future 来实现。这种设计提升了灵活性：它使你可以更轻松地用异步步骤取代同步步骤，反之亦然。

例如，如果账户只是存储在映射中，则可以在调用线程中同步实现前面示例中的 getAccount 函数：

Scala

```scala
val allAccounts: Map[User, Account] = ...
def getAccount(user: User): Future[Account] = Future.successful(allAccounts(user))
```

这个函数会返回一个已经完成的 Future，并且不涉及任何额外的线程。如果需要异步获取账户，则可以在不修改其签名的情况下重新实现该函数，并使所有使用它的代码保持不变，如代码清单 26.9 所示。

故障的函数式处理

异常通常是在线程中抛出和捕获的。它们不会自然地从一个线程传播到另一个线程，并且不适合多线程编程。相反，最好采用第 13 章中讨论的错误处理的函数式方案。

依赖类型 A => Future[B](而非 A => B)的计算的另一个好处是，Future 也可以携带故障，在 Scala 中，可以将 Future 视为异步 Try。例如，可以通过以下方式改进 getAccount 函数，确保它总会产生一个 Future，即使没有找到用户，也是如此：

Scala

```scala
def getAccount(user: User): Future[Account] = Future.fromTry(Try(allAccounts(user)))
```

这样一来，像 getAccount(user).onComplete(...)这样的表达式仍然会执行回调操作。如果

getAccount 抛出异常，则表明此操作不正确。失败的 Future 可以采用 Scala 中的 recover 或 Java 中的 exceptionally 等专用函数来处理。

简单起见，代码清单 26.8 中的连接处理函数不处理错误。可以使用标准的 Future 函数来提升服务器的健壮性。例如，"创建页面失败"可以通过转换 pageF 来处理：

```scala
val safePageF: Future[Page] = pageF.recover { case ex: PageException => errorPage(ex) }
```

或者通过添加故障回调来处理：

```scala
pageF.failed.foreach { ex =>
  connection.write(errorPage(ex))
  connection.close()
}
```

之后要么运行使用 pageF.foreach 指定的回调操作，要么运行使用 pageF.failed.foreach 指定的回调操作，但两者不能同时运行。

非阻塞 "join" 模式

在服务器示例中，pageF 是通过使用 flatMap 组合两个 Future(dataF 和 adF)来创建的。可以使用相同的方式组合 3 个或多个 Future：

```scala
val f1: Future[Int] = ...
val f2: Future[String] = ...
val f3: Future[Double] = ...

val f: Future[(Int, String, Double)] =
  f1.flatMap(n => f2.flatMap(s => f3.map(d => (n, s, d))))
```

不过，这不会扩展到更大数量的 Future。比较有意思且常见的情况是，将 N(任意数量)个相同类型的 Future 组合为一个 Future。在服务器示例中，客户端可能从 N 个并行执行的数据库查询中获取数据：

```scala
def queryDB(requests: List[Request]): Future[Page] =
  val futures: List[Future[Data]] = requests.map(request => Future(dbLookup(request)))
  val dataListF: Future[List[Data]] = Future.sequence(futures)
  dataListF.map(makeBigPage)
```

第一行使用 map 创建数据库查询任务列表，一个任务对应一个请求。这些并行运行的任务形成了一个 Future 的列表。queryDB 中的关键步骤是调用 Future.sequence。此函数使用类型为 List[Future[A]] 的输入来生成类型为 Future[List[A]] 的输出。当所有输入 Future 都完成时，其返回的 Future 就完成了，并且它们所有的值会作为列表(假设没有错误)包含在输出中。调用 Future.sequence 的目的与 fork-join 模式的 "join" 部分相同，但无阻塞。最后一步使用从 List[Data]

到 Page 的 makeBigPage 函数来构建最终页面。

截至本书撰写之时，CompletableFuture 还没有标准的 sequence 函数，但可以使用 thenCompose(相当于 flatMap)和 thenApply(相当于 map)实现自己的 sequence 函数：

```scala
def sequence[A](futures: List[CompletableFuture[A]]): CompletableFuture[List[A]] =
  futures match
    case Nil => CompletableFuture.completedFuture(List.empty)
    case future :: more =>
      future.thenCompose(first => sequence(more).thenApply(others => first::others))
```

代码清单 26.10　将多个 CompletableFuture 的列表合并为一个列表，而无阻塞

此函数使用递归来嵌套对 thenCompose(flatMap)的调用。在递归分支中，sequence(more)是一个 Future，它将包含除第一个之外的所有输入 Future 的值。然后，根据前面用于合并两个 Future 的模式(如代码清单 26.5 和代码清单 26.7~26.8 所示)，使用 thenCompose 和 thenApply(flatMap 和 map)组合这个 Future 和第一个输入 Future。

非阻塞 fork-join 模式

queryDB 函数使用一个 fork-join 模式，其中 sequence 实现了"join"部分，而没有阻塞。fork-join 是一种非常常见的模式，Scala 中定义的 traverse 函数同时实现计算的"fork"和"join"部分。可以将其用于 queryDB 的更简单的实现：

```scala
def queryDB(requests: List[Request]): Future[Page] =
  Future.traverse(requests)(request => Future(dbLookup(request))).map(makeBigPage)
```

与 sequence 处理 Future 列表的方式不同，traverse 函数使用输入列表和从输入到 Future 输出的函数。它通过将函数应用于所有输入来"分散"一组任务，然后按顺序将任务"聚集"到一个单独的 Future，而无阻塞。

26.7　小结

- 当用作同步器时，Future 需要线程潜在地阻塞并等待访问正在计算的值。阻塞和非阻塞线程的性能成本不可忽略。更糟糕的是，阻塞以等待在同一组线程上运行的其他任务的任务很容易导致死锁。并非总能通过增加池中的线程数量来避免这些死锁，而且即使可以做到，较大的池容量往往会导致效率低下。
- 回调可以作为阻塞的替代方案。它们在 Future 准备就绪时触发计算，而不必明确等待这个 Future 完成。回调可能很复杂，Future 的值可以以任意方式使用，并且可能导致生成复杂的代码，尤其是当涉及回调中的回调时。

- 通过在 Future 上定义非阻塞的高阶函数，可以为并发编程带来从操作到函数的转变，这是函数式编程的核心。与基于效果的回调不同，Future 的值将以函数方式处理，但要异步处理。

- 由此产生的函数并发编程风格不将 Future 用作同步器，从而避免了许多死锁场景和与阻塞相关的性能成本，并且避开了回调的固有复杂性。

- Future 的高阶函数可用于转换值、异步组合多个计算或从故障中恢复。事实证明，同样的高阶函数对函数式编程非常有益，特别是 map、flatMap、foreach 和 filter，为开发人员提供了工具，使其可以根据一些模式来编排复杂的并发计算，从而最大限度地提高并发性，同时避免阻塞。

- 特别地，函数 flatMap 和 map 可以用来以一种统一的方式组合计算，这些计算可能是同步的或异步的，也可能是失败的或成功的。它们还可以用来在不阻塞线程的情况下实现(概念上)等待任务完成的模式，例如 fork-join 模式。

- 要适应函数并发编程，需要在程序设计上进行转变，远离锁和同步器。这最初可能需要一些努力，就像从命令式编程转移到函数式编程时需要丢弃赋值和循环一样。然而，一旦习惯于此，这种编程风格通常比其他编程风格更便捷且更少出错。

第 27 章
最小化线程阻塞

第 26 章提倡以最小化线程阻塞的编程风格对 Future 进行函数式使用。多年来，人们一直在努力避免不必要的线程阻塞以提升性能[1]。本章提及的一些流行的技术，不仅可以阻塞线程，还通常可以用于避免锁和其他同步器的使用。

27.1　原子操作

本章的第一个示例涉及前面示例中使用的类 java.util.concurrent.AtomicInteger。使用锁，可以轻松地在 Java[2]中实现线程安全的可变整数：

```java
                                                                    Java
// THIS IS NOT java.util.concurrent.AtomicInteger!
private int value = 0;

public synchronized int get() {
   return value;
}

public synchronized int incrementAndGet() {
   value += 1;
   return value;
}
```

这个代码正确且线程安全，但却不一定有效。如果两个线程共享这样一个整数，并且同时调用 incrementAndGet，那么将会发生的一种情况是，一个线程成功地获取对象的内部锁，而另一个线程被阻塞。这并不是所期望的，因为与其他线程执行 value += 1 所需的时间相比，阻塞和取消阻塞此线程将花费更多的时间。当锁不可用时，即便是浪费几个 CPU 周期，也好过阻塞

---

1 这一进程仍在继续。特别是在 JVM 上，它被称为 Project Loom，具体参见 https://openjdk.org/jeps/425。
2 第一个代码示例是用 Java 编写的，这不仅是因为标准 AtomicInteger 是一个 Java 类，还因为它使用了 Scala 中不可用的构造——原子更新器。

线程, 直到另一个线程完成整数的递增[1]。

实际的 AtomicInteger 类不使用锁。在概念上，其实现方式如下：

Java

```java
public class AtomicInteger {

  private static final AtomicIntegerFieldUpdater<AtomicInteger> updater
    = newUpdater(AtomicInteger.class, "value");

  private volatile int value;

  public int get() {
    return value;
  }

  public int incrementAndGet() {
    while (true) {
      int current = value;
      int next = current + 1;
      if (updater.compareAndSet(this, current, next))
        return next;
    }
  }
  ...
```

代码清单 27.1　类 AtomicInteger 在 Java 中的概念实现

没有任何方法是同步的，而且实现也不依赖于任何锁机制。相反，变量值是可变的，并且在访问时不需要锁。

整数的读取不是问题：方法 get 只是读取并返回 value。然而，方法 incrementAndGet 提出了一个原子性方面的挑战。你需要避免一种情况：并发地进入该方法的两个线程覆盖彼此的更新(参见 18.1 节中的讨论)。

该实现基于比较并设置(compare-and-set，CAS)操作：

$$compare\text{-}and\text{-}set(target, expectedValue, newValue)$$

此表达式将目标设置为一个新值，但前提是目标等于期望值。如果目标与预期值不同，则 CAS 操作不会对其进行修改。从语义上讲，这相当于 if (target == expected) target = newValue，但先检查再执行操作是以原子方式执行的。如果目标更新成功，则 CAS 返回 true，否则返回 false[2]。

代码清单 27.1 中 updater 的作用是在类的 value 字段上提供一个 CAS 操作[3]。这提供了一个

---

1 出于这个原因，现代 JVM 实现通常不会在锁不可用时立即停止线程，而是先旋转一段时间，这样一来，如果锁很快可用，就不会浪费太多时间。

2 比较并设置操作有时也称为比较并交换操作。不同之处在于，比较并交换操作在交换之前返回变量的值，而比较并设置操作返回布尔值。

3 java.util.concurrent 中的实际 AtomicInteger 类使用不同的更新器，但原理是相同的。

原子性先检查再执行操作，足以安全地实现 incrementAndGet。首先，将 value 中的数字读入一个局部变量 current。然后，使用 CAS 更新 value：如果它仍然等于 current，那么将其替换为 next，即 current+1。如果 CAS 失败并返回 false，则表示另一个线程在读取后修改了 value。在这种情况下，使用循环读取 value 的新内容，并再次尝试增量操作。

完成这种实现的一种方式是，线程不使用锁来防止干扰，而是在没有其他线程会干扰其操作的乐观假设下进行。但是，如果确实发生了干扰，则会从 CAS 的故障中检测到干扰，然后重新启动操作。

当两个线程同时修改一个原子整数时，一个线程可能会计算两次 next = current + 1，但与阻塞和取消阻塞线程所需的时间相比，此额外增量计算的成本可以忽略不计。即使涉及两个以上的操作，并且一些线程在 CAS 成功之前多次重复循环，这种非锁定策略也往往优于基于锁的策略，除非线程数达到极限。

Java 标准库定义了其他具有原子操作的类型，如 AtomicLong 和 AtomicBoolean。下面以后者为例，尝试在不使用任何锁的情况下重写代码清单 22.4 中的线程安全框：

Scala

```scala
class SafeBox[A]:
  private var contents: A = uninitialized
  private val filled    = CountDownLatch(1)
  private val isSet      = AtomicBoolean(false)

  def get: A =
    filled.await()
    contents

  def set(value: A): Boolean =
    if isSet.get || isSet.getAndSet(true) then false
    else
      contents = value
      filled.countDown()
      true
```

代码清单 27.2 有一个锁存器但没有锁的线程安全盒子

方法 get 是通过在锁存器打开后简单地读取内容来实现的(如代码清单 22.8 所示)。在 set 内部，可以使用一个原子布尔值来确保只有一个线程成功设置了盒子(box)。布尔值最初为 false，并且只能使用 getAndSet 将其从 false 翻转为 true 一次。AtomicBoolean 的实现保证，如果多个线程对一个 false 布尔值调用 getAndSet(true)，则该方法仅对一个线程返回 false，而对所有其他线程返回 true。在内部，getAndSet 使用 CAS 实现为循环。

isSet.get 测试并非绝对必要：如果布尔值已经为 true，那么这是一种性能优化，可以避免成本更高的 getAndSet。代码清单 22.4 中所需的选项的 nonEmpty 测试不需要再使用。由于性能原因，无用的选项会被删除，变量 contents 现在具有类型 A 而非 Option[A]。

27.2　无锁数据结构

比较并设置操作并不局限于诸如整数和布尔值之类的基元类型。事实上，它们也可以作为
AtomicReference 类的方法在对象引用中使用。这使你可以在不锁定的情况下以原子方式更新指
针，而这也正是无锁算法的基础。

例如以下基于锁的线程安全堆栈实现：

Scala

```scala
private class Node[A](val value: A, val next: Node[A])

final class Stack[A]:
  private var top: Node[A] = null

  def peek: Option[A] = synchronized {
    if top == null then None else Some(top.value)
  }

  def push(value: A): Unit = synchronized {
    top = Node(value, top)
  }

def pop(): Option[A] = synchronized {
  if top == null then None
  else
    val node = top
    top = node.next
    Some(node.value)
  }
```

需要锁定来为 push 和 pop 带来原子性。例如，如果没有同步，那么两个并发的 push 调用
便可读取相同的 top 值，并创建两个节点——V_1 和 V_2，这两个节点都引用它(见图 27.1)。然后，
如果更新 top 以指向节点 V_1，就会丢失 V_2 值，反之亦然。

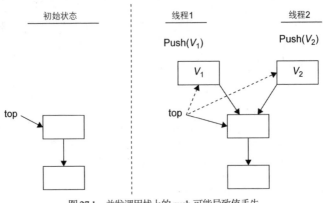

图 27.1　并发调用栈上的 push 可能导致值丢失

为了避免锁定，可以将 top 改为原子引用，并使用 CAS 更新它。这样，失败的 CAS 可用于检测并发修改堆栈的尝试：

Scala

```scala
import java.util.concurrent.atomic.AtomicReference

private class Node[A](val value: A, var next: Node[A])

final class Stack[A]:
  private val top = AtomicReference[Node[A]]()

  def peek: Option[A] = top.get match
    case null => None
    case node => Some(node.value)

  def push(value: A): Unit =
    val node = Node(value, top.get)
    while !top.compareAndSet(node.next, node) do node.next = top.get

  @tailrec
  def pop(): Option[A] = top.get match
    case null => None
    case node => if top.compareAndSet(node, node.next)
                 then Some(node.value) else pop()
```

代码清单 27.3　线程安全堆栈的无锁实现(Treiber 的算法)

方法 peek 与以前的没有太大区别：它会读取顶部节点并返回其值(如果值不是 null)。不需要原子性，而且 top 就好像被用作简单的 volatile 变量一样。另外两个方法更为复杂。

在 push 中，首先创建一个新节点，该节点引用 top 的当前值作为自己的 next 指针。然后更新 top 以指向这个新节点(在图 27.2 中，让 top 指针向上移动)。如果另一个线程(在 push 或 pop 中)同时修改 top，则可以使用 CAS 完成此操作。如果 CAS 失败，则更新节点的 next 指针以引用新的 top 值，并再次尝试更新 top。类似地，pop 使用 CAS 尝试将 top 更新为 top.get.next(在图 27.2 中向下移动顶部指针)，如果 CAS 失败，则重试 pop 操作[1]。

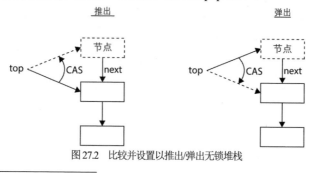

图 27.2　比较并设置以推出/弹出无锁堆栈

---

1 方法 pop 使用尾递归进行重试；而方法 push 使用循环，因为循环使你能更轻松地跨 CAS 操作重用同一节点，递归则需要引入额外的方法。

在这个堆栈示例中,可以看到无锁算法明显比有锁算法更复杂。java.util.concurrent 中的许多线程安全数据结构都基于无锁算法,包括内部用于实现同步器的结构,例如等待线程的队列。因为一个操作需要更新多个非原子操作的引用,所以其中一些线程非常棘手——即使在 AtomicReference 的实例上使用 compareAndSet 时也是如此。

即使同时(并发)修改了目标值,只要将该值修改回其期望值,CAS 仍旧可以成功,这种情况称为 ABA 问题。例如,AtomicBoolean 上的 compareAndSet(false, true)可能无法注意到"将布尔值从 false 改为 true 然后又将其改为 false"的并发交互之举。如果算法需要检测这样的变化,可以使用 AtomicStampedReference 类。这个类会将一个整数计数器添加到引用中,以区分相同的值[1]。

27.3　fork/join 池

注意

27.3 节 ~ 27.6 节基于第 26 章中的广告获取示例来讲解各种框架。这个例子不一定是这些框架优势的最佳例证,其目的只是便于比较不同的方案,并强调它们都可用于实现相同的非阻塞计算。

在第 26 章中,我曾使用一个递归任务的例子来讨论阻塞的危险:一个快速排序任务启动另一个快速排序任务并等待其完成(见代码清单 26.1)。这导致线程等待任务,而任务等待线程执行,因此很可能导致死锁。

为了更好地处理创建其他任务的常见任务模式,Java 并发库定义了一种特殊形式的线程池——ForkJoinPool。该池实现了与常规池相同的函数,但也有一个专用机制,使任务能够在不阻塞工作线程的情况下创建任务(fork)和等待任务完成(join)。方法 join 的实现方式是,如果要合并的任务没有完成,工作线程会检索并启动另一个计划执行的任务[2]。只要任务没有被设置为在一个周期中相互等待,这就会使线程保持活跃状态,并在整个任务中不断取得进展,从而避免死锁。

为了说明这种非阻塞 join 的使用,下面使用 ForkJoinPool 为数据库查找和定制广告的获取并行执行的示例重写解决方案:

Scala

```scala
import java.util.concurrent.ForkJoinTask

val futureAd: ForkJoinTask[Ad]     = ForkJoinTask.adapt(() => fetchAd(request)).fork()
val futureData: ForkJoinTask[Data] = ForkJoinTask.adapt(() => dbLookup(request)).fork()
```

---

1 现代处理器提供了一种替代 CAS 的方案,该方案被称为负载链接/存储条件(LL/SC),这是一对带括号的指令,可以独立于加载和存储的值来检测加载和存储之间的干扰,因此对 ABA 问题不敏感。

2 ForkJoinPool 类实现了一种工作窃取模式,在该模式中,每个工作线程都维护自己的任务队列,并在没有工作时从其他工作线程"窃取"任务。与单个队列模型相比,这种方案的优点是,可以将新创建的任务添加到当前工作线程的队列中,以便以后进行处理,而不会干扰其他线程。这成为一个非常受欢迎的功能,以至于 Java 后来引入了一个 newWorkStealingPool 方法,使该模式独立于 fork/join 机制。

```
val data: Data          = futureData.join()
val ad: Ad              = futureAd.join()
val page: Page          = makePage(data, ad)
```

代码清单 27.4　使用 ForkJoinPool 的非阻塞并发示例

即使广告或数据还不可用，调用 futureData.join() 和 futureAd.join() 也不会阻塞线程。将此实现与代码清单 25.2 进行对比，可以发现代码清单 25.2 使用常规 Future 的 get 方法来检索广告，如果广告获取任务仍在运行，则可能会导致工作线程阻塞。

实际上，代码清单 27.4 中的实现等效于代码清单 26.7，后者使用 flatMap 和 map 以非阻塞的方式将广告与数据库数据相结合。代码清单 27.4 的主要好处是，它在风格上更接近于代码清单 25.2 所示的熟悉(但阻塞的)变体。

有了 fork 和 join，就有了一种机制，可以让一个任务在不阻塞线程的情况下等待另一个任务。然而，如果使用锁、信号量或阻塞队列，仍然可以阻塞线程。为了真正利用 ForkJoinPool 的优势，需要避免使用同步器。如果一定要阻塞一个线程，框架会定义一个 ManagedBlocker 接口，它可以用来指示一个线程即将阻塞。这使得池可以适当地创建额外的线程，以维持所需的并行度。

27.4　异步编程

代码清单 27.4 所示的等待而不阻塞的编程思想也可以在其他编程模型中找到。它们往往侧重于使代码异步(而非并发)，但通常也可配置为支持并发。例如，在 Scala 中，可以使用一个实验性的异步框架以标准的样式实现广告获取和数据库查找并行执行的示例：

Scala

```
import cps.compat.sip22.{ async, await }

async {
    val futureAd: Future[Ad]      = Future(fetchAd(request))
    val futureData: Future[Data]  = Future(dbLookup(request))
    val ad: Ad                    = await(futureAd)
    val data: Data                = await(futureData)
    val page: Page                = makePage(data, ad)
}
```

代码清单 27.5　使用 async/await 构造的非阻塞并发示例

方法 wait 将挂起异步块的执行，直到其目标 Future 完成，但它不会阻塞线程，线程将继续在其他地方运行代码。该实现再次遵循了传统的阻塞风格，但在行为上与代码清单 26.7(使用 flatMap/map)或代码清单 27.4(使用 ForkJoinPool)相当[1]。

---

1 此例使用了 Ruslan Shevchenko 的一个非标准库，它实际上会在编译时将 async/await 代码转换为对 map/flatMap 的相应调用。

因为 Scala 已经定义了一个优雅的 for-yield 构造来处理 flatMap 和 map，所以它不像其他一些语言那样关注这种编程风格。例如，Kotlin 通过其协同程序提供了更丰富的构造。可以使用协同程序来实现广告获取示例：

```kotlin
import kotlinx.coroutines.*

coroutineScope {
  val futureAd: Deferred<Ad>     = async { fetchAd(request) }
  val futureData: Deferred<Data> = async { dbLookup(request) }
  val data: Data                 = futureData.await()
  val ad: Ad                     = futureAd.await()
  val page: Page                 = makePage(data, ad)
}
```

代码清单 27.6 使用 Kotlin 协同程序的非阻塞并发示例

在 Kotlin 中，async 构造用于启动协同程序并生成一个 Deferred 对象。就像 ForkJoinTask 一样，这是一种 Future。它实现了一个方法 wait，该方法类似于 ForkJoinTask 上的 join，可以用来等待 Future 的完成，而不会阻塞当前线程。该代码与代码清单 27.4~27.5 中的代码非常相似。

Kotlin 协同程序的一个优点是，除了完成任务之外，它们还实现了其他非阻塞同步。例如，Mutex 实现了一个互斥锁，其中 lock 方法会在不阻塞线程的情况下暂停代码的执行，Semaphore 实现了一种信号量，其中 acquire 方法在不阻止线程的情况下挂起代码的执行。

对于消息传递应用程序，Channel 定义了发送和接收消息的方法，这些方法在概念上等待(如果通道已满或为空)但不阻塞当前线程。Go 是另一种强调这种编程风格的流行语言。例如，它的 "goroutines" 可以在通道上等待传入消息，但不会阻塞执行它们的线程。使用通道(或设计为不阻塞线程的其他同步器)进行通信的协同程序已成为实现非阻塞并发的一种流行方式。

27.5 actor

actor 是一种经典的基于消息的模型，通过 Erlang 等语言和 Akka 等库得以重新流行。actor 通常不共享可变数据，而是通过发送和接收(不可变的)消息进行通信。在 actor 中，所有消息都是按顺序处理的，从而允许 actor 依赖于线程不安全的内部数据结构。当 actor 没有消息要处理时，它保持被动状态，但不会阻塞线程。相反，线程可用于运行其他 actor，使得少数线程可以处理大量 actor，就像协同程序一样。

可以使用 Akka actor 重新实现广告获取和数据库查找并行执行的示例：

```scala
import akka.actor.typed.{ ActorRef, Behavior }
import akka.actor.typed.scaladsl.Behaviors

case class RequestMsg(replyTo: ActorRef[PageMsg], request: Request)
```

```
case class AdMsg(ad: Ad)
case class PageMsg(page: Page)

def requestHandling(): Behavior[RequestMsg] =
  Behaviors.receivePartial {
    case (context, RequestMsg(replyTo, request)) =>
      val dbQueryingActor = context.spawnAnonymous(dbQuerying(replyTo, request))
      context.spawnAnonymous(adFetching(dbQueryingActor, request))
      Behaviors.same
  }

def adFetching(replyTo: ActorRef[AdMsg], request: Request): Behavior[Nothing] =
  Behaviors.setup { context =>
    val ad = fetchAd(request)
    replyTo ! AdMsg(ad)
    Behaviors.stopped
  }

def dbQuerying(replyTo: ActorRef[PageMsg], request: Request): Behavior[AdMsg] =
  Behaviors.setup { context =>
    val data = dbLookup(request)

    Behaviors.receiveMessagePartial {
      case AdMsg(ad) =>
        val page = makePage(data, ad)
        replyTo ! PageMsg(page)
        Behaviors.stopped
    }
  }
```

代码清单 27.7 使用 actor 的非阻塞并发示例

代码清单 27.7 定义了一个 requestHandling actor 来处理 RequestMsg 类型的消息，其中包含一个请求和一个指示将最终页面发送到哪里的 replyTo 地址。在收到请求后，该 actor 会生成两个新的 actor——adFetching 和 dbQuery，前者用于获取自定义广告，而后者用于查询数据库。为 adFetching 提供 dbQuery 的地址，这样它就可以在广告被提取后发送广告。(方法 "!" 用于在 Akka 中发送消息，Akka 是一种起源于 CSP 的表示法。)dbQuery 的行为从数据库查询开始，之后继续处理 adFetching 发送的包含广告的消息。然后，actor 组装页面并将其发送回发出初始请求(replyTo)的实体。图 27.3 展示了这个 actor 系统中的消息流。通过在具有多个线程的池上运行 actor，可以实现与代码清单 26.7 和代码清单 27.4~27.6 相同的并行且无阻塞的广告获取和数据库查询方案。

在它产生两个新的 actor 之后(这只需要很短的时间)，requestHandling actor 就完成了请求。然而，它仍然存在，并且具有与以前相同的行为(Behaviors.same)，可以继续处理更多的请求。相比之下，adFetching 和 dbQuery 是暂时的 actor。它们在完成任务后便使用 Behaviors.stop 终止。

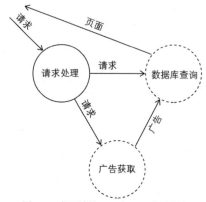

图 27.3　代码清单 27.7 中 actor 的消息流

可以通过选择重用一个或多个现有 actor，或者生成新的 actor 来实现极大的灵活性。例如，如果要实现代码清单 26.8 中的完整服务器，那么可以使用单个 actor 进行日志记录，从而保证所有日志记录都是按顺序进行的。可以将固定数量的 actor 用于获取广告的任务，甚至可以根据服务器的活动动态更改此数量，而不是为每个请求生成一个新的 actor 来获取广告。

最后，可以根据基于消息的协议轻松地在分布式系统中部署 actor，但前提是消息可以序列化以用于网络通信。Akka 通常用于在网络上实现计算，并提供了许多支持分布式计算的函数，包括 actor 迁移和负载平衡。

顺便说一句，actor 具有一个有趣的特性：它们可以切换行为，从而以不同的方式处理后续传入的消息。这可以用来在 actor 方面实现状态机：

Scala

```scala
trait Command
case class Start(replyTo: ActorRef[Number])  extends Command
case class Number(value: Int)                extends Command
case object Stop                             extends Command

def reset(): Behavior[Command] =
  Behaviors.receiveMessagePartial {
      case Start(replyTo) => add(replyTo, Behaviors.same)
  }

def add(replyTo: ActorRef[Number], reset: Behavior[Command]): Behavior[Command] =
  var sum = 0
  Behaviors.receiveMessagePartial {
    case Number(value) =>
      sum += value
      Behaviors.same
    case Stop =>
      replyTo ! Number(sum)
      reset
  }
```

代码清单 27.8　状态机作为切换行为的 actor 的示例

本例通过使用 reset 行为启动一个 actor 来实现计数器。该 actor 正在等待 Start 命令。当接收到 Start 时，actor 会将其行为改为 add，并将其当前行为作为参数传递，以便以后使用它进行切换。然后根据新的行为处理消息。当接收到 Number 类型的消息时，其值会被添加到累加器 sum 中，并且 actor 的行为保持不变。当收到 Stop 消息时，actor 会用累加的总和进行回复，并恢复到其初始行为，以等待另一条 Start 消息。作为一个状态机，actor 在状态之间的转换如图 27.4 所示。

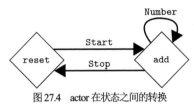

图 27.4　actor 在状态之间的转换

方法 add 以命令式风格实现，具有可变变量 sum。这是有意为之的，以强调在 actor 中消息是按顺序处理的这一事实。actor 既可以并发地接收数字，也能在没有使用锁的情况下正确地添加数字，而赋值 sum += value 不是线程安全的。

27.6　反应流

代码清单 27.4~27.7 都以构建一个页面结束。在实际的应用程序中，需要以某种方式对页面进行操作。如果所有页面的使用都独立于彼此，则此模式可行，如服务器示例所示：每个页面通过套接字发送回客户端。但是，如果需要在一个较大的组件中将所有页面作为一个整体来处理，那么异步创建的分散页面(例如 Future[Page]值的集合)便不能满足要求。一种替代方案是使用异步页面流。

反应流是一种抽象，它将 Future 的异步特性与迭代器的多样性相结合。存在多种语言的实现，例如 RxJava、RxSwift、RxAndroid、Akka Streams 和 Vert.x，其中包括基本变体，如 java.util.concurrent.Flow。下面这个示例使用流行的 Java 实现 Reactor：

Scala

```scala
import reactor.core.publisher.{ Flux, Mono }

def makePages(requests: Flux[Request]): Flux[Page] =
  requests.flatMap { request =>
    val adF = CompletableFuture.supplyAsync(() => fetchAd(request), exec)
    val dataF = CompletableFuture.supplyAsync(() => dbLookup(request), exec)
    val pageF = dataF.thenCombine(adF, makePage)
    Mono.fromFuture(pageF)
  }
```

代码清单 27.9　使用反应流的非阻塞转换示例

这种变体不是从单个请求创建单个页面，而是将请求流(在 Reactor 中称为 Flux)转换为页面流。代码是异步的：若对请求流调用方法 makePages，会立即完成并返回一个页面流。稍后，当请求被添加到输入流时，相应的页面会出现在输出流中。和以前一样，广告获取和数据库查找操作是在线程池上并行执行的[1]。这两个 Future 异步地组合成一个 Future 页面(thenCombine 是 CompletableFuture 的 zipWith 版本，其使用参见 26.4 节)，再转换成一个值的短流，这一短流在 Reactor 中称为 Mono。

响应流的强大之处在于它们管理背压(减缓上游计算，直到下游能够赶上)、错误处理和基于时间的处理机制。这些机制超出了本书的范围，但若想简单了解一下基于时间的处理，可参看以下示例：

```scala
val pages: Flux[Page] = ...

val largestPastHour: Flux[Int] =
  pages
    .map(_.length)
    .window(Duration.ofHours(1), Duration.ofMinutes(5))
    .flatMap(lengths => lengths.reduce(0, Integer.max))
```

该表达式使用重叠的窗口，以数字流的方式每隔 5 分钟报告前一小时内创建的最长页面的长度。试设想一下如何在不阻塞线程的情况下，根据页面的单个 Future 直接实现这一点。这不是一个简单的问题。

27.7 非阻塞同步

本章和第 26 章介绍了几种避免阻塞线程的技术。本节将澄清一个常见的误解：这些方案的使用将使线程永远不会阻塞，因此不可能出现同步错误，例如死锁。但事实并非如此。当然，可以通过避免阻塞线程来回避一些常见的易出现死锁的情况，例如，26.1 节中对递归任务的讨论。但这并不意味着同步错误(包括死锁)不会发生。

需要区分"等待"某个事件(不涉及阻塞线程)的 Future、任务、协同程序或 actor 和正在阻塞的线程。特别是，如果让 Future、任务、协同程序或 actor 在一个周期中相互等待，而不考虑运行它们的线程状态，那么最终仍可能会出现死锁。假如，以下这个(人为的)示例有两个相互等待的 Future：

```scala
lazy val future1: Future[Int] = Future.delegate {
  println("future 1 starts")
  val future2: Future[String] = Future.delegate {
    println("future 2 starts")
    future1.map(n => n.toString)
```

---

1 此处之所以使用 CompletableFuture 而非 Scala 的 Future，是因为这是 Mono.fromFuture 所期望的类型。

```
  }
  future2.map(str => str.length)
}
```

当在具有多个线程的池上执行时，此程序将打印 "future 1 starts" 和 "future 2 starts" 这两条语句，然后挂起。为了完成程序，future2 需要 future1 中的数字，而 future1 需要 future2 中的字符串。这是 Future 而非线程的死锁。线程转储会显示池中的所有线程都处于空闲状态，等待任务执行。

你可能认为这个例子太刻意了(确实如此)，但是编写复杂的应用程序时，尤其是当你明确使用 Promise 时，更可能会面临这种情况。在面向消息的框架中，如果让一组实体在一个周期中等待消息，也很容易导致死锁。例如，可以使用 Kotlin 协同程序在通道上等待消息，而不阻塞线程：

Kotlin

```kotlin
val strings = Channel<String>()
val ints = Channel<Int>()

suspend fun task1() = coroutineScope {
  launch { task2() }
  println("waiting for a string")
  val str = strings.receive()
  ints.send(str.length)
}

suspend fun task2() = coroutineScope {
  println("waiting for an int")
  val n = ints.receive()
  strings.send(n.toString())
}
```

这个程序也会打印两条消息，然后停止，即使方法 receive 没有阻塞线程，并且所有线程都处于空闲状态，也是如此。你和 actor 面临着同样的困难。对于 actor 来说，在发出响应之前需要 N 条消息是一种常见的情况，类似于在阻塞变体中使用倒计时锁存器。如果等待 $N-1$ 条消息，可能会产生一个不完整的响应；如果等待 $N+1$ 条消息，则可能会陷入死锁，根本不会发送任何响应。

除了重要的性能考量以外，非阻塞策略的一个主要好处是，它们可以帮助程序员将注意力从不干涉的机制转移到合作的机制。不需要不干涉的同步机制(通常使用锁)，但需要协作性的同步器的模式(如阻塞队列或倒计时锁存器)。只需要以不同的方式实现它们——例如，将其实现为等待消息的 actor 或协同程序，或者通过 zip 或 flatMap 组合多个 Future。然而，线程没有被阻塞这一事实并不一定能防止这些模式被错误地实现。并行编程仍然很难。

27.8 小结

- 当使用同步器(如锁、锁存器和 Future)进行编程，但由其他线程执行操作时，一些线程可能会被临时阻塞，这通常会导致不可忽略的性能损失。第 26 章介绍了一种编程风格，它以函数的方式使用 Future，而不阻塞线程。如本章所述，其他一些技术可以最大限度地减少线程阻塞。

- 比较并设置(CAS)是一条硬件指令，用于实现基本的原子性先检查再执行操作。它也可以作为 compareAndSet 方法用于诸如 AtomicInteger 和 AtomicReference 等语言级别的类型。它可以用于实现其他线程安全操作，如类 AtomicInteger 中的 incrementAndGet 和 getAndSet。

- 特别是，类 AtomicReference 和原子更新程序允许在不经过锁的情况下以原子方式操作指针。这是各种无锁算法的基础，这些算法在没有锁的情况下实现线程安全的数据结构，但代价是增加代码复杂性。

- 无锁算法往往遵循类似的模式。计算在没有锁的情况下进行，因此不能保证其他线程不会干涉。工作是推测性地执行的，然后使用 CAS 提交。失败的 CAS 表示确实发生了来自其他线程的干扰，在这种情况下，可以重新尝试操作。

- 函数并发编程通过回调和高阶函数使用 Future 来避免阻塞线程。另一种方案是让代码显式地等待 Future 的完成，但不会阻塞线程。这一原理的许多不同实现方式是可行的。例如，Java 的 ForkJoinTask 通过 join 方法实现了一种 Future，该方法会暂停代码的执行，直到 Future 终止，但不会阻塞正在运行的线程，而任其自由执行池中的其他任务。这产生了一种编程风格，该风格通常让人感觉更自然，类似于阻塞变体，而非依赖回调和调度转换的方案。

- 这种无阻塞等待的想法有时会扩展到 Future 之外，并以其他方式提供，如 async/await 构造和协同程序。除了等待任务产生的值之外，这些构造还提供了非阻塞的方式来等待来自通道的消息，或者获取独占锁。

- actor 是一种以消息为中心的并发和分布式编程模型。actor 发送和接收消息，这些消息在 actor 中按顺序处理，从而允许在消息处理过程中使用非线程安全代码。没有挂起消息的被动 actor 不使用任何计算资源。它们不阻塞线程，这些线程仍然可用于运行主动 actor。

- 一些框架能并行处理数据流，同时避免在数据不可用时出现线程阻塞。Future 最终要么产生单一值，要么失败，而响应流正好与之互补，因为它能够在终止前产生零值或多个值。通用的响应流规范(www.reactive-streams.org)已经在各种编程语言中实现。

- 当代码不阻塞线程时，性能通常会提高，并避免了使用锁编程时常见的许多同步错误。然而，非阻塞方案并不是万无一失的。并发实体仍然需要正确地进行协调，以实现总体计算目标。特别是，即使底层线程没有被阻塞，同步错误仍然可能导致 Future、协同程序或 actor 的死锁。

第 28 章

案例研究：并行策略

本书最后一个案例研究将在前一个案例的基础上进行扩展，重点关注函数的并行执行，而非第 24 章研究的操作。假设在某个场景中，有几个函数应用于相同的输入，且每个函数都有不同的成功可能性。该实现利用了前几章中探讨的并发结构，如 Promise、Future、高阶函数，并使用它们的函数来解决故障、超时、取消和缓存问题。

28.1　问题定义

注意

这个案例研究的灵感来自我很久以前在对程序进行静态分析时遇到的一个问题。当时我实现了一个工具，它通过生成定理证明器来工作，也就是说，有效的逻辑公式才能证明程序满足所需的属性。这些公式通常很庞大，数量众多，而且验证成本高昂。我的工具使用自动定理证明器来检查公式的有效性，但不同的定理证明器以及同一定理证明器的不同配置在同一公式上的表现往往非常不同。由于无法预测哪种证明器最有效，往往几个定理证明器会对各个公式并行启动，一旦一个证明器发现公式有效或无效，就立即停止。本章中的一些假设反映了这个定理证明场景的细节。

在本案例研究调查的场景中，需要使用各种启发式方案来解决一系列问题。对于给定的问题，你不知道哪种启发式方案有效，所以想并行尝试几种启发式方案，直到其中一种成功。在本章中，启发式以 Strategy 界面的形式表示：

```scala
                                                                    — Scala —
trait Strategy[A, B]:
  trait Task:
    def run(): Option[B]
    def cancel(): Unit

  def apply(input: A): Task
```

策略由输入类型 A 和输出类型 B 参数化。(在程序验证问题中，类型 A 表示逻辑公式，类型 B 为布尔型。)当应用于给定输入时，策略会生成一个可以运行的任务以计算相应的输出。任务可能成功也可能失败,并且会返回一个选项。任务也可以被取消,例如,当它已经超出时间配额时,或者当其他策略已经解决这一问题时。本章中开发的代码基于以下几个假设:

- 策略只能在有值的情况下成功,返回空选项时失败,或者永远运行下去。特别是,假设策略不会因异常而失败。这不是一个重要的限制。可以用会返回 None 的函数 x => Try(f(x)).getOrElse(None)替换类型为 A => Option[B]的可能引发异常的函数 f。
- 对于给定的输入,所有产生成功值的策略都能得到相同的值。(在我最初的语境中,如果一个定理证明器能够证明一个公式是有效的,那么其他证明器将不能证明它不是有效的,反之亦然。)没有“更优”值这一说。这允许在策略成功终止后忽略所有其他策略的输出。
- 可通过调用任务的 cancel 方法来取消任务,该方法是专为各个策略定制的。这使得策略更容易使用对线程中断(Java 线程池使用的默认取消机制)没有响应的代码,例如套接字 I/O。(我的验证工具会在远程计算机上运行定理证明器。)
- 取消可以在“尽力”的基础上实现:任务在取消后可能会继续运行一段时间。对于一个任务,cancel 的调用并不能保证其 run 方法中的线程立即完成此调用。
- 在任务运行之前取消任务,可阻止该任务的运行;如果是在调用中取消任务,其 run 方法将立即返回 None。若取消已完成的任务,则不会产生任何作用。

作为参考,一个简单的顺序实现将依次尝试所有策略,直到其中一个产生非空选项或所有策略都已用尽:

Scala

```scala
class Runner[A, B](strategies: Seq[Strategy[A, B]]):
  def compute(input: A): Option[B] =
    strategies.view.flatMap(strategy => strategy(input).run()).headOption
```

运行器是从一系列策略中产生的。它的 compute 方法使用视图迭代所有策略。它会针对每个策略创建并运行一个任务,直到其中一个任务产生非空选项或所有策略都失败为止。视图的使用保证了一旦策略成功,compute 就会终止,而不必对剩余的策略进行不必要的求值[1]。(关于如何在这种编程风格中使用视图和迭代器,参见 12.8 节和 12.9 节。)

28.2　带超时的顺序实现

前面描述的实现会忽略返回空选项的策略,但是不处理因继续运行而失败的策略,这是定理证明器和其他基于启发式的搜索的常见行为。特别是,如果采用非终止策略,compute 可能会永远运行下去。

---

1 可用命令式语言中的 break 语句将这种方案实现为一个循环。这里使用的是一种函数式风格,因为 Scala 没有 break 语句。

可以编写一个更好的实现，将额外的参数用作超时，以秒为单位：

```scala
class Runner[A, B](strategies: Seq[Strategy[A, B]]):
  def compute(input: A, timeout: Double): Option[B] =
    val exec = Executors.newSingleThreadExecutor()
    val tasks = strategies.map(strategy => strategy(input))

    val future: Future[Option[B]] = exec.submit { () =>
      tasks.view.flatMap(task => task.run()).headOption
    }
    exec.shutdown()

    try future.get((timeout * 1E9).round, NANOSECONDS)
    catch
      case _: TimeoutException =>
        for task <- tasks do task.cancel()
        None
```

代码清单 28.1　带有超时策略的顺序运行器

不能使用调用 compute 的线程直接对策略求值，因为它可能会卡在超时之前没有终止的 run 方法中(甚至可能不可中断)。相反，可以创建一个单线程执行器，并使用它按顺序运行所有策略。此运行生成类型为 java.util.concurrent.Future 的 Future，第一个线程可以使用它来检索结果。

可以使用 get 方法的一个变体来实现所需的超时，如果 Future 在指定的时间之前没有完成，则该方法会引发异常。注意，创建任务和启动第二个线程所需的时间通常可以忽略，并且没有被考虑在内：整个超时持续的时间都花在了 get 方法上。本章中的其他运行器实现将完善这一假设。

在已捕捉到超时异常，但 compute 尚未返回 None 之时，可能需要取消仍在进行的运行，因为当下所计算的永远不会使用的数据以及随后的所有运行都在浪费计算资源。最简单的方式是取消所有任务，包括已经以失败而告终的任务：在本案例研究中，假设取消已完成的任务是无害的。本章的所有运行器实现中都使用了这种取消方式[1]。

尽管使用了第二个线程，但代码清单 28.1 中的运行器实现仍然是顺序的：一个线程被阻塞，而另一个线程一次应用一个策略。特别是，(单个)计算线程可能会花费所有允许的时间来运行早期策略，即使列表后面的其他策略可能会更快地产生结果，也是如此。

由于事先不知道哪些策略更有可能成功，并且假设有足够的计算资源，更好的方案是并行启动所有策略，并使用第一个成功策略的结果。可以直接修改代码清单 28.1 以使用多线程池并创建多个任务(每个任务评估一个策略)。困难在于如何准确地等待，直到第一个成功的策略终止或时长恰好达到超时值。

---

1 即使试图只取消正在运行(以及尚未运行)的任务，也会面临固有的竞争条件，也就是说，将取消的任务可能随时终止，因此无论如何都需要解决 cancel 被用于已完成任务的可能性。

"自己动手"的解决方案自然也可行。例如，可以使用一种结合了以下任意项的方案。

- 一个共享的用于存储第一个成功策略的结果(如果有的话)的可变变量。
- 记录正在运行策略的数量的计数器。
- 一个带有超时的、等待第一个可用结果的锁存器。如果任务成功或它是最后一个完成的任务，则锁存器会被打开。
- 一把用来保护用于存储结果和活跃任务计数的变量的锁。

与第 24 章中使用的低级编程风格不同，本章的剩余部分将使用 Future 以及相关的标准机制来派生更简单或更丰富的实现。

28.3 使用 invokeAny 的并行实现

实现更简单的运行器的第一种可能方案是依赖 Java 线程池中可用的 invokeAny 方法。可以使用此方法并行运行任务集，等待成功终止的第一个任务完成，然后取消所有其他任务。这个模式很符合并行策略的要求：

Scala

```scala
class Runner[A, B](strategies: Seq[Strategy[A, B]], exec: ExecutorService):
  def compute(input: A, timeout: Double): Option[B] =
    val deadline = System.nanoTime() + (timeout * 1E9).round

    val tasks = strategies.map(strategy => strategy(input))
    val calls = tasks.map(task => (() => task.run().get): Callable[B])

    try Some(exec.invokeAny(calls.asJava, deadline - System.nanoTime(), NANOSECONDS))
    catch case _: ExecutionException | _: TimeoutException => None
    finally for task <- tasks do task.cancel()
```

代码清单 28.2　基于 invokeAny 的策略并行运行器

invokeAny 的第一个参数是并行执行的任务列表。该方法提交所有任务并阻塞，直到一个任务成功完成为止，期间会忽略失败的任务。这里，每个任务都有 Callable[B]类型，并被创建为 lambda 表达式() => task.run().get。对 get 的调用是必要的，因为 invokeAny 将"失败"定义为抛出异常，而本案例研究中的策略会因返回 None 而失败(但 None.get 会抛出异常)。如果在超时之前没有任务成功完成，方法 invokeAny 将抛出 TimeoutException；如果所有任务失败，方法 invokeAny 将抛出 ExecutionException。两个异常都会被捕获，并返回 None。一旦完成(不管是成功还是超时)，invokeAny 都会取消剩余的计算。然而，这是通过中断线程来实现的，这在策略任务的情况下可能不够理想。一种替代方案是，所有任务都在 finally 块中显式取消。

超时值的处理方式与代码清单 28.1 略有不同。可以从初始超时值中减去启动线程和创建任务所需的时间，而不是假设它可以忽略不计。要做到这一点，首先要计算一个绝对的截止期限，然后让 invokeAny 仅等待截止期限前剩下的时间：deadline−System.nanoTime()。

28.4 使用 CompletionService 的并行实现

除了用异常(而不是空选项)定义失败这唯一的美中不足之外，方法 invokeAny 完全符合并行策略运行器的需求。但是，此方法仅在 ExecutorService 接口中可用。如果需要使用(Java 中的)Executor 或(Scala 中的)ExecutionContext 的实例，则不能使用 invokeAny。

Java 并发库定义了完成服务的概念，它可以用来满足并行运行程序的要求，它实际上是在内部用于实现 invokeAny 的。CompletionService 接口支持将任务提交到线程池，并按照任务终止的顺序等待任务。可以使用它在指定为 Executor 实例的线程池上实现运行器：

Scala

```scala
class Runner[A, B](strategies: Seq[Strategy[A, B]], exec: Executor):
  def compute(input: A, timeout: Double): Option[B] =
    val deadline = System.nanoTime() + (timeout * 1E9).round

    val tasks = strategies.map(strategy => strategy(input))
    val queue = ExecutorCompletionService[Option[B]](exec)
    for task <- tasks do queue.submit(() => task.run())

    @tailrec
    def loopQueue(pending: Int): Option[B] =
      if pending == 0 then None
      else
        queue.poll(deadline - System.nanoTime(), NANOSECONDS) match
          case null                          => None
          case future if future.get().nonEmpty => future.get()
          case _                             => loopQueue(pending - 1)

    try loopQueue(tasks.length)
    finally for task <- tasks do task.cancel()
```

代码清单 28.3 基于 CompletionService 的策略并行运行器

从线程池中创建一个完成服务 queue，并向其提交任务。该队列将任务转发到池中执行。然后可以使用 poll 等待最早完成的任务(poll 会阻塞直到其中一个任务准备好)，但该任务不一定是第一个提交的任务。如果这个任务成功了，一切就完成了。否则，需要继续轮询队列以等待下一个任务。递归函数 loopQueue 实现了这个迭代。随着离截止期限越来越近，每个轮询调用都会使用一个较小的超时值。当 pending == 0(所有任务都已失败)或 poll 返回 null(截止期限已到)或 future.get 是非空选项(任务已生成成功值)时，递归终止。和以前一样，当 compute 终止时，所有任务都会被取消。

当任务终止时，它们的结果将作为已完成的 Future 返回。这样做是为了处理因异常而失败且没有生成任何值的任务。(Scala 等效程序可以使用 Try 类型做到这一点，但 Java 的标准库中没有这样的类型。)代码清单 28.3 中的所有 future.get 调用都是非阻塞的。

28.5 Scala Future 的异步实现

运行器的 compute 方法可以具有以下签名，而不是在策略运行时阻塞调用线程：

```scala
                                                               ─── Scala ───
def compute(input: A, timeout: Double): scala.concurrent.Future[Option[B]] = ...
```

对 compute 的调用会立即返回。之后，当一个策略成功，或者所有策略都已失败或达到指定的超时(以先到者为准)的时候，Future 完成。异步运行器比阻塞变体更灵活：可以选择通过高阶函数异步地使用返回的 Future，或者进行阻塞，直到 Future 完成，这将回到前面(阻塞)compute方法的行为。

使用 Scala Future 实现异步运行器时面临两个困难。首先，需要一个机制来完成超时后的Future。可以重用 26.5 节中描述的基于 Promise 和定时器的方法，以实现对 Future 的通用completeOnTimeout 扩展：

```scala
                                                               ─── Scala ───
extension [A](future: Future[A])
  def completeOnTimeout(timeout: Long, unit: TimeUnit)(fallbackCode: => A)(
    using exec: ExecutionContext, timer: ScheduledExecutorService
  ): Future[A] =
    if future.isCompleted then future
    else
      val promise = Promise[A]()
      val complete = (() => promise.completeWith(Future(fallbackCode))): Runnable
      val completion = timer.schedule(complete, timeout, unit)

      future.onComplete { result =>
        completion.cancel(false)
        promise.tryComplete(result)
      }
      promise.future
```

代码清单 28.4　使用 completeOnTimeout 扩展 Scala Future

如果 Future 尚未完成，则会创建一个 Promise，并在计时器上安排一个任务，以在超时延迟后使用默认值完成该 Promise。使用 onComplete，向初始 Future 注册回调操作，该操作也会尝试使用 Future 自己的结果来完成相同的 Promise。如果该操作在超时之前运行，则不需要计时器任务，将取消该任务，因为 completion 是带有 cancel 方法的 Java Future。在所有情况下，Promise 最终要么(在超时延迟之后)由计时器任务完成，要么(在超时之前)在初始 Future 终止时完成。

为什么初始的 if-then-else 没有使用锁，却会导致非原子性的先检查再执行操作呢？这会是个问题吗？答案是：测试并不是绝对必要的——即使代码只遵循 else 分支，它仍会运作。早期测试只是一种优化，如果 completeOnTimeout 恰好在一个已完成的 Future 上被调用，便可以避免创建新的 Promise。如果一个 Future 在被测试为未完成之后立即完成，那么 else 分支将应用于一个完成的 Future，并且不必创建一个 Promise 和一个计时器任务。但一切仍在运作。

如果超时未被触发并且是按名称传递的，则不需要默认值 fallbackCode。如果触发超时，则在线程池 exec 上对 fallbackCode 求值，以免在计时器线程中运行未知代码，计时器任务通常很短。这就是使用 completeWith(而非 tryComplete)来完成计时器的 Promise 的原因。这个扩展的行为类似于 Java 的 CompletableFuture 的 completeOnTimeout 方法，只是前者传递的回退代码未求值。

实现非阻塞运行器的第二大难题是，需要在第一个成功的策略结束时精确地完成方法 compute 返回的 Future(假设没有超时)。Scala 定义了一个函数 firstCompletedOf，这是一种非阻塞的 invokeAny：给定一个 Future 列表，它会在列表中的第一个 Future 终止时完成一个 Future 的创建。乍一看，这似乎正是我们所需要的。然而，当 invokeAny 返回第一个成功终止的 Future 时，firstCompletedOf 返回(相当于)第一个成功或未成功终止的 Future。这是个问题，因为如果在运行策略列表上直接应用 firstCompletedOf，将生成一个包含终止的第一个策略的结果的 Future，即使此策略返回 None，也是如此。这不是你想要的。

你想要的是一个 findFirst 函数，它会从列表中找到最早的 Future，并以满足给定断言(如非空选项)的值终止。可以使用 firstCompletedOf 通过 flatMap 和递归的混合实现 findFirst[1]，参见代码清单 26.10：

```scala
                                                                    Scala
def findFirst[A](futures: Seq[Future[A]], test: A => Boolean)(
  using ExecutionContext
): Future[Option[A]] =
  if futures.isEmpty then Future.successful(None)
  else
    Future.firstCompletedOf(futures).flatMap { _ =>
      val (finished, running) = futures.partition(_.isCompleted)
      finished.flatMap(_.value.get.toOption).find(test) match
        case None => findFirst(running, test)
        case found => Future.successful(found)
    }
```

代码清单 28.5   满足条件的最早的 Scala Future；另请参见代码清单 28.7

函数 findFirst 不执行任何阻塞，其职责是创造一个最终包含所寻找的值的 Future。它通过使用 flatMap 在 Future 完成时触发计算来实现这一点。首先，使用 firstCompletedOf 创建一个 Future，该 Future 在列表中的第一个 Future 终止时完成。此时(当这个 Future 终止时)，至少知道有一个 Future 已经完成。将已完成的 Future 与仍在运行的 Future 分开，并在已完成的 Future 中寻找通过测试的成功结果[2]。找到的那个便是要寻找的值。将其作为一个完整的 Future 返回，工作就完成了。否则，将通过递归调用继续等待剩余的正在运行的 Future。如果没在列表中找到

---

1 并非必须这么做。还可以使用回调和 Promise 直接实现 findFirst，如代码清单 28.7 所示。

2 实现此搜索的表达式将 value 应用于 Future，将 get 应用于选项，将 toOption 应用于 Try，并使用 flatMap 忽略 None 值。

满足测试的值的 Future，则将 None 作为已完成的 Future 返回。注意，finished 必须是非空的(一个 Future 必须完成才能触发 flatMap 主体的求值)，因此 running 是一个比 Future 更小的列表，这是递归工作所需要的。

实现了 completeOnTimeout 和 findFirst 方法之后，便可以编写策略的异步运行程序:

Scala

```scala
class Runner[A, B](strategies: Seq[Strategy[A, B]], exec: ExecutionContext)
                  (using ScheduledExecutorService)(using ExecutionContext):
  def compute(input: A, timeout: Double): Future[Option[B]] =
    val deadline = System.nanoTime() + (timeout * 1E9).round

    val tasks = strategies.map(strategy => strategy(input))
    val futures = tasks.map(task => Future(task.run())(using exec))

    val first = findFirst(futures, _.nonEmpty)
      .map(_.flatten)
      .completeOnTimeout(deadline - System.nanoTime(), NANOSECONDS)(None)

    first.onComplete(_ => for task <- tasks do task.cancel())
    first
```

代码清单 28.6　使用 Scala Future 的并行异步策略运行器

像以前一样创建任务，并以 Future 列表的形式开始。使用 findFirst，可以从该列表中提取产生成功结果的最早的 Future(作为非空选项)。然后使用 completeOnTimeout 来添加合适的超时[1]。在返回 Future 之前，使用 onComplete 添加回调，在 Future 结束时取消所有剩余策略。由于使用了 findFirst 和 completeOnTimeout，当一个策略成功或所有策略都已失败或超时(以先发生的为准)的时候，生成的 Future 终止。

这个运行器依赖于三个独立的线程池。在这里，exec 是运行策略的主要池。另外两个池用于运行超时和取消操作所需的各种回调。因为不会在这些池上运行冗长的计算，所以两个单线程池就足够了，如果同时实现 ScheduledExecutorService 和 ExecutionContext 接口，甚至可以使用带有单个线程的单个池。

28.6　带有 CompletableFuture 的异步实现

可以将并行的异步实现建立在 Java 的 CompletableFuture(而非 Scala 的 Future)之上。这个类已经实现了 completeOnTimeout 方法，因此不需要额外的代码来处理超时。然而，仍然需要一个 findFirst 函数来检索最早成功的策略的结果。

---

1 因为策略返回选项，所以需要一个 map(_.flatten)步骤，方法 findFirst 也是如此。因此，最早的成功策略的结果会作为选项的一个选项返回。

Java 定义了一个函数 anyOf，该函数从数组中返回第一个完成的 CompletableFuture(相当于 Future)。其目的与 Scala 的 firstCompletedOf 相似，但不同之处在于，输入数组可以包含不同类型的 Future，并且由此产生的 Future 会丢失所有类型信息，它其实是 CompletableFuture[Object]。为了避免在没有类型的情况下工作，并借此说明不同的方案，下面的实现绕过了 anyOf 而使用了 Promise：

Scala

```scala
def findFirst[A](futures: Seq[CompletableFuture[A]],
              test: A => Boolean): CompletableFuture[Option[A]] =
  if futures.isEmpty then CompletableFuture.completedFuture(None)
  else
    val promise = CompletableFuture[Option[A]]()
    val active = AtomicInteger(futures.length)

    for future <- futures do
      future.handle { (value, ex) =>
        if !promise.isDone then
          if (ex eq null) && test(value) then promise.complete(Some(value))
          else if active.decrementAndGet() == 0 then promise.complete(None)
      }
    promise
```

代码清单 28.7　最早的满足条件的 CompletableFuture

除非 Future 列表为空，否则 Promise 将作为 CompletableFuture 的不完整实例创建。我们的想法是用列表中产生满足给定测试的值的第一个 Future 来实现这个 Promise。但是，如果 Future 没有产生这样的值，那么 Promise 仍然需要被完成。因此，引入了一个计数器 active 来跟踪有多少 Future 仍在运行。这样，如果没有找到合适的值，那么最后一个终止的 Future 仍然可以用 None 来完成 Promise。这个计数器在线程之间共享，并且必须是线程安全的，这里使用 AtomicInteger 的实例。有了这个计数器，就可以使用 handle 方法为每个 Future 添加一个回调，handle 方法相当于 Scala 的 onComplete 的 CompletableFuture。如果 Promise 仍然是打开的，并且 Future 产生了一个满足测试的值，则使用该值实现 Promise。否则，active 计数器将递减；如果 Future 是最后一个终止的，它将以 None 实现 Promise。(代码在 Promise 完成后停止更新 active 计数器，因为此时起将不再需要它。)

用于创建回调的操作以非原子性先检查再执行操作开始。它是无害的，原因与代码清单 28.4 中初始的非原子测试无害的原因相同；测试 if !promise.isDone 仅作为性能优化包含在此处。多个线程试图同时实现 Promise 的情况由 complete 方法处理，该方法在内部使用原子性 if-then。可能发生的最糟糕的事情是，线程在 Promise 完成后不必要地对 test(value)求值或对 active 执行递减操作。

通过编写 findFirst 方法，可以轻松地实现异步运行程序：

```scala
class Runner[A, B](strategies: Seq[Strategy[A, B]], exec: Executor):
  def compute(input: A, timeout: Double): CompletableFuture[Option[B]] =
    val deadline = System.nanoTime() + (timeout * 1E9).round

    val tasks = strategies.map(strategy => strategy(input))
    val futures =
      tasks.map(task => CompletableFuture.supplyAsync(() => task.run(), exec))

    val first = findFirst(futures, _.nonEmpty)
      .thenApply(_.flatten)
      .completeOnTimeout(None, deadline - System.nanoTime(), NANOSECONDS)

    first.handle((_, _) => for task <- tasks do task.cancel())
    first
```

代码清单 28.8　基于 CompletableFuture 的异步运行程序变体

这段代码实际上与代码清单 28.6 中的代码相同。主要区别在于 Scala Future 由 CompletableFuture 取代，后者使用不同的方法名：map 变成 thenApply，而 onComplete 则变成 handle。这些方法根据自己的设计使用现有的线程，不需要代码清单 28.6 中使用的两个额外的线程池[1]。

28.7　缓存策略的结果

本案例研究的一个前提是，策略的应用可能是一项耗时的计算，值得努力引入并行性。因此，运行程序可能需要缓存以前策略运行的结果。

可以选择重用代码清单 12.2 中实现的通用内存机制，或者代码清单 25.7 中的线程安全变体。但是，此处将开发一个改进版本，它仍然是线程安全的，但也考虑了超时值。这种设计基于这样的假设：失败的策略运行可能会在更长的时间(而非更短的时间)内成功[2]。和前面一样，缓存被组织为从输入到输出的 Future 的线程安全映射(参见 25.6 节的原理)，但也存储与每个 Future 相关的超时值。

当线程使用输入值和超时值调用 compute 时，将在映射中搜索输入，并按如下方式处理此搜索的结果。

(1) 未找到输入。在这种情况下，代码清单 25.7 中的设计被重用：在映射中放入一个 Promise，并调用策略来完成它。

---

1 或者，代码清单 28.7~28.8 可以依赖 thenApplyAsync 和 handleAsync 方法，它们采用线程池参数，以使用更接近 Scala 变体的实现。

2 这在实践中可能不是真的，因为计算资源可能会波动，使得较短的运行可能比较长的运行使用更多的实际 CPU 时间。

(2) 找到一个值不是 None 的已完成的 Future。这意味着有一个策略已成功完成。所需的输出取自该 Future，不需要进一步计算。

(3) 找到了一个 Future，但没有可用的输出。这要么是一个不完整的 Future，要么是用 None 完成的 Future。在这种情况下，需要考虑以下两种情况：

① 如果与此早期计算相关的超时比目前指定的超时长，那么，鉴于前面所述的假设，将无望改进结果；不要开始新的计算，而是从映射中使用 Future。

② 如果映射中的 Future 对应于一个超时较短的计算，则可以使用它，并期望它产生成功的结果，但是它也有可能已经失败(或即将失败)，而较长的计算可能会成功。

这是一个有趣的案例。如果缓存的 Future 已完成(结果为 None)，就可以忽略它。但如果它仍在运行，则需要考虑它：它可能很快会产生成功的输出。然而，这一点无法保证，因为它可能仍然会失败。此外，Future 还可以在你考虑它的任何时刻从未完成状态切换到完成状态。

处理这种情况的一种方案是：初始化一个新的计算，使用更长的超时，并使用第一个可用的成功结果(来自这个新计算或来自缓存中已经存在的 Future 计算)。注意，无论缓存的 Future 是否完成，此方案都有效，因此它可以正确处理缓存的 Future 在这些步骤中突然结束的情况，无论 Future 是否成功。

使用 Scala Future(代码清单 25.7 使用了 CompletableFuture)的一种可能的变体如下：

Scala

```scala
class Runner[A, B](strategies: Seq[Strategy[A, B]], exec: ExecutionContext)
            (using ScheduledExecutorService)(using ExecutionContext):
  private val cache = TrieMap.empty[A, (Double, Future[Option[B]])]

  def compute(input: A, timeout: Double): Future[Option[B]] =
    val deadline = System.nanoTime() + (timeout * 1E9).round

    def hasResult(future: Future[Option[B]]): Boolean =
      future.value.flatMap(_.toOption).flatten.nonEmpty

    def searchCache(): Future[Option[B]] = cache.get(input) match
      case None => // case 1
        val promise = Promise[Option[B]]()
        if cache.putIfAbsent(input, (timeout, promise.future)).isEmpty
        then doCompute(None, promise)
        else searchCache()

      case Some((_, future)) if hasResult(future) => // case 2
        future

      case Some(cached @ (time, future)) => // case 3
        if time >= timeout then // case 3(a)
          future.completeOnTimeout(deadline - System.nanoTime(), NANOSECONDS)(None)
        else // case 3(b)
          val promise = Promise[Option[B]]()
          if cache.replace(input, cached, (timeout, promise.future))
```

```
            then doCompute(Some(future), promise)
            else searchCache()
  end searchCache

  def doCompute(future: Option[Future[Option[B]]],
                promise: Promise[Option[B]]): Future[Option[B]] =
    val tasks = strategies.map(strategy => strategy(input))
    val futures = tasks.map(task => Future(task.run())(using exec)) ++ future

    findFirst(futures, _.nonEmpty)
      .map(_.flatten)
      .completeOnTimeout(deadline - System.nanoTime(), NANOSECONDS)(None)
      .onComplete { result =>
        promise.complete(result)
        for task <- tasks do task.cancel()
      }
    promise.future
  end doCompute

  searchCache()
end compute
```

代码清单 28.9　具有线程安全缓存的异步运行程序

这是本书的最后一个代码示例，但肯定不是最简单的。你可以一步一步跟着操作。缓存被分配为从输入到对组的线程安全映射。每一对都包含一个 Future 和与之关联的超时。方法 compute 只需要返回 searchCache 生成的 Future，searchCache 参照相同的顺序处理前面概述的情况。

在第一种情况下，在缓存中找不到 Future。因此，必须启动一个新的计算。创建一个 Promise 并尝试将其添加到缓存中。如果添加了 Promise，则使用 doCompute 开始计算。else 分支处理的情况是，另一个线程在你之前向缓存添加了 Promise(参见 25.6 节中代码清单 25.7 的讨论)，在这种情况下，需要通过对 searchCache 的递归调用来考虑这个 Promise[在情况(3)②中会发生同样的事情]。

searchCache 中的下一种情况会找到一个成功完成的 Future，并原样返回。(函数 hasResult 很难读取：如果 Future 完成，它的计算没有抛出异常，并且它生成的选项非空，那么它将返回 true。)

第三种情况涉及一个失败或不完整的 Future。如果 Future 与大于当前 compute 调用所允许的超时值相关联[情况(3)①]，则在不启动新计算的情况下使用它。只需要在现有的 Future 中添加一个超时值，以防其剩余运行时间长于调用 compute 时使用的超时参数。

这就剩下了情况(3)②：Future 要么失败，要么不完整，这并不重要，但它的超时值小于你在当前的 compute 调用中所能承受的时间值。在这种情况下，你创建了一个新计算的 Promise，如情况(1)所示，并使用它来替换现有的缓存 Future。一旦新的 Future 在缓存中，你就可以启动它的计算。与情况(1)的唯一区别是，向策略创建的Future列表中添加在缓存中找到的旧Future(这是在函数 doCompute 的开头使用++future 完成的)。

　　要实现情况(1)和(3)②中使用的 doCompute 函数，可以按照代码清单 28.6 进行操作：使用 findFirst、flatten、添加超时，并在完成时取消所有剩余的任务。但是，不是直接返回 findFirst 生成的 Future，而是使用它来完成已经在缓存中的 Promise。

　　总之，这个缓存运行器以两种方式处理缓存中的现有 Future。如果一个 Future 无法得到改进(即它是用一个成功的值完成的，或者基于一个更大的超时值)，那就使用它。否则，它将被一个不可能更糟的 Future 所取代[1]。一旦现有的 Future 成功终止，或者之后基于新的策略调用，这个新的 Future 就会完成。它并不比之前的 Future 差，因为如果最初的 Future 成功或继续运行，将会同时产生一个成功的结果，并且在最初的 Future 失败后仍然可能产生一个成功的值。

28.8　小结

　　虽然第 24 章的案例研究聚焦于作为操作的任务(这些任务为它们的副作用而执行)，但本章中的这个变体考虑的是生成值的函数式任务。它使用了函数式任务的通用处理程序 Future，这些 Future 要么作为同步器使用(见代码清单 28.1)，要么与其他同步器联合使用(见代码清单 28.2~28.3)，要么通过非阻塞高阶函数使用(见代码清单 28.4~28.9)。此外，要特别注意超时和取消操作的问题。为了对比两个标准的 Future 实现，本章两次实现了异步运行器，第一次是 Scala 的 Future，第二次是 Java 的 CompletableFuture。最后，使用 Scala 的 Future 和 Promise 为异步运行器添加一个线程安全的、超时感知的缓存。

1　在计算资源有限的情况下，可忽略启动新计算时现有计算速度会减慢的可能性。